Melanie Franke   vgl. 9.1.4   E/F Kurs → Maltke

MATHEMATIK

Lehrbuch für die Klasse 9
Berlin

Realschule/Gesamtschule

Herausgeber
Günther Rolles
Manuel Rumi

DUDEN PAETEC Schulbuchverlag
Berlin · Frankfurt a. M.

Herausgeber
Günther Rolles
Manuel Rumi

Autoren
Margrit Busch
Christina Emmer
Jana Köppen
Günther Rolles
Ellen Rudolph
Manuel Rumi
Christina Schneider
Karlheinz Witzel
Silvia Zesch

Das Werk und seine Teile sind urheberrechtlich geschützt. Jede Nutzung in anderen als den gesetzlich zugelassenen Fällen bedarf der vorherigen schriftlichen Einwilligung des Verlages. Hinweis zu § 52 a UrhG: Weder das Werk noch seine Teile dürfen ohne eine solche Einwilligung eingescannt und in ein Netzwerk eingestellt werden. Dies gilt auch für Intranets von Schulen und sonstigen Bildungseinrichtungen.
Das Wort **Duden** ist für den Verlag Bibliographisches Institut & F. A. Brockhaus AG als Marke geschützt.

1. Auflage

1⁹⁸⁷⁶⁵ | 2009 2008 2007 2006 2005
Alle Drucke dieser Auflage können im Unterricht nebeneinander benutzt werden.
Die letzte Zahl bezeichnet das Jahr dieses Druckes.

© 2001 DUDEN PAETEC GmbH, Berlin

Internet: www.duden-paetec.de

Redaktion   Dr. Michael Unger
Außentitel   Britta Scharffenberg
Layout   Birgit Kintzel, Ute Winkler
Zeichnungen   Wolfgang Beyer, Birgit Kintzel, Dr. Günter Liesenberg, Ute Winkler
Druck   Druckerei zu Altenburg GmbH

ISBN 3-89517-969-8

Inhaltsverzeichnis

1 Lineare Gleichungssysteme 7
    Rückblick 9
  1.1 Lineare Gleichungen der Form ax + by = c 12
    Begriff lineare Gleichung der Form ax + by = c 12
    Lösen von linearen Gleichungen der Form ax + by = c 12
    Aufgaben 14
        Rückblick 14
        Lineare Gleichungen der Form ax + by = c 15
  1.2 Lineare Gleichungssysteme 16
    Begriff lineares Gleichungssystem 16
    Grafisches Lösen eines linearen Gleichungssystems 18
    Rechnerisches Lösen eines linearen Gleichungssystems 20
    Anzahl der Lösungen von linearen Gleichungssystemen 25
    Aufgaben 27
        Grafisches Lösen eines linearen Gleichungssystems 27
        Rechnerisches Lösen eines linearen Gleichungssystems 27
  1.3 Gemischte Aufgaben 30
    Teste dich selbst! 35
  1.4 Projekt – Aufgabenkarten 36
  1.5 Zusammenfassung 37

2 Reelle Zahlen und Wurzeln 39
    Rückblick 41
  2.1 Quadratzahlen und -wurzeln, Kubikzahlen und -wurzeln 42
    Quadratzahlen und Quadratwurzeln 42
    Kubikzahlen und Kubikwurzeln 43
    Aufgaben 44
        Rückblick 44
        Quadratzahlen und Quadratwurzeln 44
        Kubikzahlen und Kubikwurzeln 45
  2.2 Reelle Zahlen 46
    Irrationale Zahlen 46
    Reelle Zahlen 48
    Rationale Zahlen als Näherungswerte von irrationalen Zahlen 48
    Aufgaben 49
  2.3 Rechnen mit Wurzeln 50
    Addition und Subtraktion von Wurzeln 50
    Multiplikation und Division von Wurzeln 51
    Partielles Wurzelziehen 52
    Aufgaben 52
        Addition und Subtraktion von Wurzeln 52
        Multiplikation und Division von Wurzeln 53
        Partielles Wurzelziehen 54
  2.4 Gemischte Aufgaben 54
    Teste dich selbst! 58
  2.5 Projekt – Das Heronverfahren 59
  2.6 Zusammenfassung 60

3 Satzgruppe des Pythagoras ... 61
    Rückblick ... 63
  3.1 Der Satz des Pythagoras ... 64
    Bezeichnungen im rechtwinkligen Dreieck ... 64
    Der Satz des Pythagoras ... 64
    Die Umkehrung des Satzes des Pythagoras ... 67
    Aufgaben ... 68
        Rückblick ... 68
        Satz des Pythagoras ... 69
  3.2 Weitere Sätze im rechtwinkligen Dreieck ... 71
    Der Kathetensatz ... 71
    Der Höhensatz ... 73
    Aufgaben ... 75
        Kathetensatz und Höhensatz ... 75
  3.3 Gemischte Aufgaben ... 77
    Teste dich selbst! ... 80
  3.4 Projekt – Fußballfeld ... 81
  3.5 Zusammenfassung ... 82

4 Quadratische Gleichungen ... 83
    Rückblick ... 85
  4.1 Quadratische Gleichungen ... 86
    Begriff quadratische Gleichung ... 86
    Reinquadratische Gleichungen ... 87
    Quadratische Gleichungen ohne absolutes Glied ... 89
    Die allgemeine Form und die Normalform der quadratischen Gleichung ... 90
    Quadratische Ergänzung ... 91
    Lösungsformel ... 95
    Lösen von quadratischen Gleichungen ... 96
    Satz von Vieta ... 97
    Aufgaben ... 98
        Rückblick ... 98
        Begriff quadratische Gleichung ... 99
        Reinquadratische Gleichungen ... 100
        Quadratische Gleichungen ohne absolutes Glied ... 100
        Allgemeine Form der quadratischen Gleichung ... 101
        Normalform der quadratische Gleichung ... 101
        Quadratische Ergänzung ... 102
        Lösungsformel ... 103
        Satz von Vieta ... 104
  4.2 Gemischte Aufgaben ... 105
    Teste dich selbst! ... 108
  4.3 Projekt – Aufgabenkarten ... 109
  4.4 Zusammenfassung ... 110

5 Strahlensätze und Ähnlichkeit ... 111
    Rückblick ... 113
  5.1 Strahlensätze ... 114
    Teilen einer Strecke in n gleiche Teile ... 114
    Teilen einer Strecke im Verhältnis p : q ... 114
    Streckenverhältnisse ... 115
    1. Strahlensatz ... 115

Inhaltsverzeichnis

	Umkehrung des 1. Strahlensatzes	116
	2. Strahlensatz	116
	Aufgaben	117
	Rückblick	117
	Strahlensätze	119
5.2	Ähnlichkeit von Dreiecken	123
	Ähnlichkeitssätze für Dreiecke	123
	Aufgaben	125
5.3	Zentrische Streckung	127
	Abbildungsvorschriften für zentrische Streckungen	127
	Aufgaben	130
5.4	Gemischte Aufgaben	132
	Teste dich selbst!	136
5.5	Projekt – Der goldene Schnitt	138
5.6	Zusammenfassung	139

6 Flächen- und Körperberechnung ... 141

	Rückblick	143
6.1	Der Kreis	144
	Kreis und Gerade	144
	Umfang des Kreises – die Kreiszahl π	144
	Zur Geschichte der Kreiszahl π	145
	Kreisbogen	145
	Länge des Kreisbogens	146
	Flächeninhalt eines Kreises	146
	Flächeninhalt eines Kreissektors	147
	Aufgaben	148
	Rückblick	148
	Umfang eines Kreises	149
	Kreisbogen	149
	Flächeninhalt eines Kreises	149
	Flächeninhalt eines Kreissektors	150
6.2	Zylinder	151
	Begriff Zylinder	151
	Volumen von Kreiszylindern	151
	Oberflächeninhalt von Kreiszylindern	152
	Aufgaben	152
6.3	Gemischte Aufgaben	154
	Teste dich selbst!	156
6.4	Projekt – Fahrrad	157
6.5	Zusammenfassung	158

7 Sachrechnen ... 159

	Rückblick	161
7.1	Anwendungsaufgaben zur Proportionalität und Antiproportionalität	167
	Dreisatz	167
	Quotientengleichung und Dreisatz bei proportionaler Zuordnung	167
	Produktgleichung und Dreisatz bei antiproportionaler Zuordnung	168
	Aufgaben	168
	Rückblick	168
	Anwendungsaufgaben zur Proportionalität und Antiproportionalität	170

Inhaltsverzeichnis

7.2	Anwendungsaufgaben zur Prozent- und Zinsrechnung	171
	Mehrwertsteuer	171
	Rabatt und Skonto	172
	Brutto- und Nettolohn	173
	Kredite und Tilgung	174
	Kostenkalkulation	175
	Aufgaben	176
	Rückblick	176
	Mehrwertsteuer	178
	Rabatt und Skonto	179
	Brutto- und Nettolohn	180
	Kredite und Tilgung	180
	Kostenkalkulation	181
7.3	Gemischte Aufgaben	183
	Teste dich selbst	190
7.4	Projekt – Brutto- und Nettolohn	191
7.5	Zusammenfassung	192

Anhang ... 193
Jahresabschlusstest ... 193
Lösungen zu „Teste dich selbst!" ... 194
Lösungen zum Jahresabschlusstest ... 199
Erweiterungen ... 200
Register ... 217

Hinweise:

Das Buch besteht aus 7 Kapiteln. Alle Stoffabschnitte beginnen mit Aufgaben, die zur Einführung in das Thema dienen können und zum Teil offen formuliert sind.
Die gemischten Aufgaben am Ende jedes Kapitels beinhalten als Abschluss Testaufgaben für die Schüler. Die Lösungen zu den Aufgaben „Teste dich selbst" befinden sich im Anhang des Buches.
Projektorientierte Aufgaben am Ende jedes Kapitels lassen unterschiedliche Lösungsvarianten zu und können von Gruppen bearbeitet werden.
Jedes Kapitel wird durch eine Zusammenfassung vorhandener Begriffe, Regeln und Verfahren beendet.
Im Abschnitt „Erweiterungen" sind ergänzende und weiterführende Angebote zu einzelnen Themen enthalten.

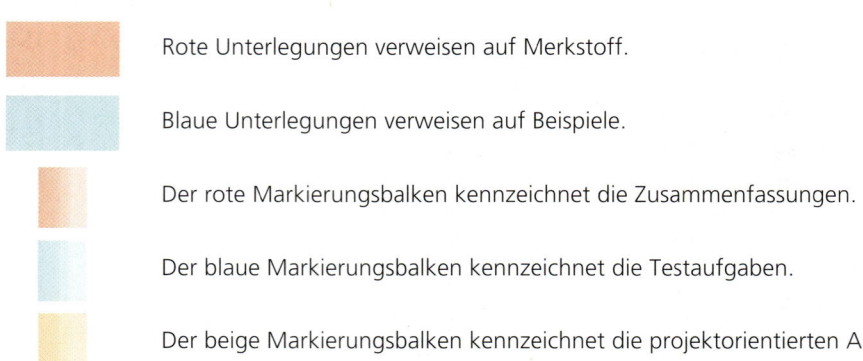

1 Lineare Gleichungssysteme

Die Minimierung von Kosten ist eine wichtige Aufgabe eines jeden Unternehmens. Eine Kostenfunktion beschreibt die Abhängigkeit der Kosten von verschiedenen Faktoren. Sie ist oft eine Gleichung mit vielen variablen Größen.

So hängen z.B. die Transportkosten von zwei Bäckereien eines Unternehmens zu zwei Großhandelslagern von den Kosten pro Stück und den zu transportierenden Stückzahlen ab. Dies führt auf ein System von vier Gleichungen mit 5 variablen Größen.

Lager 1, Lager 2
2000 Brote, 4000 Brote
24 €, 36 €, 48 €, 30 €
a_1, a_2, b_1, b_2
Bäckerei A, Bäckerei B

Tagesproduktion:	2500 Brote	3500 Brote		
Stückzahl:	a_1	a_2	b_1	b_2
Kosten für 100 Stück:	24 €	36 €	48 €	30 €

$K = 0{,}24 \cdot a_1 + 0{,}36 \cdot a_2 + 0{,}48 \cdot b_1 + 0{,}30 \cdot b_2$

Schülerfahrt

In einer Feriensiedlung werden Hütten für 3 Personen und Hütten für 4 Personen vermietet. In den Sommerferien wollen 2 neunte Klassen mit insgesamt 43 Personen das Angebot nutzen.
Wie viele Hütten müssen gemietet werden? Gib verschiedene Möglichkeiten bei voller Auslastung der Hütten an!

Viehkauf

In dem Rechenbuch von ADAM RIES (1492–1559) wird z. B. eine ähnliche Aufgabe gestellt.
Ein Bauer hat 400 Taler. Dafür will er 100 Stück Vieh kaufen, nämlich Ochsen, Schweine, Kälber und Gänse. Ein Ochse kostet 4 Taler, ein Schwein 1,5 Taler, ein Kalb einen halben Taler und eine Gans einen viertel Taler.
Wie viel Stück Vieh jeder Sorte kann er sich kaufen, wenn er 190 Taler übrig behalten will?

Wasserzufluss

Der Stausee eines Elektrizitätswerkes wird durch einen Zufluss gleichmäßig mit Wasser versorgt. Wenn 2 der 6 gleich starken Turbinen in Betrieb sind, nimmt der Wasserinhalt des Stausees stündlich um 100 000 m^3 zu. Sind dagegen alle 6 Turbinen im Betrieb, so verringert sich die Wassermenge trotz Zufluss stündlich um 100 000 m^3.
Wie viel Kubikmeter Wasser fließt in einer Stunde zu, und welche Wassermenge benötigt eine Turbine stündlich?

Rückblick

Grundbegriffe der Gleichungslehre

Gleichungen, in denen keine Variable vorkommt, sind entweder wahre oder falsche Aussagen.

> wahre Aussagen: $7 + 13 = 20$; $-6 = -5 - 1$ falsche Aussagen: $6 - 7 = 1$; $0{,}3 \cdot 0{,}\overline{3} = 0{,}9$

Treten Variablen in einer Gleichung auf, so wird diese erst dann zu einer wahren oder falschen Aussage, wenn die Variablen mit Zahlen oder Größen aus einer **Grundmenge** belegt werden.
Zu jeder Gleichung gehört die Angabe einer Grundmenge. Wird keine Grundmenge angegeben, so ist der größte bekannte Zahlbereich gemeint; bei uns ist es der Bereich der rationalen Zahlen $\mathbb{Q}$.
Das Bestimmen aller Zahlen, die die Gleichung zu einer wahren Aussage machen, heißt **Lösen** der Gleichung. Jede solche Zahl heißt **Lösung** und alle diese Zahlen zusammen bilden die **Lösungsmenge** der Gleichung. Die Lösungsmenge wird mit **L** bezeichnet.

Die Lösungsmenge ist leer, wenn keine Zahl die Gleichung erfüllt: **L = Ø** bzw. **L = { }**.

Zwei Gleichungen heißen **zueinander äquivalent**, wenn sie die gleiche Grundmenge und die gleiche Lösungsmenge besitzen.

> Die Gleichungen $5x = 25$ ($x \in \mathbb{Q}$) und $6x = 30$ ($x \in \mathbb{Q}$) sind zueinander äquivalent, da sie die gleiche Grundmenge $\mathbb{Q}$ und die gleiche Lösungsmenge $L = \{5\}$ haben.

Regeln für Äquivalenzumformungen von Gleichungen

Die Lösungsmenge einer Gleichung ändert sich nicht, wenn
- die Seiten einer Gleichung vertauscht werden,
- auf *beiden* Seiten einer Gleichung derselbe Term addiert oder subtrahiert wird,
- *beide* Seiten einer Gleichung mit demselben Term (Wert des Terms ≠ 0) multipliziert werden,
- *beide* Seiten einer Gleichung durch denselben Term (Wert des Terms ≠ 0) dividiert werden.

Lösen von Gleichungen

Schrittfolge zum Bestimmen der Lösungsmenge	Kurzform
1. Löse alle Klammern nach den bekannten Regeln auf!	Klammern auflösen
2. Fasse die Terme auf beiden Seiten zusammen!	zusammenfassen
3. Forme so um, dass auf der einen Seite nur Vielfache der Variablen und auf der anderen Seite nur Zahlen stehen!	ordnen
4. Forme so um, dass die Variable „alleine" steht, d.h. den Faktor (die Vorzahl) + 1 besitzt!	isolieren
5. Gib die Lösungsmenge an!	Lösungsmenge
6. Führe eine Probe durch!	Probe

Lineare Gleichungssysteme

Beispiel 1: $4x - (2 - 6x) = -2(3x - 5) + 14x$ | Klammern auflösen
$4x - 2 + 6x = -6x + 10 + 14x$ | zusammenfassen
$10x - 2 = 8x + 10$ | $- 8x$, da Summe (ordnen)
$2x - 2 = 10$ | $+ 2$, da Differenz (ordnen)
$2x = 12$ | $: 2$, da Produkt (isolieren)
$x = 6$
$L = \{6\}$

Probe:
linke Seite: $4 \cdot 6 - (2 - 6 \cdot 6) = 24 - (2 - 36) = 24 - (-34) = 58$
rechte Seite: $-2(3 \cdot 6 - 5) + 14 \cdot 6 = -2 \cdot 13 + 84 = -26 + 84 = 58$
Vergleich: $58 = 58$; wahre Aussage, d.h. $L = \{6\}$

Beispiel 2: $-2(3x + 1) = 2(2 - 3x) + x$ | Klammern auflösen
$-6x - 2 = 4 - 6x + x$ | zusammenfassen
$-6x - 2 = 4 - 5x$ | $+ 2$, da Differenz (ordnen)
$-6x = 6 - 5x$ | $+ 5x$, da Differenz (ordnen)
$-x = 6$ | $: (-1)$, da Produkt (isolieren)
$x = -6$
$L = \{-6\}$

Funktionen

Eine Zuordnung, bei der jedem Element der Eingangsgröße (Definitionsmenge) *genau ein* Element der Ausgangsgröße (Wertemenge) zugeordnet wird, nennt man **Funktion**.

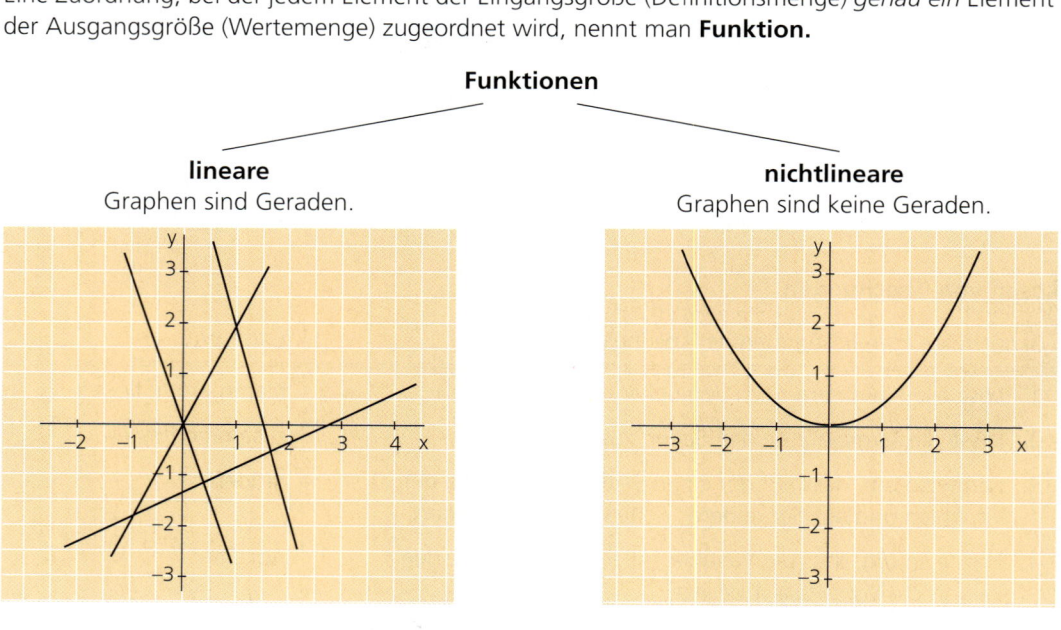

Funktionen

lineare — Graphen sind Geraden.

nichtlineare — Graphen sind keine Geraden.

Funktionen, deren Graphen Geraden sind, nennt man **lineare Funktionen**.

Rückblick

Lineare Funktionen

1. **Funktionsgleichung: y = mx**

   Beispiele: a) $y = 2x$ b) $y = -1{,}5x$

   Steigung: $m = 2$ $m = -1{,}5$

   Graph: Gerade durch den Koordinatenursprung

   Wertetabelle: a)

x	-1	0	1	2
y	-2	0	2	4

   b)

x	-1	0	1	2
y	1,5	0	-1,5	-3

   Wertepaare: a) (-1|-2); (0|0); (1|2); (2|4)
   b) (-1|1,5); (0|0); (1|-1,5); (2|-3)

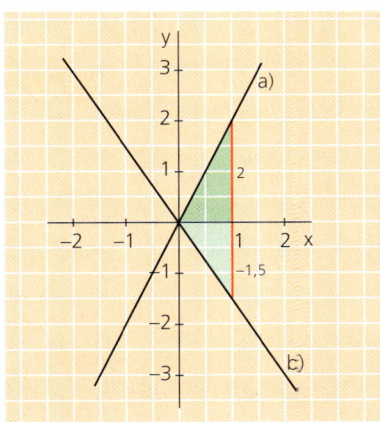

Ist m > 0, dann ist die Gerade **steigend**.
Sie verläuft im I. und im III. Quadranten des Koordinatensystems.

Ist m < 0, dann ist die Gerade **fallend**.
Sie verläuft im II. und im IV. Quadranten des Koordinatensystems.

2. **Funktionsgleichung: y = mx + n**

   Beispiele: a) $y = 2x - 1$ b) $y = -1{,}5x + 3$

   Steigung: $m = 2$ $m = -1{,}5$

   Schnittstelle des Graphen mit der y-Achse: $n = -1$ $n = 3$

   Graph: Gerade, die *nicht* durch den Koordinatenursprung verläuft

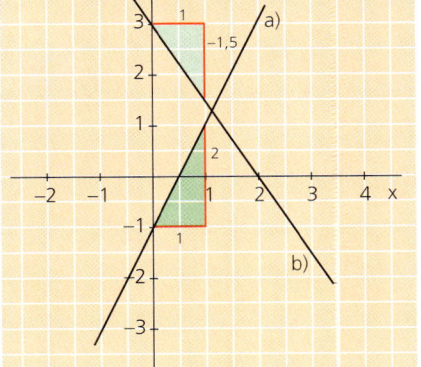

   Wertetabelle: a)

x	-1	0	1	2
y	-3	-1	1	3

   b)

x	-1	0	1	2
y	4,5	3	1,5	0

   Wertepaare: a) (-1|-3); (0|-1); (1|1); (2|3)
   b) (-1|4,5); (0|3); (1|1,5); (2|0)

Eine Funktion mit der Funktionsgleichung y = m·x + n nennt man lineare Funktion.
m ist der **Anstieg** oder die **Steigung** und **n** das **Absolutglied**.
n gibt an, wo die Gerade die y-Achse schneidet. Der Schnittpunkt hat die Koordinaten (0|r).

1.1 Lineare Gleichungen der Form ax + by = c

Begriff lineare Gleichung der Form ax + by = c

Für ein Klassenfest wollen die Schüler der Klasse im Supermarkt für insgesamt 30 € alkoholfreie Getränke kaufen. Sie entscheiden sich für Cola zu 3 € und Limonade zu 2 € je Flasche inklusive Pfand. Wie viel Flaschen jeder Sorte können sie kaufen?

x sei die Anzahl der gekauften Colaflaschen und y die Anzahl der Limonadenflaschen.
Die Schüler müssen dann an der Kasse x · 3 € für die Colaflaschen und y · 2 € für die Limonadenflaschen bezahlen. Die Summe beträgt 30 €.
Wir versuchen, das Problem in einer Gleichung auszudrücken:

$\quad$ x · 3 € + y · 2 € = 30 €; ohne Einheiten: **3x + 2y = 30.**

Eine Gleichung der Form ax + by = c (a, b, c ∈ ℚ) nennt man **lineare Gleichung mit zwei Variablen.**

Beispiele: $\quad$ 4x − 5y = −7; $\quad$ −3x + 8y = 0; $\quad$ 0,6 + 1,5 x = 3,2y; $\quad$ −6y = −2x + 19

Lösen von linearen Gleichungen der Form ax + by = c

Die Gleichung aus unserem Beispiel „Klassenfest" enthält zwei Variablen.
Wir können eine derartige Gleichung durch sinnvolles Probieren lösen. Da x und y in dieser Aufgabe die Anzahl der gekauften Flaschen ausdrücken, können wir nur natürliche Zahlen für sie einsetzen.

3x + 2y = 30 $\quad\quad$ Die Schüler können sich für folgende Kombinationen entscheiden:

Lösung	Cola	Limonade
3 · 10 + 2 · 0 = 30	10 Flaschen Cola	keine Limonade
3 · 8 + 2 · 3 = 30	8 Flaschen Cola	3 Flaschen Limonade
3 · 6 + 2 · 6 = 30	6 Flaschen Cola	6 Flaschen Limonade
3 · 4 + 2 · 9 = 30	4 Flaschen Cola	9 Flaschen Limonade
3 · 2 + 2 · 12 = 30	2 Flaschen Cola	12 Flaschen Limonade
3 · 0 + 2 · 15 = 30	keine Cola	15 Flaschen Limonade

Die Lösungen einer Gleichung mit zwei Variablen sind Zahlenpaare, die wir so aufschreiben können:
Lösungen (x | y): $\quad\quad$ (10 | 0); (8 | 3); (6 | 6); (4 | 9); (2 | 12); (0 | 15)
D.h. die Lösungsmenge ist $\quad$ L = {(10 | 0); (8 | 3); (6 | 6); (4 | 9); (2 | 12); (0 | 15)}.

Lösungen von linearen Gleichungen mit zwei Variablen sind Zahlenpaare (x | y). Das Einsetzen dieser Werte für die Variablen x und y in die Gleichung ergibt eine wahre Aussage.

Lineare Gleichungen der Form ax + by = c

10. Der Graph einer linearen Funktion schneidet die y-Achse im Punkt P (0|2). Der Anstieg der Geraden ist −2. Gib die Funktionsgleichung an und stelle eine Wertetabelle mit fünf Wertepaaren auf!

11. Zeichne zu jeder Funktionsgleichung den Graphen! Prüfe mithilfe des Graphen und auch rechnerisch, ob der Punkt P auf dem Graphen liegt!
 a) $y = 3x$;   P (2|6)   b) $y = 2x + 3$;   P (0,5|5)   c) $y = −2x + 0,5$;   P (1|2)

12. Der Graph einer linearen Funktion schneidet die y-Achse im Punkt P (0|−2) und die x-Achse im Punkt Q (1|0). Bestimme die Funktionsgleichung!

13. Zeichne jeweils eine Gerade durch die Punkte A und B! Zeichne ein Steigungsdreieck und bestimme die Steigung m! Gib zu jeder Geraden die zugehörige Funktionsgleichung an!
 a) A (0|0); B (3|6)   b) A (0|0); B (1|4)   c) A (4|−3); B (0|−2)

Lineare Gleichungen der Form ax + by = c

14. Überprüfe durch Einsetzen, ob die Zahlenpaare Lösungen der Gleichung sind!
 a) $2x = 3y + 6$ (−1|−3); (4,8|1,2); (3|0)
 b) $3x − 2y = 140$ (5|4); (4|2,5); (2|1)
 c) $7a − 5b = 9$ (1|2); (2|1); (−3|−6)
 d) $0,6y − 0,8 = 0,2x$ (1|5); (−0,5|2,5); (4,6|4,2)
 e) $a + 2b = 40$ (23|8,5); (34,8|2,6); (12|15,3)
 f) $2x − y = 10$ (8|6); (−2|−14); (6,2|2,2)

15. Gib jeweils fünf Zahlenpaare an, die Lösungen der Gleichung sind!
 a) $12x + 2y = 0$ b) $12 − 4y = 36x$ c) $2y − 4x = 18$
 d) $0,5x + 3 = 2y$ e) $7,5a − 6b = 4$ f) $−2c + 3d = −4$

16. Forme die Gleichungen nach den Variablen x oder y um! Wähle dabei die günstigere Variante! Gib anschließend drei Zahlenpaare an, die zur Lösungsmenge der Gleichung gehören!
 a) $x + y = 16$ b) $16y + 4x = 32$ c) $5x − 2,5y = 120$
 d) $3x + 0,5y = −42$ e) $10x − 2,5y = 5$ f) $−8x + 4y = 100$
 g) $−18y − 54x = 90$ h) $4y − 8x = 64$ i) $2x − 15 = 2y + 3$

17. Eine lineare Gleichung mit zwei Variablen hat die Form $y = −2x + 3$.
 a) Zeichne den Graphen der linearen Funktion mit dieser Funktionsgleichung!
 b) Berechne den zum x–Wert 3 (−1; 1,5; −0,5; −1,5) gehörenden y–Wert!
 c) Trage die Zahlenpaare als Punkte in ein Koordinatensystem ein! Was stellst du fest?

18. Zeichne den zu der linearen Gleichung gehörigen Graphen! Gib anschließend drei Zahlenpaare mit $x \in \mathbb{Z}$ und $y \in \mathbb{Z}$ an, die zur Lösungsmenge der Gleichung gehören!
 a) $y = 2x − 1$ b) $y = 2,5x − 4$ c) $y = −x − 2,5$ d) $y = −3x + 5,5$
 e) $y = −2x + 2$ f) $y = −1,5x + 2$ g) $y = x + 2$ h) $y = −2x − 2$

19. Stelle die Gleichungen nach der Variable y um und zeichne den zugehörigen Graphen!
 a) $4y − 6x = −8$ b) $5y − 2x = 5$ c) $2x + 3y = 6$ d) $6x + 5y = −15$

1.2 Lineare Gleichungssysteme

Begriff lineares Gleichungssystem

Zur Auszeichnung der 16 Sieger der Mathematikolympiade einer Schule werden Bücher für je 6 € und für je 8 € ausgewählt. Wie viel Bücher jeder Sorte können gekauft werden, wenn insgesamt 120 € zur Verfügung stehen und jeder ein Buch erhalten soll?

Lösung:
x sei die Anzahl der Bücher für 6 € und y die Anzahl der Bücher für 8 €.
Es gilt die Gleichung 6x + 8y = 120.
Die Lösungsmenge dieser Gleichung kann rechnerisch oder grafisch gefunden werden.

Rechnerisch:
$$6x + 8y = 120 \quad |-6x$$
$$8y = 120 - 6x \quad |:8$$
$$y = -\frac{3}{4}x + 15$$

Für x können wir nur natürliche Zahlen einsetzen, da es sich um die Anzahl von Büchern handelt. Da y als Anzahl von Büchern zu 8 € auch nur eine natürliche Zahl sein kann, ist es sinnvoll, für x nur Vielfache von 4 einzusetzen.

Wertetabelle:

x	0	4	8	12	16	20
y	15	12	9	6	3	0

Lösungsmenge:
L = { (0|15); (4|12); (8|9); (12|6); (16|3); (20|0)}

Wir haben gerade ermittelt, wie viele Bücher man für einen Gesamtpreis von 120 € von jeder Sorte kaufen kann.

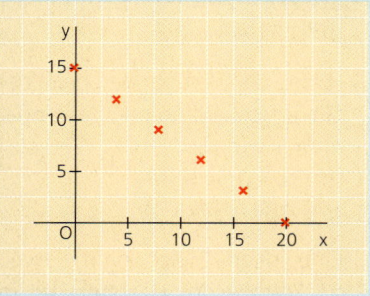

x (Buch für 6 €)	0	4	8	12	16	20
y (Buch für 8 €)	15	12	9	6	3	0
Gesamtpreis in €	120	120	120	120	120	120

Aus der Aufgabe erhält man aber noch eine zweite Information.

Die Bücher erhalten die 16 Sieger der Mathematikolympiade. Es müssen also 16 Bücher gekauft werden. Die Summe aus der Anzahl x der Bücher zu 6 € und der Anzahl y der Bücher zu 8 € muss 16 ergeben.

Es gilt also: x + y = 16. Diese Gleichung kann wieder nur natürliche Zahlen als Lösung haben.

Lineare Gleichungssysteme

L = {(0|16); (1|15); (2|14); (3|13); (4|12); (5|11); (6|10); (7|9); (8|8); (9|7); (10|6); (11|5) (12|4); (13|3); (14|2); (15|1); (16|0)}

Mit dieser Gleichung haben wir ermittelt, wie viel Bücher man von jeder Sorte kaufen kann, wenn man insgesamt 16 Bücher benötigt.

x	0	1	2	3	4	5	6	7	8	9	10	11	12	13	14	15	16
y	16	15	14	13	12	11	10	9	8	7	6	5	4	3	2	1	0
Gesamtanzahl	16	16	16	16	16	16	16	16	16	16	16	16	16	16	16	16	16

Für die Lösung unserer Aufgabe müssen beide Bedingungen erfüllt sein.

I   Die Bücher zu je 6 € und zu 8 € sollen genau 120 € kosten.
II Es müssen insgesamt 16 Bücher gekauft werden.

Sehen wir uns die beiden Lösungsmengen an, dann erkennen wir, dass nur ein Zahlenpaar beide Gleichungen erfüllt.

I   L = {(0|15); **(4|12)**; (8|9); (12|6); (16|3); (20|0)}
II L = {(0|16); (1|15); (2|13); (3|13); **(4|12)**; (5|11); (6|10); (7|9); (8|8); (9|7); (10|6); (11|5); (12|4); (13|3); (14|2); (15|1); (16|0)}

Es müssen also 4 Bücher zu je 6 € und 12 Bücher zu je 8 € gekauft werden.

Probe am Text:
I   Es können 4 Bücher und 12 Bücher, also insgesamt 16 Bücher gekauft werden.
II Beim Kauf von 4 Büchern zu je 6 € (= 24 €) und 12 Büchern zu je 8 € (= 96 €) müssen insgesamt 120 € bezahlt werden.

Zu dieser Aufgabe gehören 2 Bedingungen, die wir mit 2 Gleichungen beschreiben können.
I   Man kauft Bücher zu je 6 € und je 8 € für insgesamt 120 €. I $6x + 8y = 120$
II Man muss insgesamt 16 Bücher kaufen.   II $x + y = 16$

Da beide Gleichungen linear sind und gleichzeitig gelten, bilden sie ein **lineares Gleichungssystem.**

> Ein lineares Gleichungssystem mit den beiden Variablen x und y besteht aus zwei linearen Gleichungen (I und II) mit jeweils den Variablen x und y.
>
> I $a_1 x + b_1 y = c_1$ $a_1, b_1, c_1 \in \mathbb{Q}$
> II $a_2 x + b_2 y = c_2$ $a_2, b_2, c_2 \in \mathbb{Q}$
>
> Zur Lösungsmenge eines linearen Gleichungssystems gehören die Zahlenpaare, die sowohl zur Lösungsmenge der Gleichung I als auch zur Lösungsmenge der Gleichung II gehören.

Beispiele: I $2x + 5y = 3$ I $-x + 2y = 6$ I $9x - 4y = -6$
           II $x - y = 5$ II $3x - 4y = -4$ II $-3x + y = 0$

Grafisches Lösen eines linearen Gleichungssystems

Die Lösung eines linearen Gleichungssystems durch inhaltliches Überlegen oder Probieren zu bestimmen, ist sehr mühsam. Daher ist es sinnvoll, weitere Verfahren zur Lösung von linearen Gleichungssystemen zu finden.

Wir wollen dabei bekanntes Wissen über lineare Funktionen nutzen und betrachten dazu verschiedene Beispiele.

Beispiel 1:

| I | $2x + 2y = 6$ | $x, y \in \mathbb{Q}$ | Wir bringen jede Gleichung in die Form einer Funktionsgleichung für lineare Funktionen $y = mx + n$. |
| II | $2x + y = 5$ | | |

I $2x + 2y = 6$ $|-2x$ II $2x + y = 5$ $|-2x$
Ia $2y = 6 - 2x$ $|:2$ IIa $y = 5 - 2x$
Ib $y = 3 - x$ $y = -2x + 5$
           $y = -x + 3$

Wir zeichnen die Graphen.

Die Lösungen der Gleichung I sind Punkte der Geraden I. Die Lösungen der Gleichung II sind Punkte der Geraden II.

Lösung des Gleichungssystems sind Punkte, die sowohl zur Geraden I als auch zur Geraden II gehören. Das ist nur der Punkt (2|1).

Das lineare Gleichungssystem hat die Lösungsmenge L = {(2|1)}, d.h. x = 2 und y = 1.

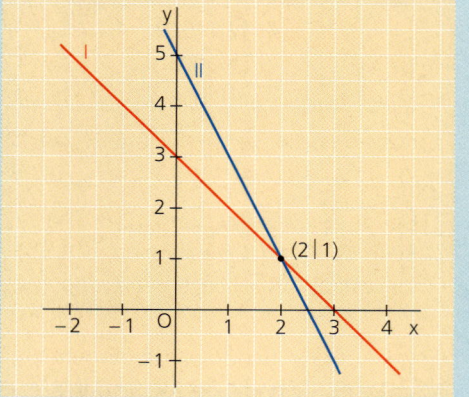

Probe:

Gleichung I
l.S. $2 \cdot 2 + 2 \cdot 1 = 4 + 2 = 6$
r.S.   6
Vergl.: 6 = 6; wahre Aussage

Gleichung II
l.S. $2 \cdot 2 + 1 = 4 + 1 = 5$
r.S.   5
Vergl.: 5 = 5; wahre Aussage

Die Lösungsmenge des linearen Gleichungssystems ist also: L = {(2|1)}.

Beispiel 2:

I $x + y = 3$ $x, y \in \mathbb{Q}$
II $2x + 2y = 4$

Wir bringen jede Gleichung in die Form $y = mx + n$.

I $x + y = 3$ $|-x$ II $2x + 2y = 4$ $|-2x$
Ia $y = -x + 3$ IIa $2y = -2x + 4$ $|:2$
                                      IIb $y = -x + 2$

Lineare Gleichungssysteme

Wir zeichnen die Graphen.
Die beiden Geraden schneiden einander nicht.
Es gibt also keinen Punkt, der gleichzeitig zu beiden Geraden gehört.
Das Gleichungssystem hat keine Lösung: L = { }.
Das können wir schon an den beiden umgeformten Gleichungen erkennen. Beide haben den gleichen Anstieg m = –1, die Geraden verlaufen also parallel.

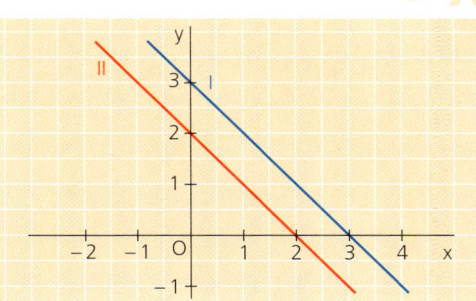

Beispiel 3:

I   y – 2x = 2   x, y ∈ ℚ
II   2y – 4x = 4

Wir bringen jede Gleichung in die Form y = mx + n.

I	y – 2x = 2	|+ 2x		II	2y – 4x = 4	|+ 4x
Ia	y = 2x + 2			IIa	2y = 4x + 4	|: 2
				IIb	y = 2x + 2	

Wir zeichnen die Graphen.
Die beiden Geraden sind identisch.
Alle Punkte der Geraden sind nun Lösungen des linearen Gleichungssystems, da die beiden Gleichungen auch identisch sind. Es gibt also unendlich viele Lösungen.
Zur Lösungsmenge gehören alle die Zahlenpaare, welche die Gleichung y = 2x + 2 erfüllen.

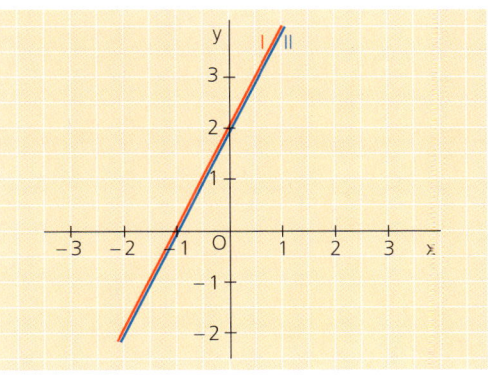

> Ein lineares Gleichungssystem mit zwei Variablen wird in folgenden Schritten zeichnerisch gelöst:
> 1. Bringe beide linearen Gleichungen in die Form y = mx + n!
> 2. Zeichne die zugehörigen Geraden in dasselbe Koordinatensystem!
> 3. Lies die Lösungen aus der grafischen Darstellung ab!
>   Beachte dabei, dass es 3 Lösungsmöglichkeiten gibt!
>   a) Schneiden die beiden Geraden einander in einem Punkt, so hat das lineare Gleichungssystem **genau eine** Lösung.
>   b) Verlaufen die beiden Geraden parallel zueinander, so hat das lineare Gleichungssystem **keine** Lösung.
>   c) Gehört zu beiden Gleichungen ein und dieselbe Gerade, so hat das lineare Gleichungssystem **unendlich viele** Lösungen.

Beispiel:

I $3y + 3x = -12$
II $2y - x = 7$

1. I $3y + 3x = -12$ $|-3x$ 2. Graphen
   Ia $3y = -12 - 3x$ $|:3$
   Ib $y = -4 - x$
              $y = -x - 4$

   II $2y - x = 7$ $|+x$
   IIa $2y = 7 + x$ $|:2$
   IIb $y = 3,5 + \frac{x}{2}$
           $y = \frac{x}{2} + 3,5$

3. $L = \{(-5 | 1)\}$

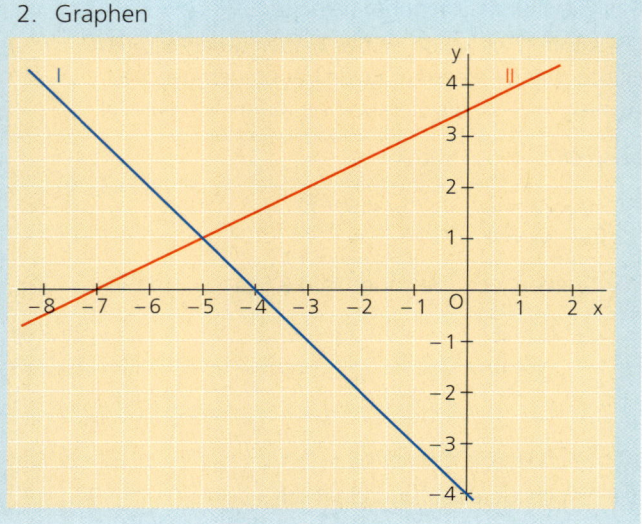

Rechnerisches Lösen eines linearen Gleichungssystems

Lösen wir das folgende lineare Gleichungssystem zeichnerisch, so stellen wir fest, dass diese Methode hier ungeeignet ist, weil die Werte für x und y nicht mehr genau aus der grafischen Darstellung bestimmt werden können.

Beispiel:

I $8x + 6y = 7$
II $-3x + 5y = -9$

1. Ib $y = -\frac{4}{3}x + \frac{7}{6}$
   IIb $y = \frac{3}{5}x - \frac{9}{5}$

2. Graphen

3. $L = \{(1,6 | -0,9)\}$

Es ist also erforderlich, eine Möglichkeit zu finden, lineare Gleichungssysteme rechnerisch lösen zu können.

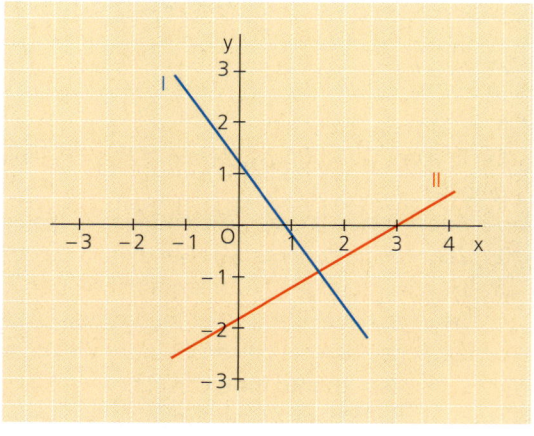

Bisher können wir nur lineare Gleichungen mit einer Variablen rechnerisch lösen. Dieses Wissen können wir auch beim Lösen von Gleichungssystemen anwenden. Wir werden also nun versuchen, die zwei linearen Gleichungen des linearen Gleichungssystems so umzuformen, dass wir nur eine lineare Gleichung erhalten.

Lineare Gleichungssysteme

Additionsverfahren

Beispiel 1:

I $2x + 4y = 10$
II $-2x + 3y = 4$

In diesem Beispiel führt eine Addition der beiden Gleichungen zum Ziel.

I $2x + 4y = 10$
II $-2x + 3y = 4$
I + II $7y = 14$

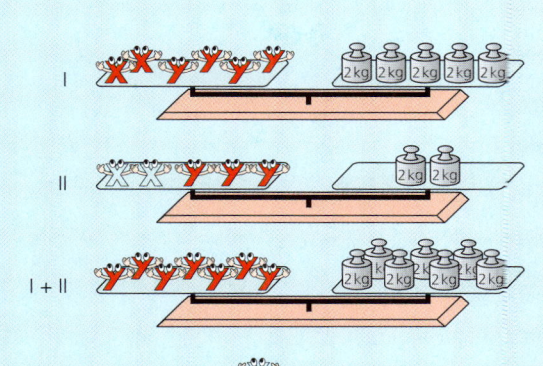

$\text{\reflectbox{X}}$ bedeutet $(-x)$.

Durch die Addition ist die Variable x in der neuen Gleichung nicht mehr vorhanden. Wir haben eine Gleichung mit einer Variablen erhalten. Diese können wir lösen.

$7y = 14 \quad |:7$
$y = 2$

Setzen wir in eine der beiden Ausgangsgleichungen für y den Wert 2 ein, erhalten wir wieder eine Gleichung mit nur einer Variablen x. Auch diese können wir lösen.

In I y = 2 eingesetzt   oder   in II y = 2 eingesetzt
$2x + 4 \cdot 2 = 10$ $-2x + 3 \cdot 2 = 4$
$2x + 8 = 10 \quad |-8$ $-2x + 6 = 4 \quad |-6$
$2x = 2 \quad |:2$ $-2x = -2 \quad |:(-2)$
$x = 1$ $x = 1$

Probe:
Gleichung I   Gleichung II
l.S. $2 \cdot 1 + 4 \cdot 2 = 2 + 8 = 10$ l.S. $-2 \cdot 1 + 3 \cdot 2 = -2 + 6 = 4$
r.S. 10   r.S. 4
Vergl. 10 = 10; wahre Aussage   Vergl. 4 = 4; wahre Aussage

Lösungsmenge: $L = \{(1|2)\}$

Beispiel 2:

I $3x + 2y = -2 \quad |\cdot 5$ Wir müssen beide Gleichungen so umformen, dass bei der Addition
II $-5x + 3y = 6,5 \quad |\cdot 3$ eine der beiden Variablen herausfällt. Grundsätzlich ist es gleichgültig, für welche Variable wir uns entscheiden. Wegen verschiedener Vorzeichen wählen wir die Variable x.

Ia $15x + 10y = -10$
IIa $-15x + 9y = 19,5$

Ia + IIa $19y = 9,5 \quad |:19$
           $y = 0,5$

Lineare Gleichungssysteme

In I y = 0,5 eingesetzt	oder	in II y = 0,5 eingesetzt
3x + 2 · 0,5 = –2		–5x + 3 · 0,5 = 6,5
3x + 1 = –2 |–1		–5x + 1,5 = 6,5 |–1,5
3x = –3 | : 3		–5x = 5 | : (–5)
x = –1		x = –1

Probe:

Gleichung I
l.S.   3 · (–1) + 2 · 0,5 = –3 + 1 = –2
r.S.   –2
Vergl. –2 = –2; wahre Aussage.

Gleichung II
l.S.   –5 · (–1) + 3 · 0,5 = 5 + 1,5 = 6,5
r.S.   6,5
Vergl. 6,5 = 6,5; wahre Aussage

Lösungsmenge: L = {(–1 | 0,5)}

Da die beiden linearen Gleichungen des linearen Gleichungssystems addiert werden, wird dieses Verfahren **Additionsverfahren** genannt.

> Ein lineares Gleichungssystem mit zwei Variablen wird mit dem Additionsverfahren in folgenden Schritten gelöst:
> 1. Forme – falls nötig – eine oder beide lineare Gleichungen so um, dass bei der Addition der beiden Gleichungen eine der beiden Variablen wegfällt!
> 2. Addiere beide Gleichungen!
> 3. Löse die entstandene lineare Gleichung mit nur einer Variablen!
> 4. Setze die erhaltene Lösung in eine der beiden Ausgangsgleichungen I oder II ein und löse diese Gleichung!
> 5. Führe eine Probe mit beiden Ausgangsgleichungen durch!
> 6. Gib die Lösungsmenge des Gleichungssystems an!

Beispiel:

I   3x + 4y = –1
II   6x + 14y = 10

1. I   3x + 4y = –1   \| · (–2)
   II   6x + 14y = 10
   Ia   –6x – 8y = 2
   IIa   6x + 14y = 10

2. Ia + IIa   6y = 12

3.   6y = 12   \| : 6
                 y = 2

4. in I y = 2 eingesetzt
   3x + 4 · 2 = –1
   3x + 8 = –1   \|–8
   3x = –9   \| : 3
   x = –3

5. Probe:

   Gleichung I
   l.S.   3 · (–3) + 4 · 2 = –9 + 8 = –1
   r.S.   –1
   Vergl. –1 = –1; wahre Aussage

   Gleichung II
   l.S.   6 · (–3) + 14 · 2 = –18 + 28 = 10
   r.S.   10
   Vergl. 10 = 10; wahre Aussage

6. Lösungsmenge: L = {(–3 | 2)}

Lineare Gleichungssysteme

Einsetzungsverfahren

Im folgenden Beispiel führt ein anderes Verfahren zum Ziel, nur eine Gleichung mit einer Variablen zu erhalten.

Beispiel:

I $\quad 4x + 3y = -1$
II $\quad \quad \quad x = 2y + 8$

Da die Gleichung II schon nach einer Variablen aufgelöst ist, können wir in die Gleichung I für x den Term 2y + 8 einsetzen.

In I x = 2y + 8 eingesetzt

$4(2y + 8) + 3y = -1 \quad$ | Klammern auflösen
$8y + 32 + 3y = -1 \quad$ | zusammenfassen
$11y + 32 = -1 \quad$ | -32
$11y = -33 \quad$ | $:11$
$y = -3$

in II y = −3 eingesetzt
$x = 2 \cdot (-3) + 8$
$x = -6 + 8$
$x = 2$

Probe:

Gleichung I
l.S. $\quad 4 \cdot 2 + 3 \cdot (-3) = 8 - 9 = -1$
r.S. $\quad -1$
Vergl. $-1 = -1$; wahre Aussage

Gleichung II
l.S. $\quad 2$
r.S. $\quad 2 \cdot (-3) + 8 = -6 + 8 = 2$
Vergl. $2 = 2$; wahre Aussage

Lösungsmenge: $\quad\quad\quad\quad L = \{(2 | -3)\}$

Da eine der beiden linearen Gleichungen in die andere Gleichung des linearen Gleichungssystems „eingesetzt" wird, wird dieses Verfahren **Einsetzungsverfahren** genannt.

Ein lineares Gleichungssystem mit zwei Variablen wird mit dem Einsetzungsverfahren in folgenden Schritten gelöst:

1. Forme – falls nötig – eine der beiden linearen Gleichungen nach einer der beiden Variablen um!
2. Setze die umgeformte Gleichung für die Variable in die *andere* Gleichung ein!
3. Löse die entstandene lineare Gleichung mit nur einer Variablen!
4. Setze die erhaltene Lösung in eine der beiden Ausgangsgleichungen I oder II ein und löse diese Gleichung!
5. Führe eine Probe mit beiden Ausgangsgleichungen durch!
6. Gib die Lösungsmenge des Gleichungssystems an!

Lineare Gleichungssysteme

Beispiel:

I $5x - 2y = -23$
II $-6x + 3y = 30$

1. II $-6x + 3y = 30$ $| +6x$
   IIa $3y = 30 + 6x$ $| :3$
   IIb $y = 10 + 2x$

2. in I $y = 10 + 2x$ eingesetzt
   $5x - 2(10 + 2x) = -23$

3. $5x - 2(10 + 2x) = -23$ | Klammern auflösen
   $5x - 20 - 4x = -23$ | zusammenfassen
   $x - 20 = -23$ | $+20$
   $x = -3$

4. in II $x = -3$ eingesetzt
   $-6 \cdot (-3) + 3y = 30$ | zusammenfassen
   $18 + 3y = 30$ | -18
   $3y = 12$ | $:3$
   $y = 4$

5. Probe:
   Gleichung I
   l.S. $5 \cdot (-3) - 2 \cdot 4 = -15 - 8 = -23$
   r.S. -23
   Vergl. $-23 = -23$; wahre Aussage
   Gleichung II
   l.S. $-6 \cdot (-3) + 3 \cdot 4 = 18 + 12 = 30$
   r.S. 30
   Vergl. $30 = 30$; wahre Aussage

6. Lösungsmenge: L = $\{(-3 \mid 4)\}$

Anwenden der verschiedenen Rechenverfahren

Wir haben nun zwei Rechenverfahren zur Lösung eines linearen Gleichungssystems kennengelernt. Die Wahl des Verfahrens hängt von der Form der gegebenen linearen Gleichungen ab.

Beispiel 1:

I $x + 2y = 5$ Hier wählen wir das Additionsverfahren, da dadurch in der neuen Glei-
II $5x - 2y = 1$ chung kein y vorhanden ist.

I + II $6x = 6$ $| :6$
          $x = 1$
                      Nach Einsetzen in eine der beiden Gleichungen erhält man:
                      $y = 2$; L = $\{1 \mid 2\}$

Beispiel 2:

I $y + 2x = 6$ Das Additionsverfahren ist auch hier wieder leicht anwendbar.
II $3y + 4x = 14$ Es bieten sich jedoch 2 Möglichkeiten eines Lösungsweges an.

a) Wir können Gleichung I mit (-2) multiplizieren und danach beide Gleichungen addieren. In der neuen Gleichung ist dann nur die Variable y enthalten.

   I $y + 2x = 6$ $| \cdot (-2)$
   Ia $-2y - 4x = -12$
   II $3y + 4x = 14$

   Ia + II $y = 2$ Nach Einsetzen in eine der beiden Gleichungen erhält man:
                             $x = 2$; L = $\{2 \mid 2\}$

Lineare Gleichungssysteme

b) Wir können aber auch Gleichung I mit (−3) multiplizieren und danach beide Gleichungen addieren. In der neuen Gleichung ist dann nur die Variable x enthalten.

I	$y + 2x = 6$	$\mid \cdot (-3)$
Ia	$-3y - 6x = -18$	
II	$3y + 4x = 14$	
Ia + II	$-2x = -4$	$\mid : (-2)$
	$x = 2$	Nach Einsetzen in eine der beiden Gleichungen erhält man: $y = 2$; $L = \{2 \mid 2\}$

Beispiel 3:

| I | $y + 2x = 4$ | Da in diesem Gleichungssystem schon die Gleichung II nach x aufgelöst |
| II | $x = 5{,}5 - 4y$ | ist, wählen wir das Einsetzungsverfahren. Die neue Gleichung hat nur die Variable y. |

In I $x = 5{,}5 - 4y$ eingesetzt

$y + 2(5{,}5 - 4y) = 4$	$\mid$ Klammern auflösen
$y + 11 - 8y = 4$	$\mid$ zusammenfassen
$-7y + 11 = 4$	$\mid - 11$
$-7y = -7$	$\mid : (-7)$
$y = 1$	Nach Einsetzen in eine der beiden Gleichungen erhält man: $x = 1{,}5$; $L = \{1{,}5 \mid 1\}$

Beispiel 4:

| I | $x + y = 5$ | Hier können wir das Einsetzungsverfahren benutzen, indem wir z.B. die |
| II | $2x + 5y = 16y$ | Gleichung I nach x oder y auflösen und in die Gleichung II einsetzen. Wir können aber auch das Additionsverfahren anwenden, indem wir z.B. die Gleichung I mit −2 multiplizieren und danach beide Gleichungen addieren. |

Anzahl der Lösungen von linearen Gleichungssystemen

Beim grafischen Lösungsverfahren haben wir festgestellt, dass ein lineares Gleichungssystem genau eine Lösung, keine Lösung oder unendlich viele Lösungen haben kann.

Woran können wir das bei den rechnerischen Lösungsverfahren erkennen?

1. Fall: Gleichungssystem hat genau eine Lösung

Wenn das lineare Gleichungssystem genau eine Lösung hat, dann kann genau ein Wert für die Variable x und genau ein Wert für die Variable y bestimmt werden, d.h. die Lösungsmenge besteht aus genau einem Zahlenpaar $(x \mid y)$: $L = \{(x \mid y)\}$.

2. Fall: Gleichungssystem hat keine Lösung

Wenn das lineare Gleichungssystem keine Lösung hat, dann gibt es keine Einsetzungen für die Variable x und keine Einsetzungen für die Variable y, d.h. es gibt kein Zahlenpaar, welches beide Gleichungen gleichzeitig erfüllt; also ist die Lösungsmenge leer: $L = \{\ \}$.

Lineare Gleichungssysteme

Egal welchen Wert wir für die Variablen x und y beim rechnerischen Lösen einsetzen, es muss immer eine falsche Aussage entstehen, d.h. aber auch, dass die Variablen x und y keinen Einfluss mehr auf die linearen Gleichungen haben, weil sie nicht mehr darin vorkommen.

Beispiel:

I	$3x + 5y = 18$	Wir wählen das Additionsverfahren.
II	$-3x - 5y = 20$	
I + II	$0 = 38$	falsche Aussage

Lösungsmenge: L = { }

3. Fall: Gleichungssystem hat unendlich viele Lösungen

Wenn das lineare Gleichungssystem unendlich viele Lösungen hat, dann muss es unendlich viele Zahlenpaare geben, die beide Gleichungen gleichzeitig erfüllen. Dazu müssen beide Gleichungen identisch sein oder beim rechnerischen Lösen muss immer eine wahre Aussage entstehen, egal welchen Wert wir für die Variablen x und y einsetzen.
Das bedeutet aber auch, dass die Variablen x und y keinen Einfluss mehr auf die linearen Gleichungen haben, weil sie nicht mehr darin vorkommen.

Beispiel:

| I | $2x + 6y = 20$ | Wir wählen zur Lösung das Einsetzungsverfahren. |
| II | $x = -3y + 10$ | |

In I $x = -3y + 10$ eingesetzt
$2(-3y + 10) + 6y = 20$ | Klammern auflösen
$-6y + 20 + 6y = 20$ | zusammenfassen
$20 = 20$ wahre Aussage

Wenn es nun unendlich viele Lösungen gibt, wie bestimme ich diese Lösungen?

Wir wählen für die Variable x oder für die Variable y einen beliebigen Wert aus der Grundmenge aus, setzen diesen Wert in eine der beiden Gleichungen I oder II ein und berechnen den dazugehörigen Wert für die Variable y oder für die Variable x.

In unserem Beispiel setzen wir in Gleichung II für y = 1 ein.

II $x = -3y + 10$
$x = -3 \cdot 1 + 10$
$x = 7$ → Das Zahlenpaar (7|1) ist eine Lösung des linearen Gleichungssystems.

So könnten wir nun beliebig viele Lösungen berechnen. In einer Tabelle lassen sich diese Lösungen übersichtlicher darstellen.

y	2	1	0	0,5	−1
$x = -3y + 10$	4	7	10	8,5	13
Lösung (x|y)	(4|2)	(7|1)	(10|0)	(8,5|0,5)	(13|−1)

In diese Tabelle können wir noch viel mehr Lösungen eintragen. Eine vollständige Angabe aller Zahlenpaare ist aber nicht möglich.

Lineare Gleichungssysteme

Aufgaben

Grafisches Lösen eines linearen Gleichungssystems

1. Bestimme grafisch die Lösungsmenge des Gleichungssystems! Mache die Probe, indem du die Koordinaten des Schnittpunktes in beide Gleichungen einsetzt!
   - a) I $y = x + 2$
      II $y = -3x + 6$
   - b) I $y = x - 1$
      II $y = -2x + 11$
   - c) I $y = 0{,}5x + 4$
      II $y = 3x - 1$
   - d) I $y = x - 2$
      II $y = -x + 10$
   - e) I $y = 1{,}5x - 4$
      II $y = -x + 6$
   - f) I $y = 2x - 2$
      II $y = 0{,}25x + 5$

2. Löse folgende lineare Gleichungssysteme zeichnerisch!
   - a) I $y = 2x - 4$
      II $y = -3x + 1$
   - b) I $y = -0{,}5x - 2$
      II $y = -2x - 8$
   - c) I $y = -x + 3$
      II $y = 1{,}5x - 9{,}5$
   - d) I $2y = -4x - 2$
      II $3y = 3x + 15$
   - e) I $-y = 4x - 3$
      II $4y = 8x + 12$
   - f) I $\frac{y}{2} = x + 5{,}5$
      II $y = -x - 7$

3. Löse beide Gleichungen nach y auf, zeichne die zugehörigen Geraden und lies aus der Zeichnung die gemeinsame Lösung (x|y) ab!
   - a) I $y + 2x = 6$
      II $y - 3x = 1$
   - b) I $4y - 3x = 2$
      II $2y + x = -4$
   - c) I $2x + 2y = 14$
      II $6x - 3y = 15$

4. Bestimme die Lösungsmenge der linearen Gleichungssysteme zeichnerisch! Bringe dazu die linearen Gleichungen in die Form $y = mx + n$!
   - a) I $2x + y = 4$
      II $-2x + y = 8$
   - b) I $4x + 2y = 10$
      II $-3x - y = -8$
   - c) I $2x + 2y = 0$
      II $2x - 2y = 16$
   - d) I $3x - 4y = -8$
      II $-4x + 4y = 8$
   - e) I $-10x + 5y = 30$
      II $6x - 3y = -18$
   - f) I $3x - \frac{y}{2} = 0$
      II $-12x - 6y = -48$

5. Bestimme die Lösungsmenge der linearen Gleichungssysteme grafisch! Beachte die verschiedenen Möglichkeiten der Anzahl der Lösungen!
   - a) I $y = 3x - 4$
      II $2y = 4x - 10$
   - b) I $-2y = -6x + 8$
      II $5y = 15x + 5$
   - c) I $-6y = -12x$
      II $\frac{y}{4} = x - 1$

6. Gib zu den linearen Gleichungssystemen die Lösungsmenge an!
   - a) I $6x - 3y = 12$
      II $2x - y = 5$
   - b) I $-3x - 6y = 12$
      II $4y = -2x - 8$
   - c) I $-4 = -2y - 8x$
      II $\frac{y}{3} = -\frac{4x}{3} + 2$

Rechnerisches Lösen eines linearen Gleichungssystems

7. Bestimme die Lösungsmenge der linearen Gleichungssysteme mit dem Additionsverfahren!
   - a) I $4x + 2y = 8$
      II $-4x + 3y = 2$
   - b) I $2x - 3y = 6$
      II $3x + 3y = 9$
   - c) I $-5x + 7y = 34$
      II $5x - 5y = -20$
   - d) I $3x - 4y = -26$
      II $8x + 4y = 4$
   - e) I $3x - 6y = -24$
      II $-3x - 5y = -20$
   - f) I $-2x - 6y = 26$
      II $-x + 6y = -5$

Lineare Gleichungssysteme

8. Bestimme die Lösungsmenge mithilfe des Additionsverfahrens! Multipliziere dazu einer der Gleichungen I oder II so, dass im nächsten Schritt die Addition der Gleichungen durchgeführt werden kann!

a) I $3x + 45y = 150$
II $7x - 15y = 110$

b) I $-3x - 4y = 35$
II $6x + 2y = 68$

c) I $3x + 35y = 282$
II $-5x - 7y = -162$

d) I $8x - 14y = -76$
II $16x + 7y = 422$

e) I $x + 7y = 51$
II $4x - 17y = 24$

f) I $7y - 5x = -2$
II $-6y + 15x = 216$

9. Löse die linearen Gleichungssysteme mit dem Additionsverfahren!

a) I $-7x + 4y = -19$
II $-7x - 5y = 71$

b) I $-6x - 9y = 36$
II $-4x - 9y = 24$

c) I $-3x - 5y = 0$
II $-3x + 5y = 0$

10. Löse mithilfe des Additionsverfahrens!

a) I $3x + 2y = 1$
II $3x - 2y = 5$

b) I $-4x + 5y = 3$
II $4x - 2y = -6$

c) I $7x + 4y = 9$
II $x - 4y = 79$

d) I $5x - 3y = -21$
II $2x - 9y = 54$

e) I $6x + y = 13$
II $-2x + 3y = -21$

f) I $-3x - 2y = -5$
II $7x + 4y = 21$

11. Bestimme die Lösungsmenge der linearen Gleichungssysteme!
Multipliziere dazu beiden Gleichungen mit entsprechenden Faktoren!

a) I $2x + 3y = 10$
II $x - 4y = -28$

b) I $5x - 4y = 20$
II $2x - 2y = 10$

c) I $-3x + 8y = -65$
II $5x + 2y = 1$

d) I $-4x + 8y = -16$
II $-20x - 14y = -26$

e) I $-5x + 3y = -13$
II $6x + 18y = 210$

f) I $-6x - 3y = 33$
II $-48x + 4y = 180$

12. Nutze das Additionsverfahren, um die Lösungsmenge der linearen Gleichungssysteme zu bestimmen!

a) I $2x + 3y = 10$
II $x - 4y = -28$

b) I $5x - 4y = 20$
II $2x - 2y = 10$

c) I $-3x + 8y = -65$
II $5x + 2y = 1$

d) I $-4x + 8y = -16$
II $-20x - 14y = -26$

e) I $-5x + 3y = -13$
II $6x + 18y = 210$

f) I $-6x - 3y = 33$
II $-48x + 4y = 180$

13. Löse das lineare Gleichungssystem mit dem Einsetzungsverfahren!

a) I $y = 2x + 3$
II $x + y = -3$

b) I $y = -2x + 1$
II $3x + y = 1$

c) I $y = 4x - 6$
II $5x - y = 8$

d) I $-4x + 2y = -8$
II $y = -x - 5$

e) I $4x + 2y = 6$
II $x = -y + 5$

f) I $x = 4 + y$
II $-3x + 6y = 9$

14. Gib die Lösungsmenge des linearen Gleichungssystems an! Nutze das Einsetzungsverfahren!

a) I $-3x + y = -26$
II $7x + 8y = 9$

b) I $2x + y = 4$
II $3x - 4y = 17$

c) I $6x + y = 59$
II $-5x + 6y = -97$

d) I $10x - 7y = 46$
II $-4x + y = 22$

e) I $-3x = y$
II $-6x + 5y = 0$

f) I $-4x - 3y = 14$
II $x - 3y = -11$

15. Bestimme die Lösungsmenge des linearen Gleichungssystems mithilfe des Einsetzungsverfahrens! Löse dazu eine der beiden linearen Gleichungen nach der Variablen x oder y auf!

a) I $2y = 6x - 2$
II $3x + y = 5$

b) I $3y = 9x - 6$
II $5x + 2y = -39$

c) I $-y = 5x - 6$
II $-5x + 3y = 58$

Lineare Gleichungssysteme

   d) I $-4y = 20 - 12x$
      II $-3x - 6y = 114$

   e) I $3x - 6y = 18$
      II $-\frac{y}{2} = 20 - 5x$

   f) I $-3x - 7y = 21$
      II $4x = 24 + 8y$

16. Löse unter Anwendung des Einsetzungsverfahrens die linearen Gleichungssysteme!
   a) I $-2x + y = -3$
      II $9x - 5y = 16$

   b) I $-12x + 3y = -18$
      II $9x - y = 11$

   c) I $x - 3y = 29$
      II $-x + 5y = -43$

   d) I $-6x - y = 39$
      II $2x - 4y = -25$

   e) I $-8x - 4y = -40$
      II $3x - y = 10$

   f) I $4x + 2y = 10$
      II $3x - 4y = 24$

17. Bestimme die Lösung mithilfe des Einsetzungsverfahrens! Löse dazu die Gleichung I nach y auf! Beachte, dass der Term, den du für y einsetzt, in Klammern stehen muss!
   a) I $4y + 16x = 4$
      I $3y - 6x = 38$

   b) I $7x - 2y = 1$
      II $17x - 5y = -9$

   c) I $12x + 4y = -10{,}4$
      II $8x - 16y = 8$

18. Bestimme mithilfe des Einsetzungsverfahrens die Lösungsmenge des Gleichungssystems!
   a) I $2y - 77 = 4x$
      II $y = 9x$

   b) I $4x - 2y = 5$
      II $2y - 6x = 0$

   c) I $8x - 19y = 2$
      II $7y = 3x$

   d) I $5x - 6y = 50$
      II $4y - 10x = 0$

   e) I $3y = -12x$
      II $10x + 7y = -36$

   f) I $6y = 4x$
      II $9y - 7{,}5x = 3x$

19. Bringe beide Gleichungen des linearen Gleichungssystems in die Form y = mx + n! Entscheide, wie viele Lösungen das Gleichungssystem hat! Gibt es eine Lösung, so bestimme diese grafisch!
   a) I $7y - 2x = 28$
      II $7y + 2x = 14$

   b) I $2x + 3y = 6$
      II $18 - 9y = 6x$

   c) I $2y + x = 4$
      II $4y - 2x = 16$

   d) I $2y - 6x = -10$
      II $y + x = 7$

   e) I $2y + 2 = 2x$
      II $4 - 4y = 12x$

   f) I $5y - 2x = 5$
      II $3y + 9 = 6x$

20. Bestimme die Lösungsmenge des linearen Gleichungssystems!
   a) I $2x - 4y = -10$
      II $-2x + 3y = -16$

   b) I $-3x - y = 10$
      II $3x + y = 6$

   c) I $4x - 5y = 0$
      II $-4x + 5y = 0$

   d) I $2x + 8y = 12$
      II $-x - 4y = -5$

   e) I $-x + 4y = -29$
      II $2x - 3y = 4$

   f) I $-5x + 3y = 5$
      II $3x - 5y = -3$

21. Löse die linearen Gleichungssysteme!
   a) I $-4x + 10y = 6$
      II $2x - 5y = 6$

   b) I $-2x + 3y = 6$
      II $-6x + 18 = 9y$

   c) I $5x + 5 = 2y$
      II $-2x + 8y = -36$

   d) I $-x = 4y - 2$
      II $4x = 8 - 16y$

   e) I $-3y = 5x - 12$
      II $36 + 12y = -20x$

   f) I $-2 = 4x - 3y$
      II $-\frac{4}{3}x - \frac{2}{3} = -y$

22. Entscheide, wie viele Lösungen das Gleichungssystem hat! Existiert nur eine Lösung, berechne diese!
   a) I $13x + 14y = -57$
      II $-19x - 11y = 72$

   b) I $8x + 4y = 344$
      II $12x - 14y = 252$

   c) I $-56x + 84y = 91$
      II $88x - 132y = 140$

   d) I $12x + 16y = 16$
      II $-30x + 20y = -20$

   e) I $24x + 12y = 18$
      II $-16x - 8y = -12$

   f) I $12x - 20y = 16$
      II $9x - 15y = 12$

   g) I $9x - 24y = 17$
      II $-6x + 16y = -14$

   h) I $18x + 24y = 30$
      II $24x + 32y = 40$

   i) I $16x - 24y = 26$
      II $40x + 60y = 66$

Lineare Gleichungssysteme

23. Bestimme die Lösungsmenge des linearen Gleichungssystems!
    a) I 2x − y = 16   b) I 9x − 4y = 47   c) I 4y − 2x = 6
       II y = 2x + 5   II −6x + 8 = 2y   II −3y = 9 − 6x
    d) I 3y = 15x − 9   e) I −4x = 16y − 20   f) I 5y − 15 = 35x
       II −5x = −3 − y   II x − 8 = −4y   II −14x − 10 = −2y

24. Bestimme die Lösungsmenge des linearen Gleichungssystems rechnerisch!
    a) I −3x − 4y = 33   b) I −2y = −10 + 20x   c) I −5x − 2y = 12
       II x − y = 9   II 3y = −30x + 20   II 6y + 15x = −36
    d) I 6x = 4y − 5   e) I 14y + 6 − 2x = 0   f) I 8x − 7y = −51
       II 3x − 2y = 7   II −4x = 12 − 28y   II 5x + 9y = 35

25. Bestimme die Lösungsmenge des linearen Gleichungssystems!
    a) I y = 3x − 6   b) I 2y = −10x + 5   c) I −4x + 2y = −4
       II −4x − 2y = −8   II 6 + 10x = −2y   II 6x − 6y = 18
    d) I −3y = 9x − 6   e) I 8x − 12 = 2y   f) I −3x + 1,5y = 4
       II 15x + 5y = 10   II 2x − 3 − 0,5y = 0   II 8x − 4y = −22

1.3 Gemischte Aufgaben

1. Gib je 5 Lösungen der folgenden Gleichungen an!
   a) 3x − 3y = 9   b) 2(x + y) = 0   c) 2x + 6y − 18 = 0   d) 0,5x − 2y = −1

2. Löse die folgenden linearen Gleichungssysteme mithilfe des Additionsverfahrens!
   a) I 3x + 5y = 8   b) I 3x − 2y = −6   c) I 2x − y = 0
      II 2x − 10y = −8   II 12x + 2y = 30   II 4x − 2y = 51

3. Löse die folgenden linearen Gleichungssysteme mithilfe des Einsetzungsverfahrens!
   a) I x + 4y = 18   b) I 2x − 3y = −3   c) I 1,5x + 2y = 9
      II 5x − 2y = 2   II 6y = 6 + 4x   II x − 4y = −10

4. Bestimme die Lösungen folgender Gleichungssysteme rechnerisch und grafisch!
   a) I y + 0,5x = 2   b) I y − 0,5x = −2   c) I y − 2x = 3
      II y − x = 0   II y − x = 0   II y − x = 0

5. Bestimme die Lösungsmenge! Wähle ein geeignetes Verfahren!
   a) I x − 14y = 50   b) I 2x − 6y = −4   c) I 6y − 9x = −1
      II 5x − 2y = 30   II 3x − 15y = −36   II 2y − 6x = −16
   d) I 2x + 3y = 15   e) I 2x − 3y = 4   f) I 3x − 5y = 0,5
      II 5x − 2y = −29   II 2x + y = 12   II 5x − 3y = 5,1

6. Bestimme die Lösung des Gleichungssystems mithilfe des Einsetzungsverfahrens!
   Löse dazu eine der beiden Gleichungen nach x auf!
   a) I 8x − 3y = 30   b) I 9y + 4x = 28   c) I 3x + 7y = −35
      II 2x − 4y = 14   II 4x − 3y = −20   II −3x − 5y = −35
   d) I 3x + 5y = 16   e) I 3y − 2x = −7   f) I 3x + 3y = 6
      II 2x + 10y = 54   II 7y − 3x = −22   II 2x − 4y = 40

Gemischte Aufgaben

7. Stelle die Gleichungen nach der Variablen y um! Entscheide anhand der entstandenen Funktionsgleichung für lineare Funktionen, wie viele Lösungen das Gleichungssystem hat! Bestimme die Lösungsmenge, wenn nötig grafisch!
   a) I $2x - 3y = -1$
      II $3y + x = 13$
   b) I $3y - x = 2$
      II $-2x = -6y + 8$
   c) I $2x - 4y = -20$
      II $x - 30 = -3y$

8. Bestimme die Lösungsmenge!
   a) I $3(2x + 3y) = -42$
      II $2(x + 2y) = -16$
   b) I $3(2 - x) = 6y$
      II $-3(2x + 5) = 3$
   c) I $-4(2x - y) = 4$
      II $5(-2x + 5y) = 25$

9. Multiplizierst du eine Zahl mit 3 und addierst zu dem Produkt 4, so erhältst du das Doppelte einer zweiten Zahl, vermindert um 1. Das Doppelte der ersten Zahl ist der Nachfolger der zweiten Zahl.
   Berechne die beiden gesuchten Zahlen!

10. Saschas Tante hält auf ihrem Hof Hühner und Kaninchen. Insgesamt sind es 37 Tiere mit 106 Beinen. Wie viele Kaninchen und wie viele Hühner hat Saschas Tante?

11. Petra ist fünf Jahre älter als ihre Schwester Sabine. Zusammen sind beide 23 Jahre alt. Wie alt ist jede?

12. Wie groß sind die Winkel in einem gleichschenkligen Dreieck, wenn jeder Basiswinkel doppelt so groß ist wie der Winkel an der Spitze?

13. Die Breite eines rechteckigen Grundstückes beträgt 20 m. Wenn man die Grundstückslänge um 4 m verkürzt, verringert sich der Flächeninhalt um 80 m^2. Verkürzt man die Grundstückslänge um 6 m, nimmt der Flächeninhalt um 120 m^2 ab.
    Bestimme die ursprüngliche Länge und den Flächeninhalt des Grundstückes!

14. Die Summe zweier Zahlen beträgt 35, ihre Differenz ist 17.
    Berechne die gesuchten Zahlen!

15. Die Summe zweier Zahlen beträgt 92. Das Doppelte der ersten Zahl und die Hälfte der zweiten Zahl ergeben zusammen 124. Wie heißen die beiden Zahlen?

16. Gesucht sind zwei Zahlen. Die eine Zahl soll doppelt so groß sein wie die andere, die Summe der Zahlen soll 15 sein. Berechne die gesuchten Zahlen!

17. Gesucht werden zwei Zahlen x und y. Ihre Summe ist 12 und ihre Differenz 8.
    Berechne die Zahlen!

18. Die Punkte P(8|−10) und Q(−12|0) liegen auf einer Geraden mit der Gleichung y = mx + n. Bestimme m und n. Setze dazu die Koordinaten der Punkte in die Gleichung y = mx + n ein und löse das Gleichungssystem!
    Verfahre genauso mit den Punkten A(15|−9) und S(−5|15)!

19. Die Summe zweier Zahlen x und y ist −12. Ihre Differenz ist 18. Gib ein Gleichungssystem an und löse mit dem Additionsverfahren!

Lineare Gleichungssysteme

20. Bei einem Zahnradgetriebe müssen die Radien der Zahnräder zusammen 56 cm groß sein. Der Radius des großen Zahnrades soll sechsmal so groß sein wie der kleine Radius. Wie groß müssen die Radien gewählt werden?

21. Herr Menzel kauft für 16,80 € 8 Pakete Kekse. Butterkekse kosten 1,60 € und Vollkornkekse 2,40 €. Berechne, wie viele Pakete Herr Menzel von jeder Sorte gekauft hat!

22. Peter ist 3 Jahre älter als sein Bruder Jan. Vor drei Jahren war Peter doppelt so alt wie Jan. Wie alt sind die beiden jetzt?

23. Auf einem Laster lagern 14 Kisten, die zusammen 3 t wiegen. Es sind Kisten mit einer Masse von 0,25 t und andere mit 0,2 t. Berechne, wie viele Kisten jeder Sorte es sind!

24. Frau Busch kauft 7 Tafeln Schokolade mit Trauben und Nuss und 5 Tafeln Vollmilchschokolade. Sie bezahlt zusammen 13,90 €. Frau Müller bezahlt für 3 Tafeln Schokolade mit Trauben und Nuss und 4 Tafeln Vollmilchschokolade 8,00 €. Berechne, wie viel Euro eine Tafel jeder Sorte kostet!

25. Messing ist eine Legierung aus Kupfer und Zink. Messing 55 (Ms 55) enthält 55 % Kupfer und Messing 80 (Ms 80) enthält 80 % Kupfer. Wie viel Kilogramm von jeder Sorte müssen zusammengeschmolzen werden, um 200 kg Messing 65 (Ms 65) herzustellen?

26. Frau Blume kauft für die Frühjahrsbepflanzung ihres Balkons ein. Sie kauft 4 Fuchsien und 5 Begonien. Sie bezahlt insgesamt 35,50 €. Für 3 Fuchsien und 6 Begonien zahlt Frau Neumann im gleichen Blumenladen 34,50 €. Wie viel Euro kostet eine Fuchsie bzw. eine Begonie?

27. Aus 76 cm Draht soll ein Kantenmodell einer quadratischen Säule hergestellt werden. Die Quaderseite und die Höhe sollen zusammen 12 cm lang sein. Gib an, wie lang die Höhe und die Quaderseite gewählt werden müssen!

28. Herr Kunz kauft für 12,40 € 20 Dosen mit Getränken. Eine Dose Cola koste 0,50 € und eine Dose Eistee 0,70 €. Wie viele Dosen von jeder Sorte kauft Herr Kunz?

29. Vollmilch hat 3,5 % Fettgehalt, Magermilch 0,1 %. Berechne, wie viel Liter Vollmilch und wie viel Liter Magermilch gemischt werden müssen, um 2 Liter Milch mit 2 % Fett zu erhalten!

30. Manfreds Vater wird in drei Jahren dreimal so alt sein wie Manfred heute. Vor elf Jahren war er doppelt so alt wie Manfred heute. Wie alt sind Manfred und sein Vater heute?

31. Monika ist doppelt so alt wie Kerstin. Vor vier Jahren war sie sechsmal so alt wie Kerstin. Wie alt sind beide heute?

Gemischte Aufgaben

32. Fliegt ein Flugzeug gegen den Wind, so legt es 690 km in der Stunde zurück. Fliegt es mit der gleichen Leistung in Windrichtung, dann schafft es 760 km in der Stunde.
Wie viel Kilometer würde das Flugzeug in einer Stunde bei Windstille zurücklegen?

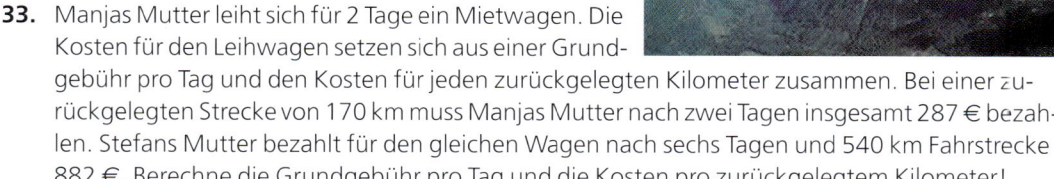

33. Manjas Mutter leiht sich für 2 Tage ein Mietwagen. Die Kosten für den Leihwagen setzen sich aus einer Grundgebühr pro Tag und den Kosten für jeden zurückgelegten Kilometer zusammen. Bei einer zurückgelegten Strecke von 170 km muss Manjas Mutter nach zwei Tagen insgesamt 287 € bezahlen. Stefans Mutter bezahlt für den gleichen Wagen nach sechs Tagen und 540 km Fahrstrecke 882 €. Berechne die Grundgebühr pro Tag und die Kosten pro zurückgelegtem Kilometer!

34. Für einen Jahresverbrauch von 125 m^3 Wasser wird Familie Meyer einschließlich der Grundgebühr für den Zähler ein Nettopreis von 546 € berechnet. Familie Punkt bezahlt für ihren Jahresverbrauch von 140 m^3 Wasser einen Nettopreis von 598,20 €. Berechne den Nettopreis für den Wasserzähler pro Jahr und den Nettopreis für ein Kubikmeter Wasser!

35. In einem Restaurant bezahlt Herr Schütz für drei belegte Brötchen und zwei Tassen Kaffee zusammen 6,10 €. Frau Hansen werden für eine Tasse Kaffee und zwei belegte Brötchen 3,80 € berechnet. Bestimme jeweils den Preis für eine Tasse Kaffee und ein belegtes Brötchen!

36. In einem Stromkreis sind 30 m Kupferdraht und 5 m Aluminiumdraht hintereinandergeschaltet. Der Widerstand beträgt insgesamt 0,65 Ohm. Ein Leiter von 60 m Länge, der aus 40 m Kupferdraht und 20 m Aluminiumdraht besteht, hat einen Gesamtwiderstand von 1,24 Ohm. Berechne für beide Materialien den Widerstand von einem Meter Draht!

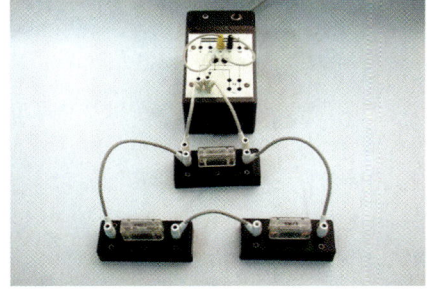

37. Aus 96 %igem Alkohol und aus 36 %igem Alkohol soll durch Mischen 30 Liter 45 %iger Alkohol hergestellt werden. Berechne, wieviel Liter 96%iger Alkohol mit wie viel Liter 36 %igem Alkohol gemischt werden müssen!

38. Ein rechteckiges Grundstück ist doppelt so lang wie breit. Durch einen Flächentausch verringert sich die Länge um 15 m und es wird 8 m breiter, ohne dass sich die Größe des Grundstücks ändert. Berechne die Maße des Grundstücks vor und nach dem Flächentausch!

39. Wo steckt der Fehler?
Anita und Beate haben in einer Gaststätte Mittag gegessen und müssen 17 € bezahlen. Sie geben dem Kellner jeder 10 €. Der Kellner gibt jedem Mädchen 1 € zurück und erhält 1 € als Trinkgeld. Für das Eis haben Anita und Beate also 18 € bezahlt und der Kellner hat von den 20 € einen Euro bekommen. Das sind zusammen 19 €. Wo ist der eine Euro geblieben?

Lineare Gleichungssysteme

40. In einer Druckerei werden 10 000 Exemplare einer Broschüre mit zwei Druckmaschinen unterschiedlicher Leistung hergestellt. Wenn die erste Maschine 20 min und die zweite 30 min arbeitet, sind insgesamt 160 Exemplare gedruckt. Arbeitet die erste Maschine 30 min und die zweite 20 min, können 190 Exemplare gedruckt werden.
 a) Wie viel Exemplare schafft jede Maschine pro Minute?
 b) Wie lange dauert der Druck der 10000 Exemplare, wenn beide Maschinen gleichzeitig arbeiten?

41. In einem Zeltlager mit insgesamt 24 Zelten stehen 3-Mann-Zelte und 4-Mann-Zelte derart, dass 87 Personen untergebracht werden können.
Berechne, wie viel Zelte von jeder Art vorhanden sind!

42. In einer Schule mit 235 Schülern und 9 Klassen gibt es Klassen mit 25 Schülern und Klassen mit 27 Schülern.
Berechne, wie viel Klassen jeder Art an dieser Schule existieren!

43. Auf dem Zwischendeck eines Schiffes können 118 Personen in 37 Zwei- oder Vierbettkabinen schlafen.
Berechne, wie viel Zwei- und Vierbettkabinen es gibt!

44. Aus 32 cm Draht soll ein Rechteck gebogen werden. Die zweite Seite soll dreimal so lang sein wie die erste. Berechne, wie lang die Seiten gewählt werden müssen!

45. In einer Schachtel befinden sich 80 Kugeln, bestehend aus Kugeln zu 25 g und Kugeln zu 40 g. Die Gesamtmasse der Kugeln beträgt 2 225 g.
Berechne, wie viel Kugeln von jeder Art sich in der Schachtel befinden!

46. Addiert man zum Dreifachen einer Zahl das Fünffache einer zweiten Zahl, erhält man 4. Subtrahiert man von 49 das Siebenfache der ersten Zahl, so erhält man das Sechsfache der zweiten Zahl. Berechne die beiden Zahlen!

47. Die zwei Arbeiter Fritz und Paul benötigen 4 Tage um $\frac{1}{5}$ eines Fundamentgrabens auszuheben. Wenn Fritz 6 Tage und Paul 15 Tage arbeitet, so ist die Hälfte des Garbens fertig.
Berechne, wie viel Zeit Fritz bzw. Paul alleine benötigen würden, um den ganzen Graben auszuheben!

48. Gegeben sind zwei Zahlen, deren Summe 120 ist. Die Summe aus dem Fünffachen der ersten Zahl und dem Fünffachen der zweiten Zahl ist gleich dem Zwölffachen der ersten Zahl.
Berechne die beiden Zahlen!

49. Bauer Stiewe hat beim Kauf neuer Kühe zwei Tiere zur Auswahl. Die eine Kuh kostet 1250 € und gibt etwa 7000 Liter Milch im Jahr. Die andere kostet 1500 € und hat eine Jahresleistung von 8500 Liter. Ein Liter Milch bringt auf seinem Hof einen durchschnittlichen Gewinn von 7 ct.

Wie ist die Gewinnbilanz (Einnahmen minus Anschaffungskosten) für beide Kühe nach dem ersten, dem zweiten und dem dritten Jahr?
Ermittle grafisch, von welchem Zeitpunkt an die teurere Kuh rentabler ist. Für welche Kuh sollte er sich entscheiden?

Gemischte Aufgaben

Teste dich selbst!

1. Löse das Gleichungssystem grafisch!
   a) I $x + y = 3$
      II $2x + y = 2$
   b) I $2y = x + 7$
      II $x - y = -4$
   c) I $-4x + 2y = 2$
      II $6x + 3y = -9$

2. Löse die Gleichungssysteme mit dem Additionsverfahren!
   a) I $-5x + 2y = 48$
      II $5x + 9y = -4$
   b) I $-6y + 15 = -3x$
      II $y + 10 = 3x$
   c) I $5y - 10x = 10$
      II $-5y - 3x = 3$
   d) I $x + 3y = 32$
      II $2x - 4y = -26$
   e) I $5x - 18y = 58$
      II $18y - 2x = 2$
   f) I $2y - 2x = 10$
      II $6x - 9y = 21$

3. Löse die Gleichungssysteme mit dem Einsetzungsverfahren!
   a) I $2y - 6x = -10$
      II $y + x = 2$
   b) I $6x - 6y = 18$
      II $2y - 2x = -6$
   c) I $-4x - 8y = 20$
      II $x - 5y = -5$
   d) I $-6x - 4y = -8$
      II $2y - 3x = -1$
   e) I $4x - 8y = 6$
      II $-3 - 4y = 3x$
   f) I $-12x - 6y = -6$
      II $-4x + 3 = 3y$

4. Löse die Gleichungssysteme rechnerisch! Wähle beim Lösen möglichst das günstigste Verfahren!
   a) I $x + y = 80$
      II $25x + 40y = 2225$
   b) I $2x - 4y = 12$
      II $4y + 6x = 20$
   c) I $3x = y$
      II $2x + 2y = 30$
   d) I $3x + 5y = 4$
      II $49 - 7x = 6y$
   e) I $11x - 3y = 6$
      II $2y - 6x = 4$
   f) I $5y - 2x = 1$
      II $2x + 6y = -12$

5. Gesucht sind zwei Zahlen, die folgende Bedingungen erfüllen. Das Doppelte der einen Zahl vermindert um 8 ergibt das Dreifache der anderen Zahl. Bildet man aber die Differenz aus dem Vierfachen der einen Zahl und der anderen Zahl, so erhält man 26. Berechne beide Zahlen!

6. Ein Landheim vermietet Hütten für 6 Personen und Hütten für 5 Personen. Eine Schule bestellt für 135 Schüler der neunten Klassen 24 Hütten.
   Wieviel Hütten jeder Art müssen reserviert werden?

7. Für den Kindergeburtstag ihrer Tochter kauft Frau Zeida für insgesamt 6,20 € insgesamt 9 Packungen Orangen- bzw. Apfelsaft. Eine Packung Orangensaft kostet 0,80 €, eine Packung Apfelsaft kostet 0,60 €.
   Berechne, wie viel Packungen jeder Sorte Frau Zeida kauft!

8. Im Spreewaldhotel „Zum Kahn" gibt es insgesamt 19 Einzel- und Doppelzimmer. Eine Schulklasse mit 30 Schülerinnen und Schülern könnte gemeinsam mit ihrer Klassenlehrerin bei einer Schülerfahrt dort untergebracht werden.
   Berechne, wie viel Einzel- und Doppelzimmer es im Spreewaldhotel gibt!

9. Beim Bezirksausscheid im Schwimmen errangen die Schüler der Hemingway-Oberschule insgesamt 13 erste und zweite Plätze. Dabei war die Anzahl der ersten Plätze um drei größer als die Anzahl der zweiten Plätze.
   Berechne, wie viel erste und zweite Plätze von den Schülern der Hemingway-Oberschule errungen wurden!

1.4 Projekt

Aufgabenkarten

Stelle Aufgabenkarten mit linearen Gleichungssystemen her! Löse diese Gleichungssysteme vorher und gib die Lösungen in versteckter Form auf den Aufgabenkarten an!

Teste die Aufgabenkarten mit deinen Mitschülern!

1)
a) I $2x - 6y = 8$
   II $3x - 6y = 9$

b) I $4x + 3y = 2$
   II $12 + 10y = -4x$

(1|−1) (2|−2) (1|−3)

2)
a) oder b)?

a) I $x + 3y = 8$
   II $6x - 10y = 20$

b) I $1{,}4x + y = 7$
   II $0{,}6x + 0{,}1y = 2{,}8$

(0|7) (5|1) (−1|2)

3)
a) I $2(x + y) = 6$
   II $x = 5 - 2y$

b) I $2x + y = -6$
   II $x + 13y = -3$

ACHTUNG! Alle Lösungen ergeben in der Summe 0.

4)
a) I $0{,}8x + 0{,}4y = 0{,}8$
   II $x - y = 4$

b) I $\frac{1}{2}x - y = \frac{3}{4}$
   II $\frac{1}{2}x - \frac{1}{4}y = \frac{1}{2}$

5)
(4|2) (1|1) (0|6)

a) I $\frac{x}{4} - \frac{y}{5} = \frac{1}{20}$
   II $\frac{x}{10} - \frac{y}{5} = \frac{3}{10}$

b) I $0{,}5x + \frac{1}{2}y = 3$
   II $\frac{1}{2}x - 2y = -2$

6)
a)
I $3 = 2x + 2y$
II $-2 = x + 8y$

b)
I $3x = 4 - y$
II $2y = 15 + x$

$(2|-\frac{1}{2})$ (7|1) (−1|7)

Zusammenfassung

1.5 Zusammenfassung

Lineare Gleichung mit zwei Variablen

Eine Gleichung der Form $ax + by = c$ ($a, b, c \in \mathbb{Q}$) nennt man lineare Gleichung mit zwei Variablen.   *Beispiele:* $2x - 5y = 8$; $9a + 3b - 9 = 0$; $-4x = 18{,}9 - 3{,}5y$

Lösen von linearen Gleichungen mit zwei Variablen

Lösungen von linearen Gleichungen mit zwei Variablen sind Zahlenpaare $(x|y)$. Das Einsetzen der Werte für die Variablen x und y in die Gleichung muss eine wahre Aussage ergeben.

Beispiel: $4x + y = 9$ mit $x, y \in \mathbb{Q}$ In der Tabelle sind Beispiellösungen enthalten.

x	−3	−1	0	1,5	5	12
y	21	13	9	3	−11	−39
Lösung (x|y)	(−3|21)	(−1|13)	(0|9)	(1,5|3)	(5|−11)	(12|−39)

Lineares Gleichungssystem mit zwei Variablen

Ein lineares Gleichungssystem mit den beiden Variablen x und y besteht aus 2 linearen Gleichungen (I und II) mit jeweils den Variablen x und y.

   I $a_1 x + b_1 y = c_1$ $a_1, b_1, c_1 \in \mathbb{Q}$
   II $a_2 x + b_2 y = c_2$ $a_2, b_2, c_2 \in \mathbb{Q}$

Beispiele: I $2x + 4y = 9$ I $-3x - 7y = -1$
              II $-x - 5y = -6$ II $10x + 8y = 14$

Zur Lösungsmenge eines linearen Gleichungssystems gehören die Zahlenpaare, die sowohl zur Lösungsmenge der Gleichung I als auch zur Lösungsmenge der Gleichung II gehören.

Zeichnerische Lösung eines linearen Gleichungssystems mit zwei Variablen

Ein lineares Gleichungssystem wird in folgenden Schritten zeichnerisch gelöst:

   I $2x - y = -1$
   II $2x + 2y = 8$

1. Bringe beide linearen Gleichungen in die Form $y = mx + n$!

   1. Ia $y = 2x + 1$
       IIa $y = -x + 4$

2. Zeichne die zugehörigen Geraden in dasselbe Koordinatensystem!

   2. Graph

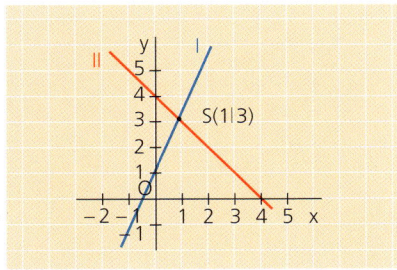

3. Lies die Lösungen aus der grafischen Darstellung ab!

   3. Lösungsmenge: $L = \{(1|3)\}$

Lineare Gleichungssysteme

Rechnerische Lösung eines linearen Gleichungssystems mit zwei Variablen

Additionsverfahren

Ein lineares Gleichungssystem wird mit dem Additionsverfahren wie folgt gelöst:

| I | $2x - 3y = 12$ |
| II | $x + 4y = -5$ |

1. Forme eine oder beide lineare Gleichungen so um, dass bei der Addition der Gleichungen eine der Variablen wegfällt!

    1. I $2x - 3y = 12$
    II $x + 4y = -5$ $|\cdot(-2)$
    I $2x - 3y = 12$
    IIa $-2x - 8y = 10$

2. Addiere beide Gleichungen!

    2. I + IIa $-11y = 22$

3. Löse die entstandene lineare Gleichung mit nur einer Variablen!

    3. $-11y = 22$ $|:(-11)$
    $y = -2$

4. Setze die erhaltene Lösung in eine der beiden Ausgangsgleichungen I oder II ein und löse sie!

    4. In I $y = -2$ eingesetzt
    $2x - 3 \cdot (-2) = 12$
    $2x + 6 = 12$ $|-6\ \ |:2$
    $x = 3$

5. Führe eine Probe mit beiden Ausgangsgleichungen durch!

    5. I l.S. $2 \cdot 3 - 3 \cdot (-2) = 6 + 6 = 12$
    Vergl. $12 = 12$; wahre Aussage
    II l.S. $3 + 4 \cdot (-2) = 3 - 8 = -5$
    Vergl. $-5 = -5$; wahre Aussage

6. Gib die Lösungsmenge an!

    6. $L = \{(3 | -2)\}$

Einsetzungsverfahren

Ein lineares Gleichungssystem wird mit dem Einsetzungsverfahren wie folgt gelöst:

| I | $x + 2y = 2$ |
| II | $-3x + y = -6$ |

1. Forme eine der beiden linearen Gleichungen nach einer der beiden Variablen um!

    1. I $x + 2y = 2$ $|-2y$
    Ia $x = 2 - 2y$

2. Setze die umgeformte Gleichung für die Variable in die andere Gleichung ein!

    2. In II $x = 2 - 2y$ eingesetzt
    $-3(2 - 2y) + y = -6$

3. Löse die entstandene lineare Gleichung mit nur einer Variablen!

    3. $-3(2 - 2y) + y = -6$ $|$Klammern aufl.
    $-6 + 6y + y = -6$ $|$zusammenf.
    $-6 + 7y = -6$ $|+6\ \ |:7$
    $y = 0$

4. Setze die erhaltene Lösung in eine der beiden Ausgangsgleichungen I oder II ein und löse diese Gleichung!

    4. In I $y = 0$ eingesetzt
    $x + 2 \cdot 0 = 2$
    $x = 2$

5. Führe eine Probe mit beiden Ausgangsgleichungen durch!

    5. I l.S. $2 + 2 \cdot 0 = 2 + 0 = 2$
    Vergl. $2 = 2$; wahre Aussage
    II l.S. $-3 \cdot 2 + 0 = -6 + 0 = -6$
    Vergl. $-6 = -6$; wahre Aussage

6. Gib die Lösungsmenge an!

    6. $L = \{(2 | 0)\}$

2 Reelle Zahlen und Wurzeln

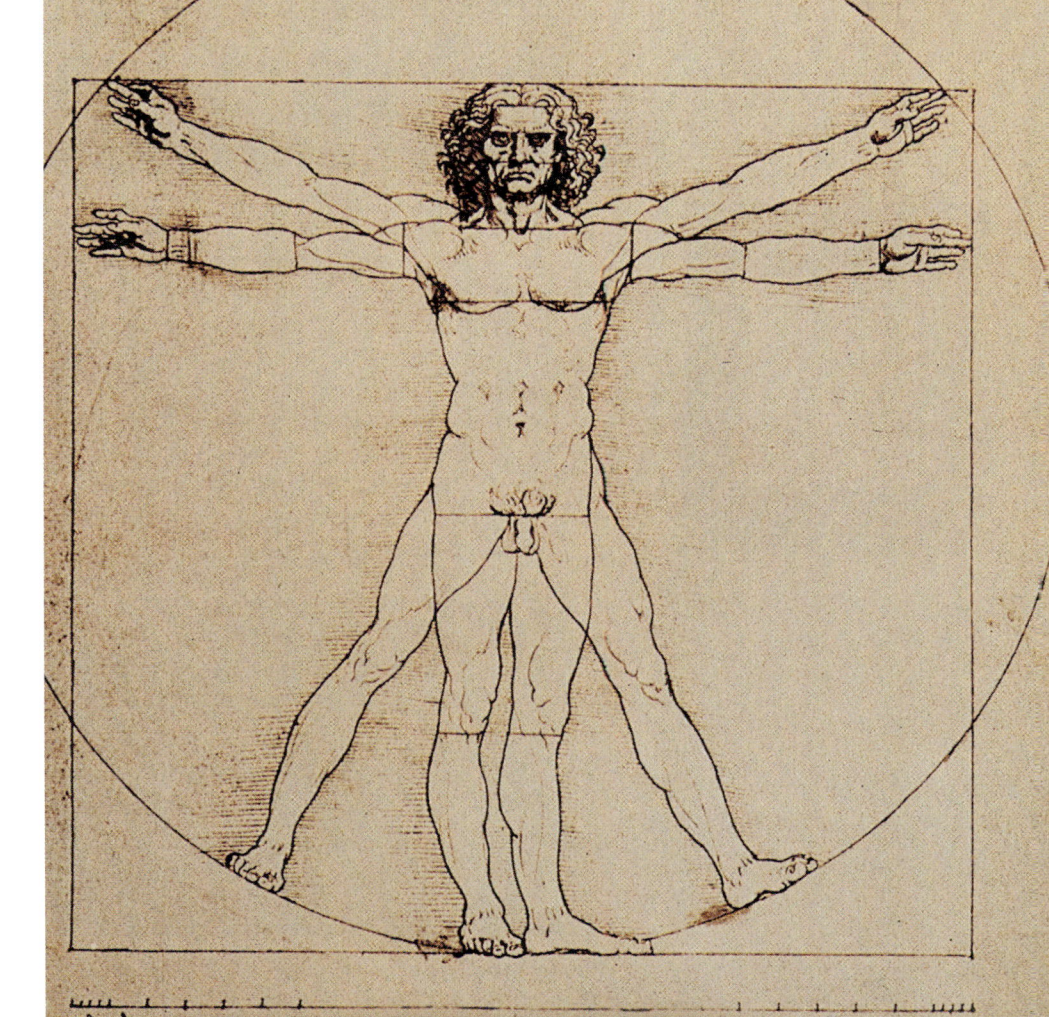

LEONARDO DA VINCI (1452–1519) hat in seinem Bild „Il corpo umano" die Proportionen des menschlichen Körpers gezeichnet. Heute nimmt man an, dass er auch versucht hat, „die Quadratur des Kreises" darzustellen. Die exakte Umwandlung eines Kreises in ein flächeninhaltsgleiches Quadrat ist aber nicht möglich. Sie scheitert aufgrund der Kreiszahl π. Diese reelle Zahl ist irrational, d. h. sie ist ein unendlicher, nichtperiodischer Dezimalbruch.

Wurzelziehen

Was haben die Wurzeln eines Baumes und das Wurzelziehen in der Mathematik gemeinsam?

Quadrate

Aus kleinen, quadratischen Mosaiksteinchen wurden bereits in der Antike prachtvolle Darstellungen erstellt. Diese Tradition findet sich heute u.a. bei der Herstellung von Tischen, Spiegeln und Bilderrahmen wieder.
Die Mosaiksteinchen haben eine Kantenlänge von ca. 1–2 cm.
Wie könnte man die Anzahl der Mosaiksteinchen bestimmen, wenn man die Seitenlängen des Spiegelrahmens kennt?

Seitenlänge

Die Fläche des quadratischen Gartens beträgt 144 m^2.
Er wird komplett von einem Zaun mit Tür umschlossen.
Wie kann man die Länge einer Zaunseite des Gartens ermitteln?

Seitenkante

Das Volumen des oberen, quaderförmigen Gebäudeteils ist bekannt. Da entlang der unteren Außenkante eine umlaufende Leuchtschrift befestigt werden soll, benötigt man die Kantenlängen.
Wie kann man die Länge der Kanten aus dem Volumen ermitteln?

Rückblick

Rechnen mit rationalen Zahlen

Zwei rationale Zahlen mit gleichem Vorzeichen werden addiert, indem man
1. die Beträge addiert und
2. dem Ergebnis das gemeinsame Vorzeichen gibt.

$(+21) + (+67) = 21 + 67$
$= 88$
$(-1,5) + (-1,2) = -1,5 - 1,2$
$= -2,7$

Zwei rationale Zahlen mit unterschiedlichen Vorzeichen werden addiert, indem man
1. den kleineren Betrag vom größeren Betrag subtrahiert und
2. dem Ergebnis das Vorzeichen des Summanden mit dem größeren Betrag gibt.

$(-19) + (+8) = -19 + 8$
$= -11$
$(+2,5) + (-1,4) = 2,5 - 1,4$
$= 1,1$

Man subtrahiert eine rationale Zahl, indem man ihre Gegenzahl addiert.

$(-22) - (+5) = (-22) + (-5)$
$= -22 - 5$
$= -27$

Zwei rationale Zahlen werden multipliziert bzw. dividiert, indem man
1. die beiden Beträge multipliziert bzw. dividiert und
2. das Vorzeichen des Ergebnisses bestimmt:

$(+12) \cdot (+5) = 12 \cdot 5$
$= 60$
$(-8) \cdot (+1,1) = -8 \cdot 1,1$
$= -8,8$

Das Ergebnis ist positiv, wenn beide Faktoren bzw. Dividend und Divisor das gleiche Vorzeichen haben.

$(-0,8) : (-2) = 0,4$

Das Ergebnis ist negativ, wenn beide Faktoren bzw. Dividend und Divisor unterschiedliche Vorzeichen besitzen.

$(-100) : (+0,5) = -100 : 0,5$
$= -200$

Rechengesetze

Kommutativgesetz

Für zwei rationale Zahlen a und b gilt stets:

$a + b = b + a$ (Summanden und Faktoren kann $a \cdot b = b \cdot a$
$(-14) + (-7) = (-7) + (-14)$ man vertauschen.) $(-3) \cdot (-12) = (-12) \cdot (-3)$

Assoziativgesetz

Für drei rationale Zahlen a, b und c gilt stets:

$a + (b + c) = (a + b) + c$ (Summanden bzw. Faktoren kön- $a \cdot (b \cdot c) = (a \cdot b) \cdot c$
$(+16) + [(+24) + (-19)]$ nen zu beliebigen Teilsummen $(-3) \cdot [(-12) \cdot 5] = [(-3) \cdot (-12)] \cdot 5$
$= [(+16) + (+24)] + (-19)$ bzw. Teilprodukten zusammengefasst werden.)

Distributivgesetz

Für drei rationale Zahlen a, b und c gilt stets:

$(a + b) \cdot c = a \cdot c + b \cdot c$ $(a + b) : c = a : c + b : c$ $c \neq 0$
$(2 + 5) \cdot (-4) = 2 \cdot (-4) + 5 \cdot (-4)$ $(9 + 21) : (-3) = 9 : (-3) + 21 : (-3)$

2.1 Quadratzahlen und -wurzeln, Kubikzahlen und -wurzeln

Quadratzahlen und Quadratwurzeln

Für ein Quadrat gilt

Flächeninhalt $\quad A = a \cdot a = a^2$
$A = 4\,m \cdot 4\,m$
$A = (4\,m)^2 = 16\,m^2$

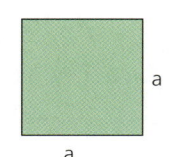

Man nennt a^2 das **Quadrat von a**. Diese Schreib- und Sprechweise benutzt man wie bei Größen auch bei Zahlen.

$3 \cdot 3 = 3^2 = 9;\quad 21 \cdot 21 = 21^2 = 441;\quad 19^2 = 361;\quad 10^2 = 100$

> Wird eine Zahl mit sich selbst multipliziert, so erhält man das Quadrat dieser Zahl: $a \cdot a = a^2$
> Quadrate natürlicher Zahlen nennt man **Quadratzahlen.**

Beispiele:

$7^2 = 49 \qquad (-1{,}5)^2 = 2{,}25 \qquad 0{,}1^2 = 0{,}01 \qquad \left(\frac{3}{4}\right)^2 = \frac{9}{16} \qquad \left(-\frac{7}{9}\right)^2 = \frac{49}{81}$

Der Flächeninhalt des Quadrats beträgt 121 m². Wie groß ist die Seitenlänge des Quadrats?

Gesucht ist also eine Zahl, die mit sich selbst multipliziert 121 ergibt.

$$a \cdot a = a^2 = 121$$

Lösung: $\qquad a = 11,\ \text{da}\ 11^2 = 121$

Die Seitenlänge des Quadrats berägt 11 m.

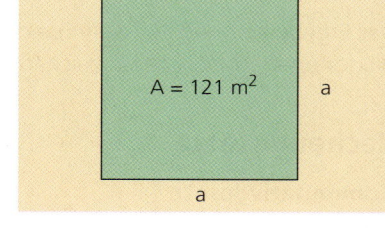

Die auszuführende Rechenoperation wird als **Quadratwurzelziehen** bezeichnet.

Schreibweise: $\qquad \sqrt[2]{121} = 11,\ \text{da}\ 11^2 = 121$
Sprechweise: $\qquad$ Die Quadratwurzel aus 121 ist 11.

Es ist üblich, für $\sqrt[2]{}$ nur $\sqrt{}$ zu schreiben und statt Quadratwurzelziehen verkürzt nur Wurzelziehen zu sagen.

Die Wurzel kann nur aus einer positiven Zahl oder der Zahl 0 ermittelt werden. Es wird festgelegt, dass eine Wurzel stets positiv ist.

Obwohl: $\quad 4 \cdot 4 = 16 \quad$ und $\quad (-4) \cdot (-4) = 16$,
ist $\qquad\quad \sqrt{16} = 4 \quad$ und nicht $\quad (-4)$!

> Das Wurzelziehen ist für positive rationale Zahlen die Umkehrung des Quadrierens.

Quadratzahlen und -wurzeln, Kubikzahlen und -wurzeln

Aus der Geschichte

LEONARDO VON PISA (1180–1228) benutzte r (von Radix – im Lateinischen die Wurzel) für Quadratwurzel. Erst im 16. Jahrhundert findet sich das erste Mal in gedruckter Form in einer Schrift von CHRISTOPH RUDOLFF (etwa 1500–1545) das heute noch gültige Zeichen $\sqrt{}$ für die Wurzel.

> Die Wurzel aus einer nichtnegativen Zahl a ist diejenige nichtnegative Zahl b, die mit sich selbst multipliziert die Zahl a ergibt.
> Es gilt: $\sqrt{a} = b$ mit $a, b \geq 0$, da $b^2 = a$
> Der Term unter dem Wurzelzeichen heißt **Radikand.**

Beispiele:

$\sqrt{16} = 4$, da $4^2 = 16$ $\qquad$ $\sqrt{121} = 11$, da $11^2 = 121$

$\sqrt{0{,}01} = 0{,}1$, da $0{,}1^2 = 0{,}01$ $\qquad$ $\sqrt{\frac{9}{144}} = \frac{3}{12} = \frac{1}{4}$, da $\left(\frac{3}{12}\right)^2 = \frac{9}{144}$

Kubikzahlen und Kubikwurzeln

Für einen Würfel gilt:

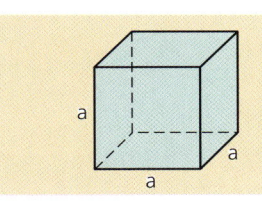

Volumen: $\qquad V = a \cdot a \cdot a = a^3$

Ist die Seitenlänge des Würfels 2 cm, so gilt:
$\qquad V = 2 \text{ cm} \cdot 2 \text{ cm} \cdot 2 \text{ cm} = (2 \text{ cm})^3$
$\qquad V = 8 \text{ cm}^3$

Man nennt a^3 die Kubikzahl von a. Diese Schreib- und Sprechweise benutzt man wie bei Größen auch bei Zahlen.

> Tritt eine Zahl dreimal als Faktor auf, so erhält man die dritte Potenz dieser Zahl: $a \cdot a \cdot a = a^3$
> Die dritten Potenzen natürlicher Zahlen nennt man **Kubikzahlen.**

Beispiele:

$3^3 = 3 \cdot 3 \cdot 3 = 27 \qquad 0{,}2^3 = 0{,}2 \cdot 0{,}2 \cdot 0{,}2 = 0{,}008 \qquad \left(-\frac{2}{5}\right)^3 = \left(-\frac{2}{5}\right) \cdot \left(-\frac{2}{5}\right) \cdot \left(-\frac{2}{5}\right) = -\frac{8}{125}$

Ein Würfel hat ein Volumen von 125 cm^3.
Welche Kantenlänge hat der Würfel?

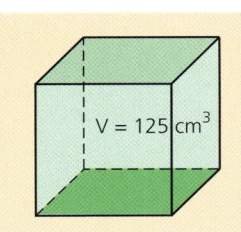

Gesucht ist also eine Zahl, deren dritte Potenz 125 ergibt.

Schreibweise: $\qquad \sqrt[3]{125} = 5$, da $5 \cdot 5 \cdot 5 = 5^3 = 125$
Sprechweise: $\qquad$ Die Kubikwurzel aus 125 ist 5.

Die Kantenlänge des Würfels ist 5 cm lang.

Reelle Zahlen und Wurzeln

Die Kubikwurzel aus einer nichtnegativen Zahl a ist diejenige nichtnegative Zahl b, deren dritte Potenz die Zahl a ergibt.

Es gilt: $\sqrt[3]{a} = b$ mit a, b ≥ 0, da $b^3 = a$.

Beispiele: $\sqrt[3]{216} = 6$, da $6^3 = 216$
$\sqrt[3]{0{,}125} = 0{,}5$, da $0{,}5^3 = 0{,}125$
$\sqrt[3]{\frac{1}{27}} = \frac{1}{3}$, da $(\frac{1}{3})^3 = \frac{1}{27}$,

Aufgaben

Rückblick

1. Berechne im Kopf!
a) 19 − 29 + 3
b) −27 − 13 + 5
c) −4 − 4 − 40
d) 3,2 + 7,8 − 10,4
e) −0,7 + 3,1 − 0,2
f) (4 − 0,5) − (3 − 0,3)
g) $\frac{1}{5} - \frac{7}{4} + 2$
h) $-3 + \frac{2}{5} - 4$
i) $1{,}2 - \frac{11}{10} + \frac{1}{2}$

2. Löse folgende Aufgaben im Kopf! Beachte: „Punktrechnung geht vor Strichrechnung!"
a) −8 + 4 · (−1,1)
b) 100 · 0,5 · 0,5
c) 12 : (−3) + 6
d) $\frac{1}{4} + \frac{1}{3} \cdot 4$
e) $\frac{2}{5} + 3 \cdot 0{,}2$
f) $\frac{3}{4} : (-10) - \frac{7}{4} \cdot (-10)$
g) −7,2 : (−3) + 0,1 · 0,1
h) $-\frac{1}{3} : 4 + \frac{7}{12}$
i) $\frac{(-0{,}2) \cdot (-0{,}2) \cdot (-0{,}2)}{-0{,}008}$

Quadratzahlen und Quadratwurzeln

3. Ermittle die Quadratzahlen von 1 bis 25! Präge dir diese Quadratzahlen ein!

4. Berechne im Kopf!
a) 6^2
$0{,}6^2$
60^2
600^2
b) 1^2
$0{,}1^2$
10^2
100^2
c) 11^2
$1{,}1^2$
110^2
$0{,}011^2$
d) 17^2
$1{,}7^2$
1700^2
$0{,}17^2$

5. Quadriere die Zahlen im Kopf!
a) 0,4
b) −3
c) −8
d) −0,4
e) −14
f) 1,6
g) 80
h) −15
i) −0,5
j) −1
k) −0,2
l) −7
m) 0,5
n) 40
o) 0

6. Berechne! Gib das Ergebnis als Bruch an!
a) $\left(\frac{2}{5}\right)^2$
b) $\left(\frac{1}{4}\right)^2$
c) $\left(\frac{2}{3}\right)^2$
d) $\left(\frac{9}{8}\right)^2$
e) $\left(\frac{7}{20}\right)^2$

7. Berechne!
a) $4^2 + 9^2$
b) $8^2 - 13^2$
c) $0{,}5^2 - 0{,}8^2$
d) $7^2 + 11^2$
e) $4^2 + 0{,}4^2$
f) $100^2 - 40^2$
g) $2^2 + 6^2$
h) $9^2 - 10^2$
i) $0{,}09^2 - 0{,}04^2$

Quadratzahlen und -wurzeln, Kubikzahlen und -wurzeln

8. Stelle fest, ob folgende Aussagen wahr oder falsch sind! Gib jeweils zwei Beispiele an!
   a) Es gibt Zahlen, die beim Quadrieren eine kleinere Zahl ergeben.
   b) Es gibt keine Zahlen, deren Quadrat gleich der Zahl selbst ist.
   c) Wenn man eine negative Zahl quadriert, erhält man immer eine positive Zahl.

9. Berechne den Flächeninhalt eines Quadrates mit den folgenden Seitenlängen!
   a) 1,5 dm   b) 2,5 m   c) 1,7 dm   d) 0,9 cm

10. Wie verändert sich der Flächeninhalt eines Quadrates, wenn die Seitenlänge des Quadrates
   a) verdoppelt   b) verdreifacht wird?

11. Berechne folgende Quadratwurzeln im Kopf!
   a) $\sqrt{9}$ b) $\sqrt{100}$ c) $\sqrt{64}$ d) $\sqrt{1,69}$ e) $\sqrt{225}$ f) $\sqrt{36100}$
   g) $\sqrt{\frac{9}{16}}$ h) $\sqrt{\frac{49}{121}}$ i) $\sqrt{\frac{81}{144}}$ j) $\sqrt{\frac{289}{625}}$ k) $\sqrt{\frac{361}{225}}$ l) $\sqrt{\frac{10000}{9}}$

12. Ordne folgende Zahlen nach der Größe! Beginne mit der kleinsten Zahl!
   a) $\sqrt{49}$; $\sqrt{121}$; 8; 3^2; $0,8^2$; $\sqrt{6,25}$
   b) $\sqrt{\frac{36}{81}}$; $\sqrt{\frac{1}{4}}$; $\sqrt{\frac{4}{9}}$; $\sqrt{\frac{121}{144}}$; $\sqrt{0,01}$; $\sqrt{0,09}$

13. Ermittle ohne Rechenhilfsmittel folgende Quadratwurzeln!
   a) $\sqrt{16}$ b) $\sqrt{0,16}$ c) $\sqrt{0,0016}$ d) $\sqrt{1600}$ e) $\sqrt{160000}$
   f) $\sqrt{625}$ g) $\sqrt{6,25}$ h) $\sqrt{62500}$ i) $\sqrt{0,0625}$ j) $\sqrt{6250000}$

14. Bestimme die folgenden Wurzeln im Bereich der rationalen Zahlen!
   a) $\sqrt{72 - 63}$ b) $\sqrt{0,01 + 0,03}$ c) $\sqrt{558 - 333}$
   d) $\sqrt{1000 - 676}$ e) $\sqrt{\left(\frac{51}{17}\right)^2 + (16 \cdot 0,25)^2}$ f) $\sqrt{5^2 + 12^2}$
   g) $\sqrt{17^2 - 15^2}$ h) $\sqrt{\sqrt{\frac{1}{100}} \cdot 6,4}$ i) $\sqrt{\sqrt{1600} + \sqrt{81}}$

15. Marcos Vater will eine quadratische Spiegelfläche, deren Flächeninhalt 20,25 dm² beträgt, mit einem Holzrahmen versehen. Marco soll dafür im Baumarkt Holzleisten mit einer Breite von 6 cm kaufen. Er fertigt sich vorher eine Skizze an.
   a) Welche Länge muss jede einzelne Leiste haben?
   b) Es gibt im Baumarkt Leisten, die 1,60 m bzw. 2,40 m lang sind. Für welche Leisten soll sich Marco entscheiden, damit der Abfall minimal wird? Berechne den prozentualen Abfall!

16. Welche der folgenden Wurzeln kann man nicht bestimmen? Begründe!
   a) $\sqrt{19}$ b) $\sqrt{-19}$ c) $\sqrt{3-7}$ d) $\sqrt{\frac{\sqrt{4^2+5^2}}{71-77}}$ e) $\sqrt{\frac{-3}{-12}}$

Kubikzahlen und Kubikwurzeln

17. Ermittle die Kubikzahlen von 1 bis 10! Präge dir diese Kubikzahlen ein!

18. Bestimme die folgenden Wurzeln im Bereich der rationalen Zahlen!
   a) $\sqrt[3]{0,125}$ b) $\sqrt[3]{0,343}$ c) $\sqrt[3]{0,008}$ d) $\sqrt[3]{0,001}$
   e) $\sqrt[3]{729}$ f) $\sqrt[3]{1000 - 657}$ g) $\sqrt[3]{5 \cdot 25}$ h) $\sqrt[3]{25 : 0,2}$
   i) $\sqrt[3]{\frac{54 \cdot 4}{698 + 633}}$ j) $\sqrt[3]{\frac{27}{64}}$ k) $\sqrt[3]{\frac{1}{125}}$ l) $\sqrt[3]{6^2 - 2 \cdot 14}$

2.2 Reelle Zahlen

Irrationale Zahlen

Für das dargestellte Quadrat im Bild gilt:

A = 3 cm · 3 cm = 9 cm², da die Seitenlänge a = 3 cm ist.

Welche Aussage kann man über die Länge der Diagonale d machen?

Um das herauszufinden, betrachten wir ein Quadrat der Seitenlänge a = 1 cm.

Legt man dieses Quadrat so auf eine Zahlengerade, dass eine Quadratseite genau von 0 bis 1 verläuft, hat man die Möglichkeit, die Länge d der Diagonalen durch Konstruktion zu ermitteln.

Man kann ablesen: 1 cm < d < 2 cm
Es geht sogar genauer: 1,4 cm ≤ d ≤ 1,5 cm.

Die Diagonale d zerlegt das Quadrat in zwei kongruente Dreiecke. Setzt man jetzt vier solcher Dreiecke geschickt zusammen, so erhält man ein Quadrat mit der Seitenlänge d (rotes Quadrat).

Der Flächeninhalt des kleinen schwarzen Quadrates beträgt 1 cm². Also hat das große schwarze Quadrat einen Inhalt von 4 cm². Der Flächeninhalt des roten Quadrates ergibt sich aus der Hälfte des großen schwarzen Quadrates. Somit hat das rote Quadrat einen Flächeninhalt von 2 cm².

Es muss also gelten: $d^2 = 2$ oder $d = \sqrt{2}$

Das Problem der Bestimmung der Länge der Diagonalen d führt uns zu der Frage, was für eine Zahl $\sqrt{2}$ ist.

I. Eine natürliche Zahl ist es nicht, denn $1^2 < 2 < 2^2$.
II. Es müsste also eine rationale Zahl sein, die zwischen 1 und 2 liegt. Wie wir bereits wissen, lassen sich rationale Zahlen als Brüche darstellen. Wir suchen also einen Bruch, der natürlich soweit wie möglich gekürzt ist, für den gilt:

$\left(\dfrac{a}{b}\right)^2 = \dfrac{a}{b} \cdot \dfrac{a}{b} = 2,$ wobei a und b jeweils natürliche Zahlen sind.

Es muss gelten: (1) b > 1, denn sonst stellt der Bruch eine natürliche Zahl dar.
(2) Andererseits müsste sich der Bruch $\dfrac{a}{b}$ soweit kürzen lassen, dass der Nenner 1 wird, denn sonst kann nicht gelten: $\left(\dfrac{a}{b}\right)^2 = \dfrac{2}{1} = 2$

Beide Bedingungen gleichzeitig zu erfüllen, ist unmöglich. $\sqrt{2}$ ist also keine rationale Zahl.

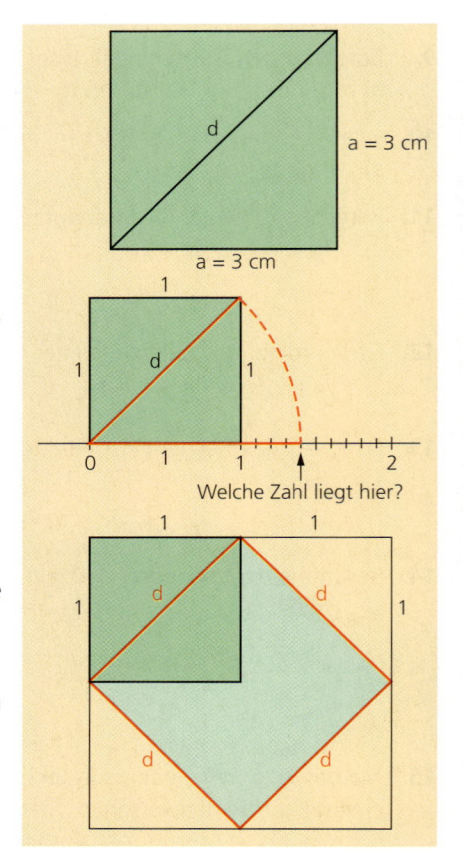

Reelle Zahlen

Betrachten wir Quadrate mit anderen Seitenlängen wie z.B. 5 cm, 7 cm, 11 cm, dann stellen wir fest, dass die Längen der Diagonalen wie z.B. $\sqrt{5}$ cm, $\sqrt{7}$ cm, $\sqrt{11}$ cm ebenfalls nicht als rationale Zahlen angegeben werden können, d.h. es gibt eine Vielzahl von Zahlen, die keine rationalen Zahlen sind. Solche Zahlen heißen **irrationale Zahlen.**

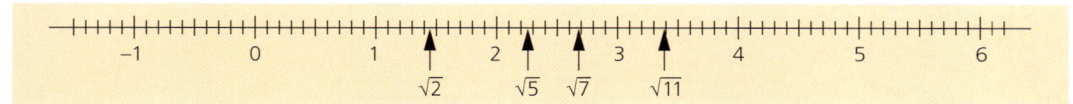

Wir wollen nun versuchen, $\sqrt{2}$ genauer zu bestimmen. Wir wissen bereits, dass $\sqrt{2}$ zwischen 1,4 und 1,5 liegt. Durch systematisches Vorgehen werden wir jetzt $\sqrt{2}$ mit beliebiger Genauigkeit bestimmen. Dazu wird schrittweise der Wert ermittelt, dessen Quadrat am dichtesten bei 2 liegt.

1. Dezimalstelle	d	1,4	1,5
	d²	1,96	2,25
2. Dezimalstelle	d	1,41	1,42
	d²	1,9881	2,0164
3. Dezimalstelle	d	1,414	1,415
	d²	1,999396	2,002225
4. Dezimalstelle	d	1,4142	1,4143
	d²	1,99996164	2,00024449

Als letzte Ziffer von d kommen die Ziffern 1, 2, 3, ..., 8, 9 infrage. Werden diese quadriert, so kann es als Endziffer von d² nur die Ziffern 1, 4, 5, 6 oder 9 geben. Es tritt also nie die Zahl 2,0 auf.

Dieses Näherungsverfahren bricht nie ab und es tritt nie eine periodischen Wiederholung von Ziffern auf. Solche unendlichen und nichtperiodischen Dezimalbrüche heißen **irrationale Zahlen.** Sie lassen sich nicht in einen Bruch umwandeln.

> Zahlen, die sich nur als unendliche nichtperiodische Dezimalbrüche darstellen lassen, nennt man irrationale Zahlen.

Wir wollen nun entsprechende Überlegungen für Kubikwurzeln durchführen.
Aus einem Quader mit einem Volumen von 10 cm³ soll ein Würfel mit demselben Volumen durch Umschmelzen hergestellt werden. Welche Kantenlänge muss der Würfel haben?
Hier ist die Aufgabe $a \cdot a \cdot a = a^3 = 10$ bzw. $\sqrt[3]{10} = a$ zu lösen.

$\sqrt[3]{10}$ ist keine natürliche Zahl, denn $2^3 < 10 < 3^3$.

$\sqrt[3]{10}$ ist aber auch keine rationale Zahl, denn dann müsste gelten: $\left(\frac{a}{b}\right)^3 = \left(\frac{a}{b}\right) \cdot \left(\frac{a}{b}\right) \cdot \left(\frac{a}{b}\right) = \frac{10}{1}$,

wobei a und b natürliche Zahlen sind.

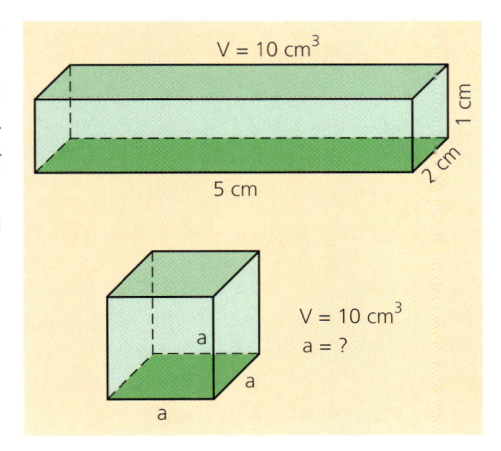

Wie bei den Quadratwurzeln gibt es auch hier keinen Bruch, für den gilt:

$\left(\dfrac{a}{b}\right)^3 = 10$

$\sqrt[3]{10}$ lässt sich durch schrittweises Vorgehen mit beliebiger Genauigkeit bestimmen.

1. Dezimalstelle	a	2,1	2,2
	a^3	9,261	10,648

2. Dezimalstelle	a	2,15	2,16
	a^3	9,938375	10,077696

Auch hier bricht das Annäherungsverfahren nie ab und es tritt nie eine periodischen Wiederholung von Dezimalstellen auf. $\sqrt[3]{10}$ ist ein unendlicher nichtperiodischer Dezimalbruch, d.h. eine irrationale Zahl.

Reelle Zahlen

Aus den bisherigen Untersuchungen und Ergebnissen ergibt sich die Notwendigkeit, den bisherigen Bereich der rationalen Zahlen zu erweitern. Im Bereich der rationalen Zahlen sind die unendlichen nichtperiodischen Dezimalbrüche nicht enthalten.

Zum Beispiel $\sqrt{2}$, $\sqrt{32}$, $\sqrt{18}$, $\sqrt[3]{10}$

Nur für die Quadratzahlen 1, 4, 9, 16, ... sind die Quadratwurzeln natürliche Zahlen. Für alle anderen natürlichen Zahlen sind die Quadratwurzeln irrationale Zahlen.
Ebenso sind nur für die Kubikzahlen 1, 8, 27, 64, ... die Kubikwurzeln natürliche Zahlen. Für alle anderen natürlichen Zahlen sind die Kubikwurzeln irrationale Zahlen.

> Die rationalen Zahlen und die irrationalen Zahlen zusammen bilden die Menge der reellen Zahlen $\mathbb{R}$.

Beispiele für rationale Zahlen

$\sqrt[3]{64} = 4$ 2 $\sqrt{64} = 8$

5,1 $\dfrac{1}{4}$ $3,\overline{24}$ $-\dfrac{1}{3}$

2,5 $-\dfrac{4}{7}$ $-0,\overline{1}$

$\sqrt{0,04} = 0,2$ 4,253253253...

Beispiele für irrationale Zahlen

$\sqrt{2} = 1{,}4142...$ $\sqrt[3]{10} = 2{,}1544...$

$\sqrt{17} = 4{,}1231...$

$\sqrt[3]{5} = 1{,}7099...$ $-3{,}141592...$

2,7182...

$-10{,}141141114...$

Rationale Zahlen als Näherungswerte von irrationalen Zahlen

Für praktische Anwendungen ist es oft ausreichend, rationale Zahlen mit endlich vielen Dezimalstellen als Näherungswerte von irrationalen Zahlen anzugeben. Je nachdem, wie genau das Ergebnis einer Rechnung sein soll, verwendet man nur Näherungswerte mit der entsprechenden Anzahl von Dezimalstellen. Die Anzahl der Dezimalstellen sollte dabei sinnvoll, d.h. dem Sachverhalt entsprechend, sein.

Reelle Zahlen

$\sqrt{2} + \sqrt{5} \approx 3{,}6502815\ldots$	$\sqrt{2} + \sqrt{5} \approx 1{,}4 + 2{,}2 =$	3,6	oder
	$\approx 1{,}41 + 2{,}24 =$	3,65	oder
	$\approx 1{,}414 + 2{,}236 =$	3,650	
$\sqrt{2} \cdot \sqrt[3]{5} \approx 2{,}4182712\ldots$	$\sqrt{2} \cdot \sqrt[3]{5} \approx 1{,}4 \cdot 1{,}7 \approx$	2,4	oder
	$\approx 1{,}41 \cdot 1{,}71 \approx$	2,41	oder
	$\approx 1{,}414 \cdot 1{,}710 \approx$	2,418	
$\sqrt{5} : \sqrt[3]{2} \approx 1{,}7747683\ldots$	$\sqrt{5} : \sqrt[3]{2} \approx 2{,}2 : 1{,}3 \approx$	1,7	oder
	$\approx 2{,}24 : 1{,}26 \approx$	1,78	oder
	$\approx 2{,}236 : 1{,}260 \approx$	1,775	

> Beim Umgang mit reellen Zahlen muss man stets zwischen dem genauen Ergebnis und der rationalen Zahl als Näherungswert für das Ergebnis unterscheiden.
> Zum Beispiel $\sqrt{2} + \sqrt{5} \approx 3{,}65$

Aufgaben

1. Zwischen welchen benachbarten natürlichen Zahlen liegen die folgenden Zahlen?
 Beispiel: $22 < \sqrt{500} < 23$ da $22^2 < 500 < 23^2$
  $484 < 500 < 529$
 a) $\sqrt{10}$ b) $\sqrt{15}$ c) $\sqrt{80}$ d) $\sqrt{200}$ e) $\sqrt[3]{5}$ f) $\sqrt[3]{28}$ g) $\sqrt[3]{120}$

2. Bestimme durch systematisches Vorgehen $\sqrt{5}$, $\sqrt{13}$ und $\sqrt{20}$ auf vier Dezimalstellen genau! Überlege zunächst, zwischen welchen benachbarten natürlichen Zahlen die gesuchte Zahl liegt!

3. Ein quadratischer Garten ist 200 m² groß. Mit welcher Seitenlänge grenzt er an den Nachbargarten? Bestimme die Länge durch systematisches Probieren auf Dezimeter genau!

4. Bestimme folgende Wurzeln auf zwei Dezimalstellen genau!
 a) $\sqrt{5}$ b) $\sqrt{6}$ c) $\sqrt{150}$ d) $\sqrt{420}$ e) $\sqrt{333}$ f) $\sqrt{0{,}5}$ g) $\sqrt{0{,}2}$

5. Berechne! Runde auf zwei Dezimalstellen!
 a) $5 + \sqrt{19}$ b) $\sqrt{20} - \sqrt{12}$ c) $\sqrt{35 + 73}$ d) $\sqrt{5{,}4 \cdot 9{,}3}$
 e) $(\sqrt{5} + \sqrt{8}) : \sqrt{2}$ f) $\dfrac{\sqrt{8} - 5}{\sqrt{3}}$ g) $\dfrac{4 \cdot \sqrt{20}}{\sqrt{2} \cdot 5}$ h) $\sqrt{11} + 3\sqrt{12}$
 i) $\dfrac{\sqrt{66} - \sqrt{33}}{4\sqrt{44}}$ j) $\dfrac{\sqrt{14} + 5}{14 + \sqrt{5}}$ k) $\dfrac{\sqrt{8} + \sqrt{7} \cdot \sqrt{6}}{1{,}6^2}$ l) $\dfrac{\sqrt{3} \cdot \sqrt{5} - 2\sqrt{5}}{2{,}4^2 - 3^2}$

6. Ziehst du aus Zahlen, die zwischen 0 und 1 liegen, die Wurzel, tritt eine Besonderheit auf. Welche? Ermittle dazu folgende Wurzeln! Runde jeweils auf die dritte Dezimalstelle!
 a) $\sqrt{0{,}3}$ b) $\sqrt{0{,}4}$ c) $\sqrt{0{,}02}$ d) $\sqrt{0{,}008}$
 e) $\sqrt{\dfrac{1}{10}}$ f) $\sqrt{\dfrac{9}{10}}$ g) $\sqrt{\dfrac{3}{5}}$ h) $\sqrt{\dfrac{23}{25}}$

7. Bestimme folgende Wurzeln! Runde auf die zweite Dezimalstelle!
   a) $\sqrt[3]{5}$ b) $\sqrt[3]{20}$ c) $\sqrt[3]{155}$ d) $\sqrt[3]{0{,}8}$ e) $\sqrt[3]{\frac{17}{8}}$ f) $\sqrt[3]{\frac{8}{17}}$

8. Überprüfe folgende Aussagen! Gib an, welche falsch und welche wahr sind! Wandle die falschen Aussagen in wahre um!
   a) $\sqrt{3 \cdot 5} < \sqrt{7 \cdot 2}$ b) $4{,}44 < \sqrt{22}$ c) $\sqrt{99} < 9{,}95$
   d) $0{,}894 = \sqrt{0{,}8}$ e) $\sqrt{3 \cdot 17} > \sqrt{51}$ f) $2\sqrt{5} = \sqrt{20}$

9. Vereinfache! Welche Besonderheit tritt auf? Formuliere einen Merksatz in Worten!
   a) $\sqrt{2}^2$ b) $\sqrt{27}^2$ c) $\sqrt{0{,}88}^2$ d) $\sqrt{6}^2$ e) $\sqrt{a}^2$
   f) $\sqrt{4^2}$ g) $\sqrt{25^2}$ h) $\sqrt{\left(\frac{5}{6}\right)^2}$ i) $\sqrt{0{,}473^2}$ j) $\sqrt{x^2}$

10. Gib an, welche Zahlen
    a) natürliche,   b) ganze,   c) rationale,
    d) irrationale, e) reelle Zahlen sind!

    $-\frac{2}{3}$ 33 $\sqrt{64}$ $1{,}\overline{4}$ $\frac{2}{5}$
    $-\sqrt{16}$ $0{,}85$ 0 $3-9$
    $\sqrt{46}$ 1047 $7:9$

2.3 Rechnen mit Wurzeln

Addition und Subtraktion von Wurzeln

Addition		Subtraktion
$\sqrt{25} + \sqrt{4} = 5 + 2 = 7$	*Welche Rechnung ist richtig?*	$\sqrt{25} - \sqrt{4} = 5 - 2 = 3$
Oder so?		Oder so?
$\sqrt{25} + \sqrt{4} = \sqrt{25+4} = \sqrt{29}$		$\sqrt{25} - \sqrt{4} = \sqrt{25-4} = \sqrt{21}$

Wir stellen fest, dass sich die Radikanden beim Addieren und Subtrahieren nicht zusammenfassen lassen. Allerdings lassen sich Vielfache derselben Wurzel zusammenfassen.

$3\sqrt{4} + 5\sqrt{4} = 3 \cdot 2 + 5 \cdot 2 = 6 + 10 = 16$ oder $3\sqrt{4} + 5\sqrt{4} = (3+5)\sqrt{4} = 8\sqrt{4} = 8 \cdot 2 = 16$	Das Multiplikationszeichen zwischen Zahl und Wurzel kann weggelassen werden.

Aufgrund des Distributivgesetzes lassen sich Vielfache derselben Wurzel zusammenfassen.
$4\sqrt{7} + 6\sqrt{7} = (4+6)\sqrt{7} = 10\sqrt{7} = 26{,}46$

Beachte: $10\sqrt{7}$ ist das genaue Ergebnis.
         $26{,}46$ ist ein rationaler Näherungswert für $10\sqrt{7}$.

> Sind a, b und c beliebige reelle Zahlen mit $b \geq 0$, so gilt aufgrund des Distributivgesetztes:
> $$a\sqrt{b} \pm c\sqrt{b} = (a \pm c)\sqrt{b}$$

Bei der Addition und Subtraktion von Wurzeln können somit nur gleiche Wurzeln zusammengefasst werden.

Rechnen mit Wurzeln

Multiplikation und Division von Wurzeln

Multiplikation

$\sqrt{25} \cdot \sqrt{4} = 5 \cdot 2 = 10$

Oder so?

$\sqrt{25} \cdot \sqrt{4} = \sqrt{25 \cdot 4}$
$= \sqrt{100} = 10$

Welche Rechnung ist richtig?

Division

$\sqrt{25} : \sqrt{4} = 5 : 2 = 2,5$

Oder so?

$\sqrt{25} : \sqrt{4} = \dfrac{\sqrt{25}}{\sqrt{4}}$
$= \sqrt{\dfrac{25}{4}} = \dfrac{5}{2} = 2,5$

Beim Multiplizieren und Dividieren lassen sich die Radikanden zusammenfassen. Da wir nur Quadratzahlen als Radikanden verwendet haben, wollen wir ein weiteres Beispiel betrachten.

$\sqrt{3} \cdot \sqrt{12} = \sqrt{3 \cdot 12} = \sqrt{36} = 6$

Sowohl $\sqrt{3}$ als auch $\sqrt{12}$ sind irrationale Zahlen. Ihre Multiplikation liefert hier eine rationale Zahl. Verwendet man Näherungswerte beider Wurzeln bei der Multiplikation, so erhält man als Ergebnis auch einen Näherungswert.

$\sqrt{3} \cdot \sqrt{12} = 1{,}732 \cdot 3{,}464 = 5{,}999648$
$= 1{,}73205 \cdot 3{,}46410 = 5{,}9999944\ldots$

Je genauer die verwendeten Näherungswerte sind, um so näher rückt das Ergebnis offensichtlich an den exakten Wert von 6 heran.

Die folgenden Überlegungen (wir beschränken uns auf unser Zahlenbeispiel) zeigen, dass man grundsätzlich das Produkt der beiden Radikanden bilden und anschließend die Wurzel ziehen kann.

Beispiel: $\sqrt{3} \cdot \sqrt{12}$

1. Überlegung

$(\sqrt{3} \cdot \sqrt{12})^2$
$= (\sqrt{3} \cdot \sqrt{12}) \cdot (\sqrt{3} \cdot \sqrt{12})$
$= \sqrt{3} \cdot \sqrt{3} \cdot \sqrt{12} \cdot \sqrt{12}$
$= \sqrt{3}^2 \cdot \sqrt{12}^2$
$= 3 \cdot 12$

2. Überlegung

$(\sqrt{3} \cdot \sqrt{12})^2$
$= (\sqrt{3 \cdot 12})^2$
$= 3 \cdot 12$

Aus beiden Überlegungen folgt: $\sqrt{3} \cdot \sqrt{12} = \sqrt{3 \cdot 12}$

Aufgrund der Tatsache, dass die Division die Umkehrung der Multiplikation ist, lässt sich ein entsprechendes Gesetz auch für die Division finden.

$\sqrt{80} : \sqrt{20} = \sqrt{80 : 20} = \dfrac{\sqrt{80}}{\sqrt{20}} = \sqrt{\dfrac{80}{20}} = \sqrt{4} = 2$

Sind a und b beliebige positive reelle Zahlen, so gilt:

$\sqrt{a} \cdot \sqrt{b} = \sqrt{a \cdot b}$ und $\dfrac{\sqrt{a}}{\sqrt{b}} = \sqrt{\dfrac{a}{b}}$

Reelle Zahlen und Wurzeln

Beispiele:

$\sqrt{8} \cdot \sqrt{18} = \sqrt{8 \cdot 18} = \sqrt{144} = 12$

$\sqrt{5} \cdot \sqrt{20} = \sqrt{5 \cdot 20} = \sqrt{100} = 10$

$\sqrt{12} \cdot \sqrt{300} = \sqrt{12 \cdot 300} = \sqrt{3600} = 60$

$\sqrt{125} : \sqrt{5} = \frac{\sqrt{125}}{\sqrt{5}} = \sqrt{\frac{125}{5}} = \sqrt{25} = 5$

$\sqrt{490} : \sqrt{10} = \frac{\sqrt{490}}{\sqrt{10}} = \sqrt{\frac{490}{10}} = \sqrt{49} = 7$

$\sqrt{75} : \sqrt{27} = \frac{\sqrt{75}}{\sqrt{27}} = \sqrt{\frac{75}{27}} = \sqrt{\frac{25}{9}} = \frac{5}{3}$

Partielles Wurzelziehen

Leider ist es meist nicht möglich, die Wurzel so zu ziehen, dass man eine rationale Zahl erhält. Trotzdem lässt sich häufig der Radikand der Wurzel vereinfachen, indem man die Wurzel teilweise zieht.
Dieses Verfahren nennt man **partielles Wurzelziehen.**

Katharina	Paul
$\sqrt{50} = \sqrt{25 \cdot 2}$	$\sqrt{50} = \sqrt{5 \cdot 10}$
$\quad = \sqrt{25} \cdot \sqrt{2}$	$\quad = \sqrt{5} \cdot \sqrt{10}$
$\quad = 5\sqrt{2}$	$\quad = ?$
also	also
$\sqrt{50} = 5\sqrt{2}$	$\sqrt{50} = \sqrt{5} \cdot \sqrt{10}$

Erläutere Katharinas Vorgehensweise! Warum ist Pauls Vorgehensweise ungünstig?

Beispiele:

$\sqrt{18} = \sqrt{9 \cdot 2} = \sqrt{9} \cdot \sqrt{2} = 3 \cdot \sqrt{2}$

$\sqrt{175} = \sqrt{25 \cdot 7} = \sqrt{25} \cdot \sqrt{7} = 5 \cdot \sqrt{7}$

$\sqrt{96} = \sqrt{16 \cdot 6} = \sqrt{16} \cdot \sqrt{6} = 4 \cdot \sqrt{6}$

$\sqrt{108} = \sqrt{36 \cdot 3} = \sqrt{36} \cdot \sqrt{3} = 6 \cdot \sqrt{3}$

Das partielle Wurzelziehen kann man immer dann anwenden, wenn man den Radikanden so in ein Produkt zerlegen kann, dass mindestens ein Faktor eine Quadratzahl ist.

> Sind a und b beliebige positive reelle Zahlen, so gilt:
> $$\sqrt{a^2 \cdot b} = \sqrt{a^2} \cdot \sqrt{b} = a\sqrt{b}$$

Natürlich kann man dieses Verfahren auch umkehren.
Beispiele: $3\sqrt{2} = \sqrt{3^2} \cdot \sqrt{2} = \sqrt{9} \cdot \sqrt{2} = \sqrt{9 \cdot 2} = \sqrt{18}$

$17\sqrt{5} = \sqrt{17^2} \cdot \sqrt{5} = \sqrt{289} \cdot \sqrt{5} = \sqrt{289 \cdot 5} = \sqrt{1445}$

Aufgaben

Addition und Subtraktion von Wurzeln

1. Übernimm in dein Heft und setze jeweils das richtige Zeichen (=; <; >) ein!
  a) $\sqrt{16+9}\ \square\ \sqrt{16} + \sqrt{9}$
  b) $\sqrt{25} + \sqrt{144}\ \square\ \sqrt{169}$
  c) $\sqrt{49+576}\ \square\ \sqrt{49} + \sqrt{576}$
  d) $\sqrt{289-64}\ \square\ \sqrt{225}$
  e) $\sqrt{1681} - \sqrt{1600}\ \square\ \sqrt{81}$
  f) $\sqrt{3721}\ \square\ \sqrt{121+3600}$

Rechnen mit Wurzeln

2. Fasse zusammen!
  a) $\sqrt{3} + \sqrt{3}$
  b) $\sqrt{5} + \sqrt{5} + \sqrt{5}$
  c) $\sqrt{7} + \sqrt{7} + \sqrt{7} + \sqrt{7}$
  d) $2\sqrt{3} + 5\sqrt{3}$
  e) $4\sqrt{5} + 8\sqrt{3} + 6\sqrt{5}$
  f) $-20\sqrt{2} + 8\sqrt{2}$

3. Fasse zusammen!
  a) $7\sqrt{5} - 13\sqrt{2} + 10\sqrt{5} - 14\sqrt{2}$
  b) $-3{,}5\sqrt{8} + 4{,}5\sqrt{6} - 5{,}5\sqrt{6} + 6{,}5\sqrt{8}$
  c) $\frac{1}{2}\sqrt{10} - \frac{3}{4}\sqrt{11} + \frac{7}{2}\sqrt{10} - \frac{5}{4}\sqrt{11}$
  d) $\frac{1}{3}\sqrt{15} + \frac{3}{4}\sqrt{15} - \frac{1}{2}\sqrt{15} + \frac{5}{6}\sqrt{15}$

Multiplikation und Division von Wurzeln

4. Fasse zu einer Wurzel zusammen und berechne!
  a) $\sqrt{2} \cdot \sqrt{72}$
  b) $\sqrt{96} \cdot \sqrt{6}$
  c) $\sqrt{8} \cdot \sqrt{98}$
  d) $\sqrt{2{,}5} \cdot \sqrt{1000}$
  e) $\sqrt{54} \cdot \sqrt{6}$
  f) $\sqrt{14{,}4} \cdot \sqrt{0{,}4}$
  g) $\sqrt{\frac{1}{5}} \cdot \sqrt{80}$
  h) $\sqrt{1{,}2} \cdot \sqrt{4} \cdot \sqrt{4{,}8}$

5. Zerlege in mehrere Wurzeln und berechne!
  a) $\sqrt{9 \cdot 225}$
  b) $\sqrt{4 \cdot 100 \cdot 121}$
  c) $\sqrt{49 \cdot 81}$
  d) $\sqrt{441 \cdot 144}$
  e) $\sqrt{4 \cdot 9 \cdot 16 \cdot 25}$
  f) $\sqrt{4{,}84 \cdot 19{,}36}$
  g) $\sqrt{0{,}09 \cdot 0{,}04 \cdot 0{,}81}$
  h) $\sqrt{\frac{16}{25} \cdot \frac{9}{36}}$

6. Zerlege den Radikanden folgender Wurzeln zunächst in möglichst kleine Quadratzahlen und berechne anschließend die Wurzel!
  Beispiel: $\sqrt{1764} = \sqrt{4 \cdot 441} = \sqrt{4 \cdot 9 \cdot 49} = 2 \cdot 3 \cdot 7 = 42$
  a) $\sqrt{2025}$
  b) $\sqrt{900}$
  c) $\sqrt{11664}$
  d) $\sqrt{1296}$
  e) $\sqrt{576}$
  f) $\sqrt{4356}$
  g) $\sqrt{18225}$
  h) $\sqrt{1521}$

7. Vereinfache so weit wie möglich und berechne!
  a) $\sqrt{12} \cdot \sqrt{3}$
  b) $\sqrt{2{,}7} \cdot \sqrt{0{,}3}$
  c) $\sqrt{125} \cdot \sqrt{20}$
  d) $\frac{\sqrt{9} \cdot \sqrt{16}}{2 \cdot \sqrt{36}}$
  e) $\sqrt{2} \cdot \sqrt{3} \cdot \sqrt{24}$
  f) $\sqrt{12} \cdot \sqrt{\frac{1}{3}}$
  g) $\sqrt[3]{9} \cdot \sqrt[3]{3}$
  h) $\sqrt{\frac{3}{5}} \cdot \sqrt{\frac{12}{500}}$
  i) $\sqrt{0{,}1} \cdot \sqrt{5} \cdot \sqrt{50} + \sqrt{\frac{1}{10}} \cdot \sqrt{49} \cdot \sqrt{10}$
  j) $\sqrt[3]{\frac{4}{6}} \cdot \sqrt[3]{\frac{81}{16}}$
  k) $\sqrt[3]{20} \cdot \sqrt[3]{0{,}5} \cdot \sqrt[3]{0{,}1}$

8. Fasse zu einer Wurzel zusammen und berechne!
  a) $\frac{\sqrt{450}}{\sqrt{50}}$
  b) $\frac{\sqrt{18}}{\sqrt{2}}$
  c) $\frac{\sqrt{80}}{\sqrt{5}}$
  d) $\frac{\sqrt{75}}{\sqrt{3}}$
  e) $\frac{\sqrt{216}}{\sqrt{6}}$
  f) $\frac{\sqrt{147}}{\sqrt{3}}$
  g) $\sqrt{20} : \sqrt{5}$
  h) $\sqrt{0{,}7} : \sqrt{70}$
  i) $\frac{\sqrt{24{,}2}}{\sqrt{5}}$
  j) $\frac{\sqrt{4800}}{\sqrt{3}}$

9. Zerlege in mehrere Wurzeln und berechne!
  a) $\sqrt{\frac{25}{4}}$
  b) $\sqrt{\frac{36}{9}}$
  c) $\sqrt{\frac{4 \cdot 81}{9}}$
  d) $\sqrt{\frac{16 \cdot 36}{25}}$
  e) $\sqrt{\frac{16 \cdot 9}{4 \cdot 25}}$

10. Vereinfache!
  a) $\sqrt{a} \cdot \sqrt{a}$
  b) $\sqrt{a} \cdot \sqrt{ax^2}$
  c) $\sqrt{3a} \cdot \sqrt{3a}$
  d) $\sqrt{2a} \sqrt{3b} \sqrt{24ab}$
  e) $\sqrt{12{,}1a} \sqrt{10a}$
  f) $\sqrt{x} \sqrt{x^2}$
  g) $\sqrt{x+2} \sqrt{x+2}$
  h) $\sqrt{xy} \sqrt{\frac{x}{y}}$
  i) $\sqrt{2x^3} : \sqrt{0{,}02x}$
  j) $\sqrt{\frac{5}{16}x} : \sqrt{\frac{5}{9}x}$
  k) $\frac{\sqrt{24x}}{\sqrt{15y}} \cdot \frac{\sqrt{5a^2x}}{\sqrt{8y}}$
  l) $\frac{\sqrt{2x^2} \sqrt{4{,}5y^2} \sqrt{7}}{15\sqrt{7} - 12\sqrt{7}}$

Reelle Zahlen und Wurzeln

Partielles Wurzelziehen

11. Vereinfache folgende Terme, indem du teilweise die Wurzel ziehst!
a) $\sqrt{50}$ b) $\sqrt{80}$ c) $\sqrt{96}$ d) $\sqrt{150}$ e) $\sqrt{160}$ f) $\sqrt{280}$
g) $\sqrt{300}$ h) $\sqrt{244}$ i) $\sqrt{111}$ j) $\sqrt{1,62}$ k) $\sqrt{3,63}$ l) $\sqrt{1050}$

12. Vereinfache durch partielles Wurzelziehen!
a) $\sqrt{2a^2}$ b) $\sqrt{20xy^2}$ c) $\sqrt{z^3}$ d) $\sqrt{180a^2b}$ e) $\sqrt{5a^3b^3}$
f) $\sqrt{9y}$ g) $\sqrt{xy^2z^3}$ h) $\sqrt{45x^3}$ i) $\sqrt{121x}$ j) $\sqrt{a^7b^6}$

13. Vereinfache soweit wie möglich!
a) $\sqrt{\dfrac{49}{a^2}}$ b) $\sqrt{\dfrac{8}{25}}$ c) $\sqrt{\dfrac{75x}{x^3}}$ d) $\sqrt{\dfrac{24x^2y}{3y}}$ e) $\sqrt{\dfrac{32x^2}{125y}}$

14. Berechne wie im Beispiel!
Beispiel: $4\sqrt{7} = \sqrt{4^2 \cdot 7} = \sqrt{16 \cdot 7} = \sqrt{112}$
a) $5\sqrt{3}$ b) $6\sqrt{5}$ c) $3\sqrt{13}$ d) $2\sqrt{38}$ e) $5\sqrt{11}$ f) $6\sqrt{0,6}$
g) $7\sqrt{0,2}$ h) $10\sqrt{15}$ i) $8\sqrt{2}$ j) $4\sqrt{3}$ k) $5\sqrt{0,5}$ l) $6\sqrt{2}$

15. Berechne wie im Beispiel!
Beispiel: $c\sqrt{3} = \sqrt{c^2 3} = \sqrt{3c^2}$
a) $a\sqrt{2}$ b) $b\sqrt{b}$ c) $x\sqrt{2y}$ d) $xy\sqrt{5}$ e) $ab\sqrt{\dfrac{a}{b}}$
f) $3x\sqrt{y}$ g) $5xy\sqrt{2xy}$ h) $6x^2\sqrt{2}$ i) $2,5a\sqrt{bc}$ j) $-6x\sqrt{xy}$

2.4 Gemischte Aufgaben

1. a) Welche der folgenden Zahlen sind Quadratzahlen?
b) Welche Zahlen sind Kubikzahlen?

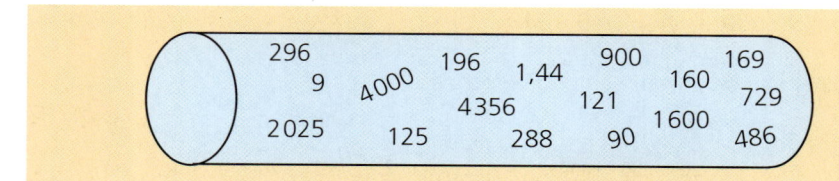

296, 9, 2025, 4000, 196, 4356, 125, 1,44, 121, 288, 900, 160, 1600, 90, 169, 729, 486

2. Bestimme x!
a) $\sqrt{16} + x = \sqrt{81}$ b) $2x - \sqrt{64} = \sqrt{400}$ c) $x - \sqrt{169} = \sqrt{16}$
d) $\dfrac{\sqrt{50}}{\sqrt{2}}x + \sqrt{9}x = \sqrt{\dfrac{128}{2}}$ e) $\sqrt[3]{64}x - \sqrt[3]{125}x = -x$ f) $\sqrt{\sqrt{2401}}(x - \sqrt{\dfrac{45}{5}}) = x\dfrac{\sqrt{78}}{\sqrt{13}} - 4^2$

3. Berechne folgende Wurzeln!
a) $\sqrt{0,25}$ b) $\sqrt{0,0016}$ c) $\sqrt{2,25}$ d) $\sqrt{7,29}$ e) $\sqrt{26,01}$
f) $\sqrt{123,21}$ g) $\sqrt{20,25}$ h) $\sqrt{156,25}$ i) $\sqrt{10816}$ j) $\sqrt{43014,76}$
k) $\sqrt{\dfrac{4}{121}}$ l) $\sqrt{\dfrac{484}{225}}$ m) $\sqrt{\dfrac{49}{64}}$ n) $\sqrt{\dfrac{900}{6889}}$ o) $\sqrt{\dfrac{0,36}{0,0025}}$

Gemischte Aufgaben

4. Zwischen welchen ganzen Zahlen liegen folgende Wurzeln?
Beispiel: $7 < \sqrt{50} < 8$, da $7^2 < 50 < 8^2$, d.h. $49 < 50 < 64$
a) $\sqrt{95}$ b) $\sqrt{250}$ c) $\sqrt{0,5}$ d) $\sqrt{730}$ e) $\sqrt{840}$
f) $\sqrt{0,37}$ g) $\sqrt{0,02}$ h) $\sqrt{426}$ i) $\sqrt{1500}$ j) $\sqrt{83,6}$

5. Welche natürlichen Zahlen erfüllen folgende Gleichungen bzw. Ungleichungen?
a) $\sqrt{x} = 3$ b) $\sqrt{x} < 3$ c) $x^2 = 3$ d) $\sqrt{x^2} = 3$ e) $x^2 < 3$ f) $x^2 > 3$

6. Vereinfache folgende Terme soweit wie möglich! Berechne anschließend die Wurzeln und runde das Ergebnis auf die zweite Dezimalstelle!
a) $\sqrt{7} \cdot 5 - \sqrt{7} \cdot 3$
b) $6\sqrt{6} + 9\sqrt{6} - 18\sqrt{6}$
c) $27\sqrt{5} - 39\sqrt{5} + \sqrt{5} \cdot 20$
d) $19,5\sqrt{8} - 13,8\sqrt{7} + 11,2\sqrt{8} - \sqrt{7}$
e) $20\sqrt{0,7} + 60\sqrt{0,7} - 160\sqrt{0,7} + 90\sqrt{0,7}$
f) $-\sqrt{15} + 13\sqrt{15} - 15\sqrt{13} + \sqrt{13}$

7. Eine rechteckige Rasenfläche hat eine Seitenlänge von 16 m und eine Breite von 9 m. Welche Seitenlänge müsste eine quadratische Rasenfläche haben, die denselben Flächeninhalt hat?

8. Wahr oder falsch? Berichtige die falschen Aussagen!
a) $\sqrt{2500} = 500$ b) $\sqrt{19,36} = 4,4$ c) $\sqrt{0,0081} = 0,8$
d) $\sqrt{47,2^2} = 42,7$ e) $\sqrt{(-47,2)^2} = 47,2$ f) $-\sqrt{(-3)^2} = -3$

9. Martin meint: $4^2 = 5^2 + 3^2$ Tina meint: $3^2 \neq 5^2 - 4^2$
Alexander meint: $5^2 = 4^2 + 3^2$ Lili meint: $3^2 = 4^2 + 5^2$
Welches von diesen vier Kindern hat recht?

10. Vereinfache!
a) $5\sqrt{a} - \sqrt{a}$
b) $6\sqrt{b} - 9\sqrt{b} + \sqrt{b}$
c) $\frac{1}{3}\sqrt{c} - \frac{5}{4}\sqrt{c}$
d) $3,5\sqrt{x} - \sqrt{x} + 5,5\sqrt{x}$
e) $3\sqrt{x+1} - 5\sqrt{x+1} + \sqrt{x+1}$
f) $ab\sqrt{c} - ac\sqrt{c}$
g) $a\sqrt{b} - \sqrt{b}$
h) $5\sqrt{xy} - a\sqrt{xy} + \frac{1}{3}\sqrt{xy}$

11. Forme zunächst so um, dass möglichst nur eine Quadratwurzel zu bestimmen ist und bestimme diese!
a) $\sqrt{2} \cdot \sqrt{18}$ b) $\sqrt{1,6} \cdot \sqrt{0,4}$ c) $\sqrt{3} \cdot \sqrt{27}$ d) $\sqrt{1,2} \cdot \sqrt{0,3}$
e) $\sqrt{\frac{1}{3}} \cdot \sqrt{147}$ f) $\sqrt{\frac{55}{4}} \cdot \sqrt{\frac{44}{5}}$ g) $\sqrt{\frac{2}{3}} \cdot \sqrt{96}$ h) $\sqrt{1,6} \cdot \sqrt{1000}$
i) $\sqrt{147} : \sqrt{3}$ j) $\frac{\sqrt{125}}{\sqrt{5}}$ k) $\frac{\sqrt{1,5}}{\sqrt{6}}$ l) $\frac{\sqrt{5}}{\sqrt{0,002}}$
m) $\frac{\sqrt{20}}{\sqrt{3}} \cdot \sqrt{2,4}$ n) $\frac{\sqrt{18}}{\sqrt{8}} \cdot \frac{\sqrt{72}}{\sqrt{2}}$ o) $\sqrt{2,28 - 2} \cdot \sqrt{5} : \sqrt{35}$

12. Vereinfache soweit wie möglich!
a) $\sqrt{64a^2}$ b) $\sqrt{121b^2}$ c) $\sqrt{a^2}$ d) $\sqrt{a^2b^2}$
e) $\sqrt{(a+b)^2}$ f) $\sqrt{a^2 - 2ab + b^2}$ g) $\sqrt{144(a+b)^2}$ h) $\sqrt{9a^2 + 6ab + b^2}$

Reelle Zahlen und Wurzeln

13. Vereinfache!
   a) $\sqrt{3a} \cdot \sqrt{3a}$
   b) $\sqrt{27a} \sqrt{3a}$
   c) $\sqrt{6a} \sqrt{3} \sqrt{8a}$
   d) $\sqrt{1{,}8a} \sqrt{0{,}2a}$
   e) $\sqrt{a} \sqrt{a^3}$
   f) $\sqrt{28ab} \sqrt{7ab}$
   g) $\sqrt{49a} \sqrt{25ab} \sqrt{b}$
   h) $\sqrt{a^4} \sqrt{b^6}$

14. Schreibe kürzer!
   a) $\sqrt{a^3} : \sqrt{4a}$
   b) $\sqrt{288a^3} : \sqrt{2a}$
   c) $\sqrt{a^2} : \sqrt{b^2}$
   d) $\sqrt{a \cdot b} : \sqrt{\frac{a}{b}}$
   e) $\sqrt{\frac{27x^3 y}{3xy}}$
   f) $\sqrt{\frac{25z^2}{108x}} : \sqrt{\frac{16y^2}{3x}}$
   g) $\sqrt{\frac{a}{b}} : \sqrt{\frac{a}{b}}$
   h) $\sqrt{a^2 b^3 c^4} : \sqrt{bc^2}$

15. Vereinfache folgende Terme durch partielles Wurzelziehen!
   a) $\sqrt{600}$
   b) $\sqrt{2150}$
   c) $\sqrt{84}$
   d) $\sqrt{244}$
   e) $\sqrt{1500}$
   f) $\sqrt{50}$
   g) $\sqrt{1701}$
   h) $\sqrt{28800}$

16. Bringe den Faktor unter die Wurzel!
   a) $2\sqrt{5}$
   b) $3x\sqrt{7}$
   c) $5ab\sqrt{c}$
   d) $6\sqrt{6a}$
   e) $a\sqrt{a}$
   f) $10\sqrt{1{,}3}$
   g) $5x\sqrt{\frac{1}{3}}$
   h) $2{,}5a\sqrt{\frac{b}{c}}$

17. Vereinfache soweit wie möglich!
   a) $\sqrt{80a}$
   b) $\sqrt{xy^2}$
   c) $\sqrt{25x^2 y^3}$
   d) $\sqrt{\frac{a}{b^3}}$
   e) $\sqrt{\frac{28x^2}{y}}$
   f) $\sqrt{\frac{44x^2 y^2 z^3}{x^2 y^3 z^4}}$
   g) $\sqrt{\frac{8a}{7b^2}} \cdot \sqrt{\frac{12b^4}{a}}$
   h) $\sqrt{\frac{500}{x^2}} : \sqrt{\frac{64x^2}{y^3 z}}$

18. Vergleiche den Flächeninhalt beider Vierecke!

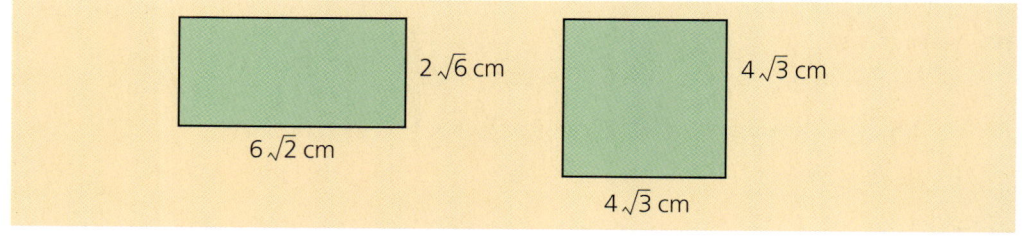

Rechteck: $6\sqrt{2}$ cm, $2\sqrt{6}$ cm
Quadrat: $4\sqrt{3}$ cm, $4\sqrt{3}$ cm

19. Löse zunächst die Klammern auf und fasse dann zusammen!
   a) $\sqrt{5}(8 - 2\sqrt{5})$
   b) $3\sqrt{3}(\sqrt{3} + 2\sqrt{3})$
   c) $(-8\sqrt{75} + 7\sqrt{12} - 6\sqrt{48})\sqrt{3}$
   d) $(\sqrt{27} - \sqrt{48})(\sqrt{3} + \frac{1}{\sqrt{3}})$

20. Vereinfache mithilfe der binomischen Formeln!
   a) $(\sqrt{a} + \sqrt{b})^2$
   b) $(\sqrt{a} - \sqrt{b})^2$
   c) $(\sqrt{a} + \sqrt{b})(\sqrt{a} - \sqrt{b})$
   d) $(\sqrt{10} - \sqrt{6})(\sqrt{10} + \sqrt{6})$
   e) $(\sqrt{5} + 2\sqrt{7})^2$
   f) $(1 - \sqrt{a})^2 + (1 + \sqrt{a})^2$

21. Konstruiere ein rechtwinklig gleichschenkliges Dreieck mit dem Flächeninhalt $A = 6{,}125 \text{ cm}^2$!

22. Berechne!
   a) $4{,}9^2$
   b) $(-3{,}5)^2$
   c) $(-17{,}8)^2$
   d) 137^2
   e) $16{,}5^2$
   f) $-1{,}47^2$
   g) $(-3{,}22)^2$
   h) $15{,}27^2$
   i) 275^2
   j) $0{,}0033^2$

Gemischte Aufgaben

23. Übertrage die Tabelle in dein Heft! Kreuze jeweils an, zu welchem Zahlbereich die angegebenen Zahlen gehören!

	$\mathbb{N}$	$\mathbb{Z}$	$\mathbb{Q}$	$\mathbb{R}$
5				
1,76				
$-0,\overline{5}$				
$-\sqrt{18}$				
$2\sqrt{5}$				

24. Ziehe partiell die Wurzel (a, b ≥ 0)!
  a) $\sqrt{300}$
  b) $\sqrt{750}$
  c) $\sqrt{3675}$
  d) $\sqrt{5 \cdot 0{,}5^2}$
  e) $\sqrt{40a}$
  f) $\sqrt{(-8)^2 \cdot 3}$
  g) $\sqrt{\dfrac{73}{4}}$
  h) $\sqrt{\dfrac{75}{9}}$
  i) $\sqrt{250a^2b^2}$
  j) $\sqrt{100a^3b^5}$

25. Schreibe das Produkt als Wurzel!
  a) $7\sqrt{2}$
  b) $11\sqrt{3}$
  c) $-5\sqrt{7}$
  d) $-3\sqrt{0{,}3}$
  e) $0{,}5\sqrt{2}$
  f) $20\sqrt{0{,}1}$
  g) $0{,}6\sqrt{0{,}7}$
  h) $\dfrac{1}{3}\sqrt{5}$
  i) $\dfrac{5}{4}\sqrt{1{,}5}$
  j) $3a\sqrt{6}$

26. Berechne die Flächeninhalte!
  a) Parallelogramm: $a = \dfrac{3}{5}\sqrt{6}$ cm
    $h_a = 2\sqrt{3}$ cm

  b) Raute: $e = 4\sqrt{5}$ cm
    $f = \sqrt{15}$ cm

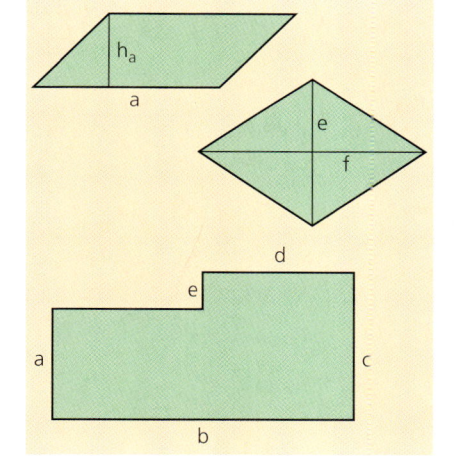

  c) $a = 2\sqrt{8}$ cm $\quad b = 4\sqrt{5}$ cm
    $c = 3\sqrt{8}$ cm $\quad d = 2\sqrt{5}$ cm
    $e = \sqrt{8}$ cm

27. Herr Müller möchte den Fußboden seiner Küche fliesen. Sie ist 4,50 m lang und 3,53 m breit. Im Baumarkt gibt es preisgünstig quadratische Fliesen, die eine Seitenlänge von 31,5 cm haben. Er kann nur ganze Packungen mit je 15 Stück kaufen.
  a) Ist es möglich, dass Herr Müller seinen Küchenfußboden fliesen kann, ohne eine Fliese zerschneiden zu müssen? Welche Fugenbreite muss er einhalten?
    Gib die Anzahl der Fliesen an, die auf der kürzeren bzw. längeren Seite liegen!
  b) Wie viele Packungen muss Herr Müller kaufen? Berechne den prozentualen Anteil der Fliesen, die er für spätere Reparaturarbeiten übrig hat!
  c) Hätte Herr Müller mit derselben Packungszahl [siehe b)] seinen quadratischen Keller fliesen können, der eine Grundfläche von 17,64 m² hat? Begründe!

Reelle Zahlen und Wurzeln

Teste dich selbst!

1. Ein Quadrat hat einen Flächeninhalt von 49 cm² (1 600 m²; 25 cm²; 484 mm²; 14 499 m²; 0,09 dm²; 1 89 m²). Gib jeweils die Seitenlänge des Quadrates an!

2. Ein Würfel hat ein Volumen von 27 cm³ (0,008 m³; 216 cm³; 8 000 mm³; 1 m³). Gib die Seitenlängen des Würfels an!

3. Übernimm die Tabellen in dein Heft und berechne!

   a)
x	x^2	x^3
5		
0,5		
0,05		
−3		
200		
$-\frac{1}{4}$		

   b)
y	$\sqrt{y}$
256	
0,0001	
−1,21	
4900	
640 000	
0,09	

4. Zwischen welchen ganzen Zahlen liegen folgende Wurzeln?
   a) $\sqrt{22}$; $\sqrt{85}$; $\sqrt{0,3}$; $\sqrt{7}$
   b) $\sqrt{253}$; $\sqrt{81,9}$; $\sqrt{351}$; $\sqrt{910}$
   c) $\sqrt[3]{10}$; $\sqrt[3]{65}$; $\sqrt[3]{0,5}$; $\sqrt[3]{450}$
   d) $\sqrt[3]{99}$; $\sqrt[3]{0,07}$; $\sqrt[3]{3,64}$; $\sqrt[3]{920}$

5. Gib an, welche Zahlen rational und welche irrational sind!
   25      $\sqrt{25}$ $\sqrt{52}$ $-\sqrt{25}$ $-\sqrt{52}$ $\sqrt{-52}$
   $\sqrt[3]{25}$ 25^3 $\sqrt{5} : \sqrt{2}$ $-25 : 0$ $-5,\overline{25}$ $\sqrt{2-5}$

6. Vereinfache folgende Terme soweit wie möglich!
   a) $\sqrt{27a} \cdot \sqrt{3a}$
   b) $\sqrt{121a^2 b^2}$
   c) $\sqrt{75x^2}$
   d) $\dfrac{\sqrt{600ab^2}}{\sqrt{150a}}$
   e) $\sqrt{\dfrac{243a^2 b^2}{3b^2}}$
   f) $\sqrt{4(x+y)^2}$

7. Berechne! Runde auf die zweite Dezimalstelle!
   a) $\sqrt{7} + \sqrt{12}$
   b) $5\sqrt{10} - 3\sqrt{5}$
   c) $\sqrt[3]{25} - \sqrt{52}$
   d) $\dfrac{\sqrt{80}}{2 - \sqrt{2}}$

8. Berechne!
   a) $\sqrt{1,6} \cdot \sqrt{1000}$
   b) $\sqrt[3]{16} \cdot \sqrt[3]{4}$
   c) $\sqrt{8} \cdot \sqrt{6} \cdot \sqrt{3}$
   d) $2 \cdot \sqrt{0,75} \cdot \sqrt{3}$
   e) $\dfrac{\sqrt{150}}{\sqrt{6}}$
   f) $\dfrac{\sqrt{2000}}{\sqrt{8}} : 10$
   g) $\dfrac{\sqrt{112}}{\sqrt{5}} \cdot \dfrac{\sqrt{405}}{\sqrt{28}}$
   h) $\sqrt{18} : \dfrac{\sqrt{14}}{\sqrt{2}}$

9. Vereinfache die Terme soweit wie möglich!
   a) $16\sqrt{3} - 21\sqrt{3} + 10\sqrt{3}$
   b) $2\sqrt{b} - 7\sqrt{a} + 9\sqrt{a}$
   c) $71\sqrt{5} + 4\sqrt{5} - 10\sqrt{20}$

10. Ziehe partiell die Wurzel!
    a) $\sqrt{108}$
    b) $\sqrt{980}$
    c) $\sqrt{0,25a^2 b}$
    d) $\sqrt{\dfrac{49}{5}}$
    e) $\sqrt{x^2 y z^2}$
    f) $\dfrac{\sqrt{49a^2}}{\sqrt{25b}}$
    g) $\sqrt{1440 x^4 y^2 z}$
    h) $\sqrt[3]{250 a^3 b}$

11. Wie viele quadratische Mosaiksteinchen wurden für ein Bild, welches 15 cm lang und 27 cm hoch ist, benötigt, wenn die Steinchen eine Seitenlänge von 1,5 cm haben?

2.5 Projekt

Das Heronverfahren

Wie kann man irrationale Zahlen ohne Computer oder Taschenrechner auf beliebig viele Stellen genau ermitteln?

Projektziel: Erarbeitet euch selbstständig ein mathematisches Verfahren zur Bestimmung von irrationalen Zahlen!

Vorstellung der geometrischen Variante des Heronverfahrens:

Verwandlung eines Rechtecks in ein flächeninhaltsgleiches Quadrat

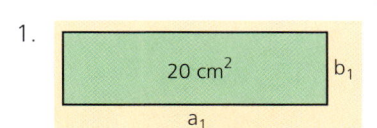

	Seitenlänge	Flächeninhalt

1. $a_1 = 10$ cm
   $b_1 = 2$ cm
   $A = 10$ cm $\cdot$ 2 cm $= 20$ cm^2

2. $a_2 = \frac{a_1 + b_1}{2} = \frac{10 \text{ cm} + 2 \text{ cm}}{2} = 6$ cm

   $A = 6$ cm $\cdot \frac{10}{3}$ cm $= 20$ cm^2

   $b_2 = \frac{A}{a_2} = \frac{20 \text{ cm}^2}{6 \text{ cm}} = \frac{10}{3}$ cm $\approx 3{,}3$ cm

3. $a_3 = \frac{a_2 + b_2}{2} = \frac{6 \text{ cm} + \frac{10}{3} \text{ cm}}{2} \approx 4{,}67$ cm

   $A = \frac{14}{3}$ cm $\cdot \frac{30}{7}$ cm $= 20$ cm^2

   $b_3 = \frac{A}{a_3} = \frac{20 \text{ cm}^2}{\frac{14}{3} \text{ cm}} = \frac{30}{7}$ cm $\approx 4{,}29$ cm

Projektbearbeitung:

(1) Führe die Rechnungen der Schritte 2 und 3 selbstständig durch! Wiederhole – wenn notwendig – die Rechenregeln für das Rechnen mit Brüchen!
(2) Gib zwei weitere Schritte des Verfahrens an!
(3) Überlege dir Formulierungen, um dieses Verfahren in Sätzen erklären zu können!
(4) Notiere diese Formulierungen! Fertige damit eine Beschreibung des Heronverfahrens an!
(5) Verwandle ein Rechteck mit einem Flächeninhalt von 50 cm^2 (2 cm^2; 11 cm^2) in ein flächeninhaltsgleiches Quadrat! Gib Näherungswerte für die Seitenlängen des Quadrates an!

Bestimme mithilfe des Heronverfahrens die Werte für $\sqrt{60}$ und $\sqrt{110}$ auf drei Dezimalstellen genau!

Hinweis für Schüler, die sich leicht verrechnen:
Ein kleiner Rechenfehler macht bei diesem Verfahren gar nichts. Einfach weiterrechnen. Man kommt trotzdem zum richtigen Ergebnis, allerdings dauert es etwas länger. Probiert es aus!

2.6 Zusammenfassung

Rechnen mit Wurzeln

Quadratwurzel
Die Wurzel aus einer nichtnegativen Zahl a ist diejenige nichtnegative Zahl b, die mit sich selbst multipliziert die Zahl a ergibt.

$\sqrt{a} = b$ mit $a, b \geq 0$, da $b^2 = a$

Beispiele:
$\sqrt{49} = 7$, da $7^2 = 49$
$\sqrt{0{,}04} = 0{,}2$, da $0{,}2^2 = 0{,}04$

Kubikwurzel
Die Kubikwurzel aus einer nichtnegativen Zahl a ist diejenige nichtnegative Zahl b, deren dritte Potenz die Zahl a ergibt.

$\sqrt[3]{a} = b$ mit $a, b \geq 0$, da $b^3 = a$

Beispiele:
$\sqrt[3]{8} = 2$, da $2^3 = 8$
$\sqrt[3]{0{,}125} = 0{,}5$, da $0{,}5^3 = 0{,}125$

Irrationale Zahlen
Zahlen, die sich nur als unendliche nichtperiodische Dezimalbrüche darstellen lassen, nennt man irrationale Zahlen.

Beispiele:
$\sqrt{2}$, $\sqrt[3]{5}$, $\sqrt{17}$, $\sqrt{32}$

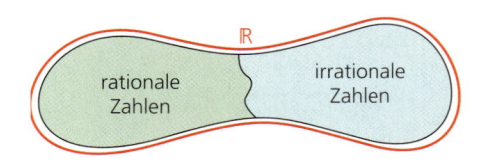

Reelle Zahlen
Die rationalen Zahlen und die irrationalen Zahlen zusammen bilden die Menge der reellen Zahlen $\mathbb{R}$.

Addition und Subtraktion
Für nichtnegative reelle Zahlen b gilt aufgrund des Distributivgesetzes:

$a\sqrt{b} \pm c\sqrt{b} = (a \pm c)\sqrt{b}$

Beispiele:
$5\sqrt{3} + 7\sqrt{3} = 12\sqrt{3}$
$18\sqrt{10} - 3\sqrt{10} = 15\sqrt{10}$

Multiplikation und Division
Für nichtnegative reelle Zahlen a und b gilt:

1. $\sqrt{a} \cdot \sqrt{b} = \sqrt{a \cdot b}$
2. $\dfrac{\sqrt{a}}{\sqrt{b}} = \sqrt{\dfrac{a}{b}}$ $(b \neq 0)$

Beispiele:
1. $\sqrt{3} \cdot \sqrt{12} = \sqrt{3 \cdot 12} = \sqrt{36} = 6$
2. $\dfrac{\sqrt{75}}{\sqrt{3}} = \sqrt{\dfrac{75}{3}} = \sqrt{25} = 5$

Partielles Wurzelziehen
Kann der Radikand einer Wurzel so in ein Produkt zerlegt werden, dass mindestens ein Faktor eine Quadratzahl ist, dann gilt:

$\sqrt{a^2 \cdot b} = a\sqrt{b}$

Beispiele:
$\sqrt{50} = \sqrt{25 \cdot 2} = \sqrt{5^2 \cdot 2} = 5\sqrt{2}$
$\sqrt{72} = \sqrt{36 \cdot 2} = \sqrt{6^2 \cdot 2} = 6\sqrt{2}$

3 Satzgruppe des Pythagoras

Zur Neuvermessung der Felder an den Ufern des Nils verwendeten im alten Ägypten die Seilspanner beim Abstecken rechter Winkel Knotenschnüre mit gleichmäßigen Knotenabständen. Ein Dreieck mit den Knotenabständen 3; 4 und 5 ist genau rechtwinklig. Es gilt: $3^2 + 4^2 = 5^2$. Der griechische Mathematiker und Philosoph PYTHAGORAS VON SAMOS verallgemeinerte diese Eigenschaft im „Satz des Pythagoras" für alle rechtwinkligen Dreiecke. Dieser Satz wird noch heute im Bauwesen verwendet, wenn rechte Winkel kontrolliert werden sollen.

Sendemast

Ein Sendemast wird mit Stahlseilen fest im Boden verankert. Der Stabilität wegen sollen die Stahlseile in einer Höhe von 50 m am Mast befestigt werden. Die Verankerungspunkte am Boden liegen 40 m vom Fuß des Mastes entfernt. Wie lang müssen die Stahlseile sein?

Schablone

Stefan soll für ein Quadrat mit einem Flächeninhalt von 15 cm^2 eine Schablone herstellen. Dazu will er aus einem weißen Zeichenkarton eine quadratische Fläche ausschneiden.
Wie lang muss eine Seite der Schablone sein?

Strohhalm

Ein Trinkpäckchen ist 6 cm breit, 4 cm tief und 10 cm hoch. Wie lang muss ein Strohhalm sein, dass er nicht in der Packung verschwinden und man auch noch bequem trinken kann?

Rückblick

Eigenschaften ausgewählter Flächenformen

Dreiecke werden eingeteilt nach der Länge der Seiten oder nach der Größe der Winkel

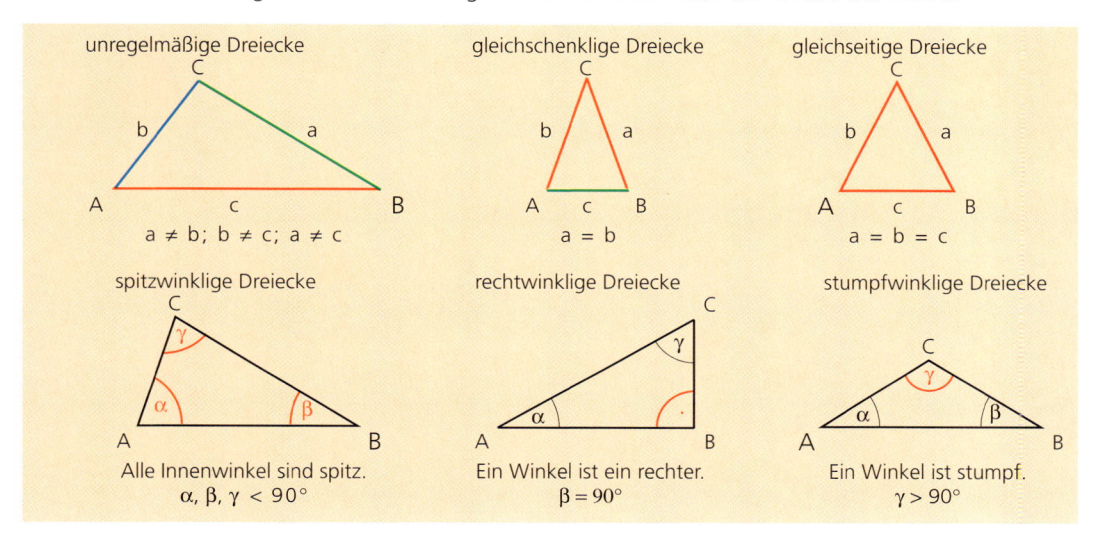

unregelmäßige Dreiecke	gleichschenklige Dreiecke	gleichseitige Dreiecke
$a \neq b;\ b \neq c;\ a \neq c$	$a = b$	$a = b = c$

spitzwinklige Dreiecke	rechtwinklige Dreiecke	stumpfwinklige Dreiecke
Alle Innenwinkel sind spitz. $\alpha, \beta, \gamma < 90°$	Ein Winkel ist ein rechter. $\beta = 90°$	Ein Winkel ist stumpf. $\gamma > 90°$

Zu den **Vierecken** gehören unter anderem:

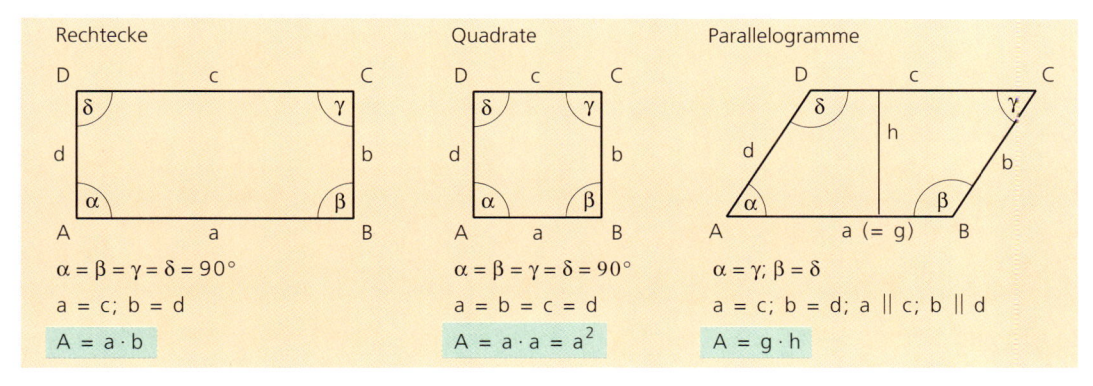

Rechtecke	Quadrate	Parallelogramme
$\alpha = \beta = \gamma = \delta = 90°$	$\alpha = \beta = \gamma = \delta = 90°$	$\alpha = \gamma;\ \beta = \delta$
$a = c;\ b = d$	$a = b = c = d$	$a = c;\ b = d;\ a \parallel c;\ b \parallel d$
$A = a \cdot b$	$A = a \cdot a = a^2$	$A = g \cdot h$

Eigenschaften ausgewählter Körper

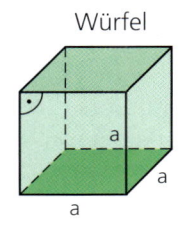

Würfel — Alle Kanten sind gleich lang. Alle Begrenzungsflächen sind Quadrate.

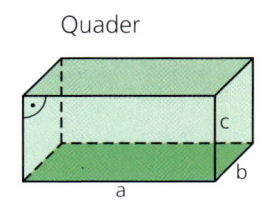

Quader — Gegenüberliegende Kanten sind gleich lang. Alle Begrenzungsflächen sind Rechtecke.

3.1 Der Satz des PYTHAGORAS

Der Mathematiker PYTHAGORAS VON SAMOS (etwa 500 v. Chr.) erfuhr auf Reisen nach Ägypten von der Kunst der Seilspanner, bei Vermessungen rechtwinklige Dreiecke abzustecken und Berechnungen damit enorm zu erleichtern. Er untersuchte eine Vielzahl rechtwinkliger Dreiecke und fand eine Gesetzmäßigkeit. Inzwischen ist bekannt, dass es bereits lange vor PYTHAGORAS gleiche Vermutungen gab. Wahrscheinlich ist jedoch, dass PYTHAGORAS seine Vermutungen auch bewiesen hat.

Bezeichnungen im rechtwinkligen Dreieck

Im rechtwinkligen Dreieck nennt man die Seite, die dem rechten Winkel gegenüberliegt, **Hypotenuse.** Sie ist die längste Seite. Die beiden anderen Seiten (die Schenkel des rechten Winkels) heißen **Katheten.**

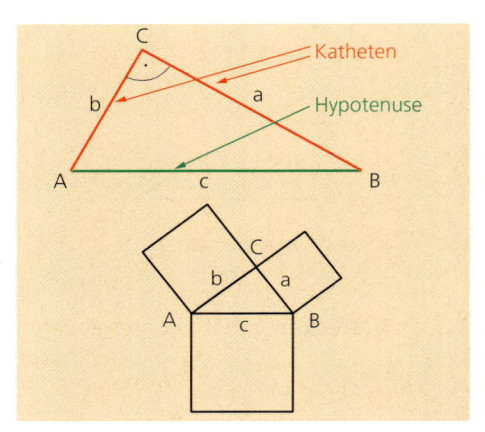

Zeichne ein rechtwinkliges Dreieck (γ = 90°) mit a = 3 cm, b = 4 cm und c = 5 cm!
Zeichne über der Kathete a ein Quadrat mit der Seitenlänge 3 cm! Zeichne auch über b und c Quadrate mit den entsprechenden Seitenlängen!
Berechne die Flächeninhalte der Quadrate! Vergleiche!

Der Satz des Pythagoras

> In jedem rechtwinkligen Dreieck ist der Flächeninhalt des Quadrates über der Hypotenuse gleich der Summe der Flächeninhalte der Quadrate über den Katheten.
> $$c^2 = a^2 + b^2$$

Es gibt verschiedene Beweise des Satzes. Seine Gültigkeit kann z.B. geometrisch durch Flächenbetrachtungen gezeigt werden.

(1) Die Figur aus einem beliebigen rechtwinkligen Dreieck und seinen Kathetenquadraten wird durch drei Dreiecke zu einem Quadrat mit der Seitenlänge von a + b ergänzt.

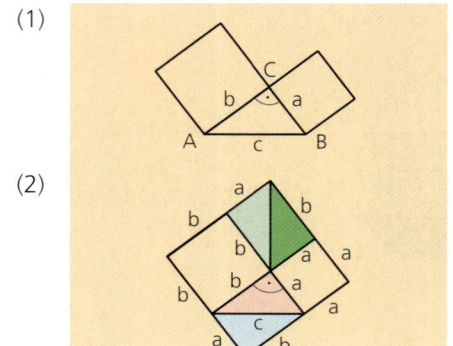

(2) Die drei ergänzten Dreiecke sind kongruent zum Dreieck ABC, denn sie sind rechtwinklig und stimmen in den Kathetenlängen überein. Die insgesamt vier Dreiecke werden nun anders angeordnet.

Der Satz des Pythagoras

(3) (vergrößert)

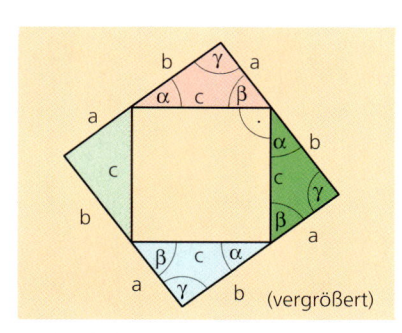

Es entsteht ein zur Figur (2) flächeninhaltsgleiches Quadrat, denn es hat wieder die Seitenlänge a + b. Nach dem Innenwinkelsatz für Dreiecke $\alpha + \beta + \gamma = 180°$ und wegen $\gamma = 90°$ gilt: $\alpha + \beta = 90°$.
Die Winkel der eingeschlossenen Fläche müssen also rechte sein, denn auch jeder von ihnen ergibt zusammen mit α und β einen gestreckten Winkel von 180°. Deshalb ist die von den Dreiecken eingeschlossene Fläche ein Quadrat mit der Seitenlänge c.

Ein Vergleich der Flächeninhalte der Figuren (2) und (3) ergibt: Das Quadrat mit der Seitenlänge c hat den gleichen Flächeninhalt wie das Quadrat mit der Seitenlänge a und das Quadrat mit der Seitenlänge b zusammen.

Obwohl der Satz des Pythagoras als Flächensatz in Erscheinung tritt, liegt sein Anwendungsschwerpunkt in der Berechnung von Seitenlängen in rechtwinkligen Dreiecken.

Beispiel 1:
Wie lang ist die Seite c in einem rechtwinkligen Dreieck ABC ($\gamma = 90°$) mit a = 2,4 cm und b = 3,2 cm?

Gegeben: $\gamma = 90°$ Gesucht: c Planfigur:
a = 2,4 cm
b = 3,2 cm

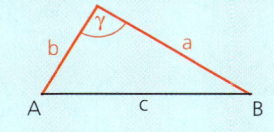

Lösung: $c^2 = a^2 + b^2$
$c = \sqrt{a^2 + b^2}$
$c = \sqrt{(2,4\ cm)^2 + (3,2\ cm)^2}$
$c = \sqrt{5,76\ cm^2 + 10,24\ cm^2}$
$c = \sqrt{16\ cm^2}$
$c = 4\ cm$

Antwort: Die Seite c ist 4 cm lang.

Beispiel 2:
Berechne die Länge der Kathete a in einem rechtwinkligen Dreieck ABC ($\gamma = 90°$) mit c = 12 cm und b = 7,5 cm!

Gegeben: $\gamma = 90°$ Gesucht: a Planfigur:
c = 12 cm
b = 7,5 cm

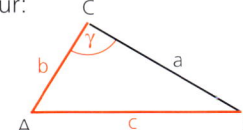

Lösung: $a^2 + b^2 = c^2$ $\quad |-b^2$
$a^2 = c^2 - b^2$
$a = \sqrt{c^2 - b^2}$
$a = \sqrt{(12\ cm)^2 - (7,5\ cm)^2}$

Satzgruppe des Pythagoras

$$a = \sqrt{144 \text{ cm}^2 - 56{,}25 \text{ cm}^2}$$
$$a = \sqrt{87{,}75 \text{ cm}^2}$$
$$a = 9{,}4 \text{ cm}$$

Anwort: Die Kathete a ist 9,4 cm lang.

Beispiel 3 :
Wie lang muss der senkrechte Stützbalken bei der dargestellten Dachkonstruktion sein?

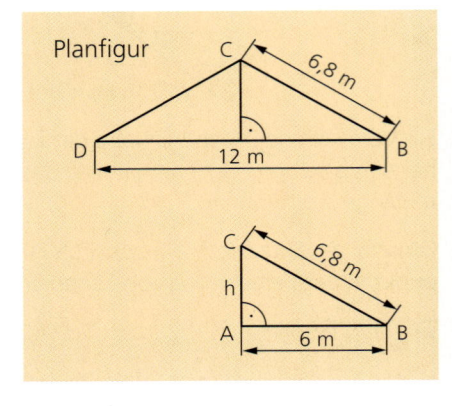

Überlegung:
Der Stützbalken kann als Kathete in einem rechtwinkligen Dreieck ABC angesehen werden.

Gegeben: $\alpha = 90°$ Gesucht: h
           c = 6 cm
           a = 6,8 cm

Lösung: $h^2 + c^2 = a^2$ $|-c^2$
$$h^2 = a^2 - c^2$$
$$h = \sqrt{a^2 - c^2}$$
$$h = \sqrt{46{,}24 \text{ m}^2 - 36 \text{ m}^2}$$
$$h = 3{,}2 \text{ m}$$

Antwort: Die Länge des Stützbalkens beträgt 3,2 m.

Beispiel 4:
Wie lang ist eine Raumdiagonale d in einem Würfel mit der Kantenlänge 4 cm?

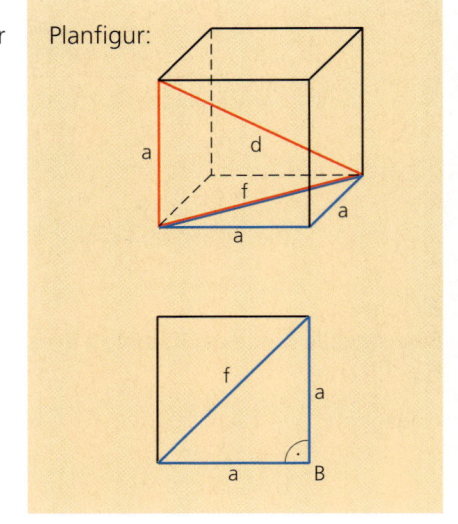

Überlegung:
Die Raumdiagonale ist die Hypotenuse eines rechtwinkligen Dreiecks. Eine der Würfelkanten und eine Diagonale einer Seitenfläche bilden die Katheten.

1. Schritt: f berechnen

Gegeben: a = 4,0 cm   Gesucht: f
            $\beta = 90°$

Lösung: $f^2 = a^2 + a^2$
$$f^2 = 2a^2$$
$$f = \sqrt{2a^2}$$
$$f = \sqrt{2 \cdot 16 \text{ cm}^2}$$
$$f = 5{,}7 \text{ cm}$$

Der Satz des Pythagoras

2. Schritt: d berechnen

Gegeben: $a = 4$ cm Gesucht: d
 $f = 5{,}7$ cm
 $\alpha = 90°$

Lösung: $d^2 = a^2 + f^2$
 $d = \sqrt{a^2 + f^2}$
 $d = \sqrt{16 \text{ cm}^2 + 32 \text{ cm}^2}$
 $d = 6{,}9$ cm

Antwort: Die Länge der Raumdiagonalen in einem Würfel mit der Kantenlänge $a = 4$ cm beträgt 6,9 cm.

Überlege, ob der Satz des Pythagoras auch für spitz- oder stumpfwinklige Dreiecke gilt!
Um dies zu widerlegen, reicht es, ein Gegenbeispiel zu finden. Argumentiere anhand der folgenden Dreiecke!

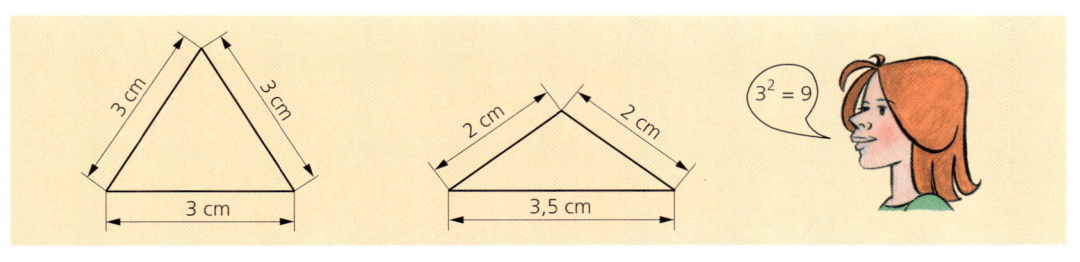

Der Satz des Pythagoras gilt nur in rechtwinkligen Dreiecken.

Die Umkehrung des Satzes des Pythagoras

Zu Beginn des Kapitels wurde angedeutet, dass bereits vor mehr als 3 000 Jahren in Ägypten – und vorher wahrscheinlich auch schon in Babylon – Vermesser in der Lage waren, rechtwinklige Dreiecke abzustecken. Sie schlugen in gleichen Abständen 13 Knoten in ein Seil, so dass 12 gleich lange Seilstrecken entstanden. Dann wurde das Seil zu einem Dreieck mit den Seitenlängen 3 Knotenabstände, 4 Knotenabstände und 5 Knotenabstände gespannt. Die Ägypter wussten, dass zwischen den kürzeren Seiten ein rechter Winkel entsteht.

Die Seitenlängen wurden so gewählt, dass gilt: $3^2 + 4^2 = 5^2$

Umkehrung des Satzes des Pythagoras
Wenn in einem Dreieck mit den Seitenlängen a, b und c die Beziehung $a^2 + b^2 = c^2$ gilt, so ist es rechtwinklig und der rechte Winkel liegt zwischen a und b.

Satzgruppe des Pythagoras

Aufgaben

Rückblick

1. Beschreibe jede Figur durch ihren Namen möglichst genau! Miss gegebenenfalls nach!

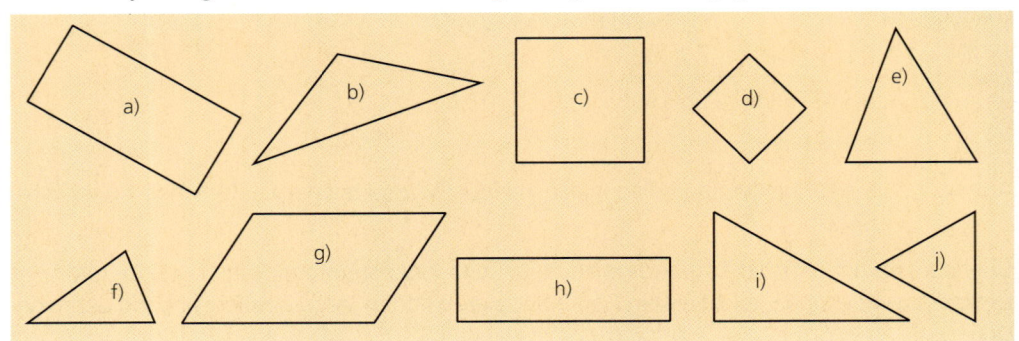

2. Miss bei den Figuren die Seiten und Winkel! Um welche Flächenformen handelt es sich?

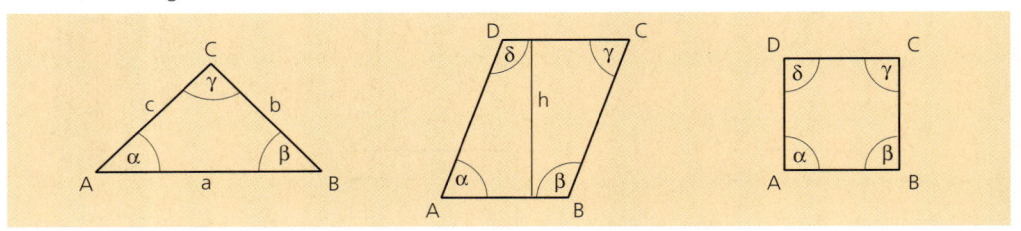

3. Zeichne zwei Quadrate und zwei (andere) Rechtecke! Notiere jeweils die Seitenlängen und berechne die Flächeninhalte!

4. Der Flächeninhalt eines Rechtecks beträgt A = 16 cm². Gib mindestens drei verschiedene Möglichkeiten für die Seitenlängen an!

5. Begründe, dass die Figuren den gleichen Flächeninhalt haben!

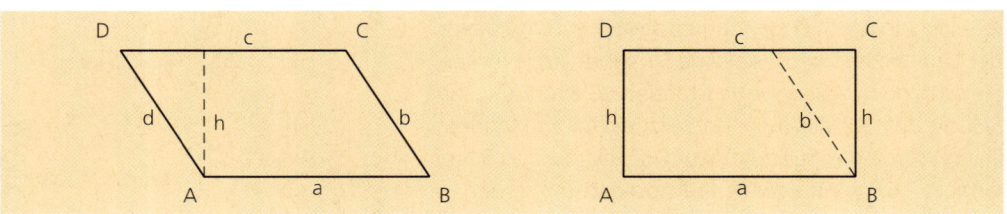

6. Gib den Flächeninhalt der Quadrate mit den folgenden Seitenlängen an!
   a) 7 cm   b) 10 cm   c) 100 cm   d) 0,5 cm   e) 1,2 cm

7. Welche Seitenlänge hat ein Quadrat, das den gleichen Flächeninhalt hat wie das Rechteck mit den jeweils gegebenen Seitenlängen?
   a) a = 4 cm   b) a = 12,1 cm   c) a = 2,7 cm   d) a = 15 cm   e) a = 8 cm
      b = 9 cm   b = 10 cm   b = 30 cm   b = 5,4 cm   b = 12,5 cm

68

Satz des Pythagoras

8. Gib für die Dreiecke den Satz des PYTHAGORAS an!

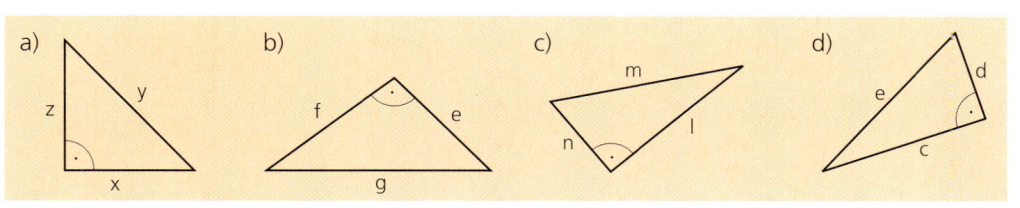

a) b) c) d)

9. Berechne für die folgenden rechtwinkligen Dreiecke ($\gamma = 90°$) jeweils die Länge der Hypotenuse c!
  a) $a = 6$ cm
     $b = 3,7$ cm
  b) $a = 2,7$ cm
     $b = 5,4$ cm
  c) $a = 12$ cm
     $b = 8$ cm
  d) $a = 3,8$ dm
     $b = 4,9$ dm

10. Von einem Dreieck ($\gamma = 90°$) ist bekannt: $c = 6,5$ cm und $b = 4,1$ cm
Ermittle die Länge der Seite a durch Konstruktion und Rechnung!

11. Berechne die Länge der fehlenden Seite bei den folgenden Dreiecken ABC mit $\gamma = 90°$!
  a) $a = 7$ cm
     $b = 4$ cm
  b) $a = 5,2$ cm
     $b = 1,8$ cm
  c) $a = 13$ cm
     $c = 19,4$ cm
  d) $b = 10$ cm
     $c = 16$ cm
  e) $a = 5,9$ cm
     $c = 17$ cm
  f) $a = 12$ cm
     $b = 12$ cm
  g) $b = 2,7$ cm
     $c = 3,7$ cm
  h) $a = 100$ cm
     $c = 150$ cm

12. Berechne die Länge der fehlenden Seite für die folgenden Dreiecke! Zeichne zuerst eine Planfigur!
  a) $\alpha = 90°$
     $a = 7,4$ cm
     $c = 3,9$ cm
  b) $\beta = 90°$
     $a = 21$ cm
     $c = 17$ cm
  c) $\alpha = 90°$
     $b = 1,5$ dm
     $c = 0,8$ dm
  d) $\beta = 90°$
     $a = 26$ cm
     $b = 42$ cm

13. Ordne jeder Figur die möglichen Formulierungen des Satzes des PYTHAGORAS zu!

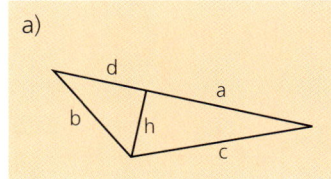

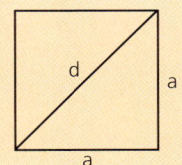

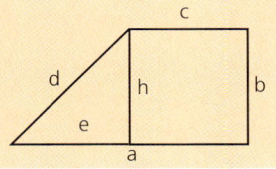

a) b) c)

(1) $a^2 + a^2 = d^2$ (2) $h^2 = d^2 + e^2$ (3) $c^2 = a^2 + h^2$ (4) $d^2 = h^2 + e^2$
(5) $h^2 + d^2 = a^2$ (6) $b^2 = d^2 + h^2$ (7) $d^2 = h^2 + a^2$ (8) $b^2 + e^2 = d^2$

14. Suche in den Figuren rechtwinklige Dreiecke! Gib für diese Dreiecke den Satz des PYTHAGORAS mit Variablen an!

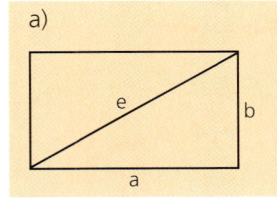

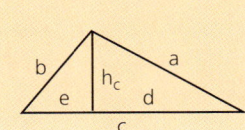

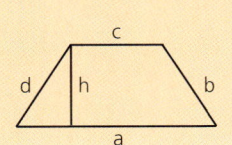

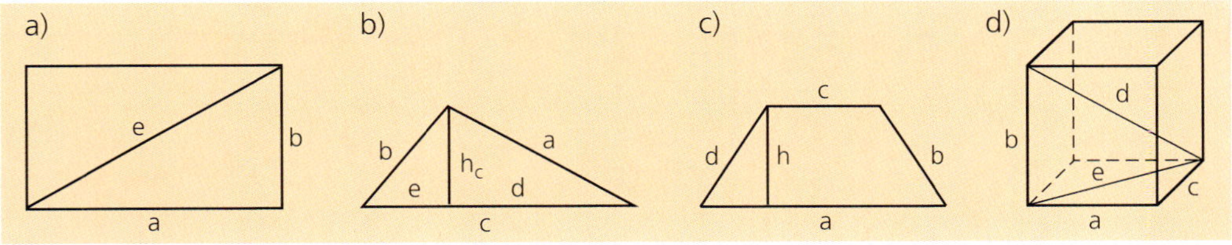

a) b) c) d)

15. Richtig oder falsch? Begründe!

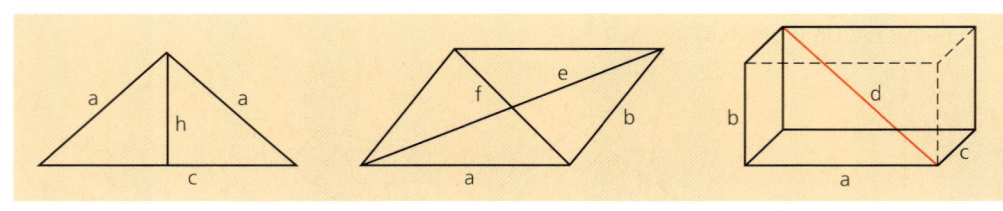

Es gilt:
$$h^2 + \frac{1}{2}c^2 = a^2 \qquad e^2 = a^2 + b^2 \qquad d^2 = a^2 + b^2$$

16. Benenne die folgenden Figuren! Berechne die Länge der farbigen Strecken!

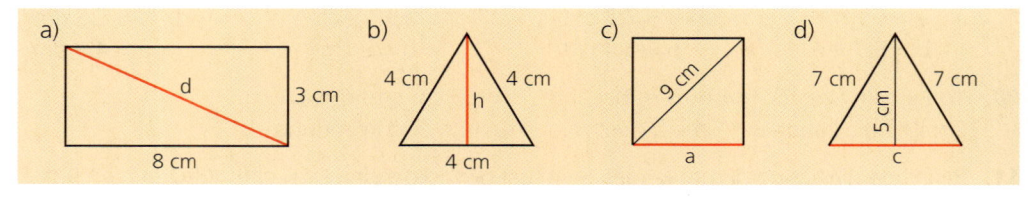

a) d, 3 cm, 8 cm
b) 4 cm, 4 cm, h, 4 cm
c) 9 cm, a
d) 7 cm, 7 cm, 5 cm, c

17. Ein Quader hat die Maße a = 6 cm, b = 4 cm und c = 3 cm. Berechne die Länge der Raumdiagonalen! Fertige dazu eine Skizze an!
Zeichne auch die Flächendiagonale ein, die du zur Berechnung brauchst!

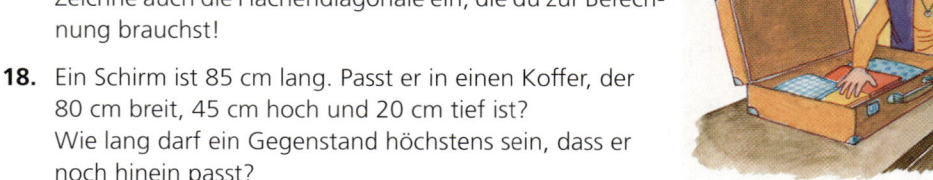

18. Ein Schirm ist 85 cm lang. Passt er in einen Koffer, der 80 cm breit, 45 cm hoch und 20 cm tief ist?
Wie lang darf ein Gegenstand höchstens sein, dass er noch hinein passt?

19. Wie lang ist die Strecke $\overline{AB}$ in der Abbildung? Der Gitterabstand soll 1 cm betragen. Zeichne die Figur in wahrer Größe in dein Heft! Berechne und miss!

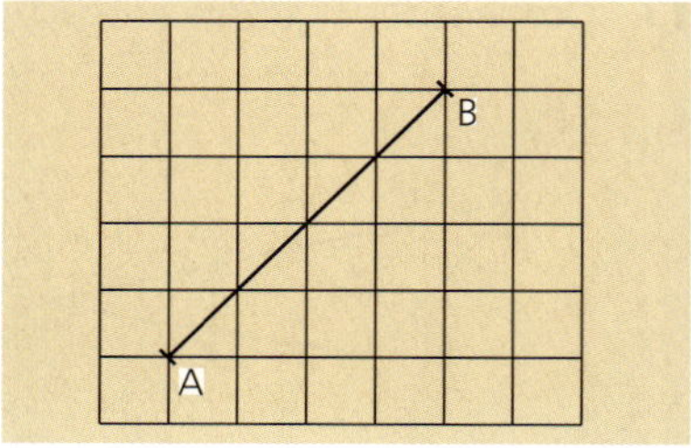

20. Gegeben sind die Punkte A(1|4), B(5|2), C(1|−2) und D(−6|−1).
Trage die Punkte in ein Koordinatensystem ein und berechne den Abstand zwischen den Punkten
a) A und B,   b) B und C,
c) A und C,   d) C und D!

21. Prüfe mit dem Satz des PYTHAGORAS, ob mit den angegebenen Seitenlängen rechtwinklige Dreiecke konstruiert werden können! Wenn ja, beschreibe die Lage des rechten Winkels!

	(1)	(2)	(3)	(4)	(5)	(6)
a	7,8 cm	4,9 cm	15 cm	12,7 cm	0,9 m	13,5 cm
b	5 cm	5,6 cm	16 cm	14,4 cm	1,5 m	10 cm
c	6 cm	7,4 cm	21 cm	6,8 cm	2,3 m	9 cm

3.2 Weitere Sätze im rechtwinkligen Dreieck

Der Kathetensatz

Wir untersuchen rechtwinklige Dreiecke auf weitere Zusammenhänge.

1. Für rechtwinklig **gleichschenklige** Dreiecke (Abb. 1) lautet der Satz des PYTHAGORAS:
$$a^2 + a^2 = c^2$$
$$2a^2 = c^2 \quad |:2$$
Also gilt $\quad a^2 = \frac{1}{2}c^2$

   Jetzt liegt also eine Flächeninhaltsgleichheit zwischen einem **Quadrat** und einem **Rechteck** vor.

2. In einem beliebigen rechtwinkligen Dreieck zerlegt die Höhe h_c die Hypotenuse c in die **Hypotenusenabschnitte p** und **q**. Zu vermuten ist wiederum die Flächeninhaltsgleichheit der in Abb. 2 gleich gefärbten Flächen.

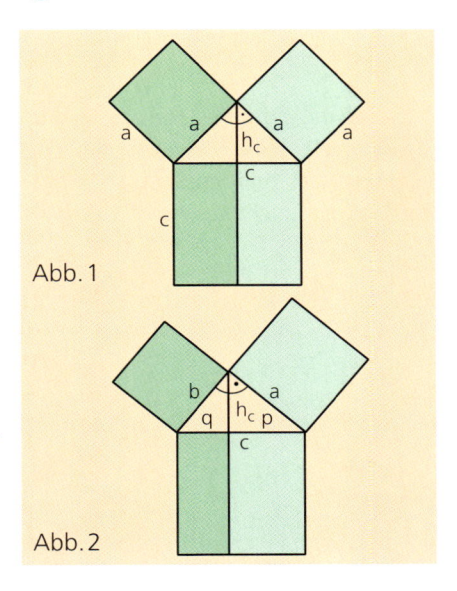

Abb. 1

Abb. 2

> **Kathetensatz:**
> In jedem rechtwinkligen Dreieck hat das Quadrat über einer Kathete den gleichen Flächeninhalt wie das Rechteck aus der Hypotenuse und dem an dieser Kathete anliegenden Hypotenusenabschnitt. $\quad a^2 = c \cdot p \quad\quad\quad b^2 = c \cdot q$

Die Gültigkeit des Kathetensatzes für beliebige rechtwinklige Dreiecke kann für $a^2 = c \cdot p$ wie folgt gezeigt werden.

1. Die Figur zeigt das Dreieck ABC mit dem Quadrat BDEC über der Kathete a.

   Durch Parallelverschiebung der Seite c durch D entsteht ein zu ABC kongruentes Dreieck DEF und ein Parallelogramm ABDF mit den Seitenlängen a und c.

2. Das Parallelogramm ABDF wird um 90° gegen den Uhrzeigersinn um B gedreht. Die überdeckte Fläche ist das Dreieck mit den Seitenlängen h, p und a.

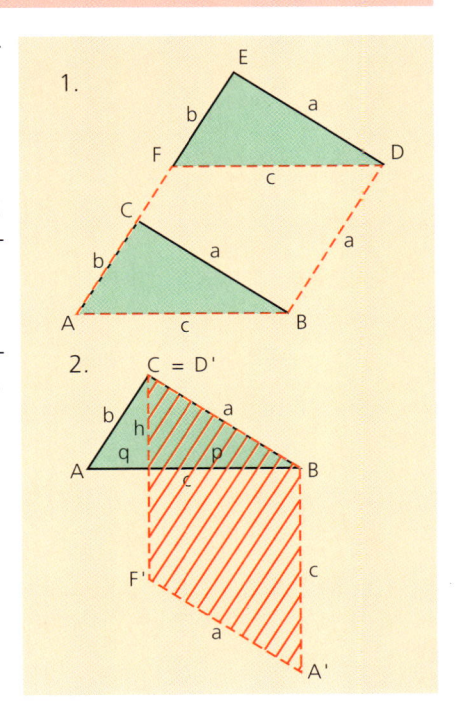

Satzgruppe des Pythagoras

Denke dir nun dieses Dreieck wie dargestellt an die untere Seite a des Parallelogramms verschoben und angesetzt. Es entsteht ein Rechteck mit den Seiten c und p am Dreieck ABC.

Die Ausgangsfigur bestand aus dem Dreieck ABC und dem Quadrat über a. Figur 3 besteht aus dem Dreieck ABC und dem Rechteck mit den Seiten c und p. Da der Gesamtflächeninhalt nicht verändert wurde, muss gelten:
$$a^2 = c \cdot p$$

Um zu zeigen, dass $b^2 = c \cdot q$ ist, kann ähnlich vorgegangen werden.

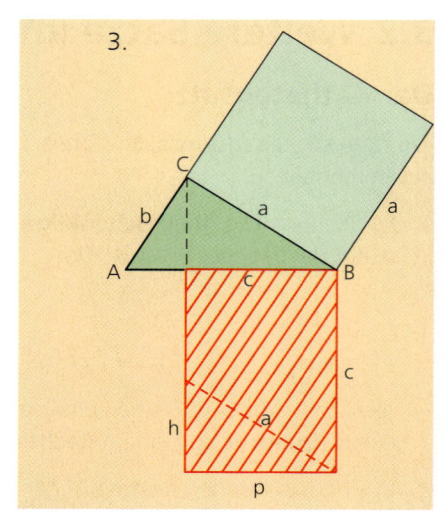

Beispiel 1:

Bei einem rechtwinkligen Dreieck ABC ($\gamma = 90°$) ist c = 6,5 cm und p = 2,4 cm. Wie lang sind die Katheten des Dreiecks?

Gegeben: c = 6,5 cm
$\qquad\qquad$ p = 2,4 cm
$\qquad\qquad$ $\gamma = 90°$

Gesucht: a; b

Planfigur:

Lösung:
1. $a^2 = c \cdot p$
    $a = \sqrt{c \cdot p}$
    $a = \sqrt{6{,}5 \text{ cm} \cdot 2{,}4 \text{ cm}}$
    $a = 3{,}9$ cm

2. $b^2 = c \cdot q$
    $b = \sqrt{c \cdot q}$
    $b = \sqrt{6{,}5 \text{ cm} \cdot 4{,}1 \text{ cm}}$
    $b = 5{,}2$ cm

    $q = c - p$
    $q = 4{,}1$ cm

Antwort: Die Kathete a ist 3,9 cm und die Kathete b ist 5,2 cm lang.

Beispiel 2:

Wie lang ist die Seite c in einem rechtwinkligen Dreieck ABC ($\gamma = 90°$) mit b = 12 cm und q = 8 cm?

Gegeben: b = 12 cm
$\qquad\qquad$ q = 8 cm
$\qquad\qquad$ $\gamma = 90°$

Gesucht: c

Planfigur:

Lösung: $b^2 = c \cdot q \qquad\qquad |:q$
$\qquad\qquad \dfrac{b^2}{q} = c$
$\qquad\qquad \dfrac{144 \text{ cm}^2}{8 \text{ cm}} = c$
$\qquad\qquad 18 \text{ cm} = c$

Anwort: Die Seite c ist 18 cm lang.

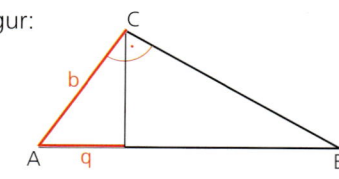

Weitere Sätze im rechtwinkligen Dreieck

Der Höhensatz

Die Höhe h_c teilt ein rechtwinkliges Dreieck in zwei rechtwinklige Dreiecke. Wir wollen nun den Satz des PYTHAGORAS und die Kathetensätze anwenden, um weitere Flächenzusammenhänge zu finden. Für das Dreieck ADC gilt:

$h^2 + q^2 = b^2$ Satz des PYTHAGORAS im $\triangle$ADC
$h^2 + q^2 = c \cdot q$ Kathetensatz ($b^2 = c \cdot q$)
$h^2 + q^2 = c \cdot q$ |$-q^2$
$\quad h^2 = c \cdot q - q^2$
$\quad h^2 = q \cdot (c - q)$ wegen $c = p + q$ bzw. $p = c - q$
$\quad h^2 = q \cdot p$

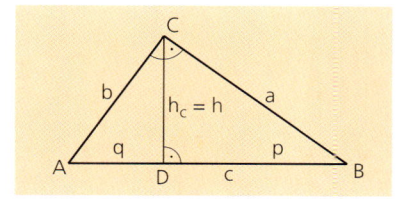

Höhensatz:
In jedem rechtwinkligen Dreieck ist der Flächeninhalt des Quadrates über der Höhe gleich dem Flächeninhalt des Rechtecks aus den Hypotenusenabschnitten p und q.
$$h^2 = p \cdot q$$

Der Satz des Pythagoras, der Kathetensatz und der Höhensatz werden zur Satzgruppe des PYTHAGORAS zusammengefasst.

Auch der Höhensatz ist ein Satz über die Flächeninhaltsgleichheit eines Quadrates und eines Rechtecks und ist daher schon aus geometrischer Sicht interessant, er erweitert aber auch die Möglichkeiten für die Berechnung von Seitenlängen in rechtwinkligen Dreiecken.

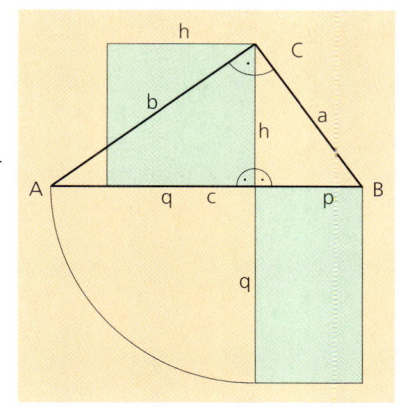

Beispiel 1:

Wie lang ist die Höhe h in einem rechtwinkligen Dreieck ABC ($\gamma = 90°$) mit p = 3,7 cm und q = 1,9 cm?

Gegeben: p = 3,7 cm   Gesucht: h   Planfigur:
           q = 1,9 cm
           $\gamma = 90°$

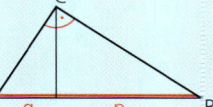

Lösung: $h^2 = p \cdot q$
           $h = \sqrt{p \cdot q}$
           $h = \sqrt{3{,}7 \text{ cm} \cdot 1{,}9 \text{ cm}}$
           h = 2,7 cm

Anwort: Die Höhe h ist 2,7 cm lang.

Satzgruppe des Pythagoras

Beispiel 2:

Berechne die Länge des Hypotenusenabschnittes p in einem rechtwinkligen Dreieck ABC ($\gamma = 90°$) mit h = 14 cm und q = 10 cm.

Gegeben: h = 14 cm   Gesucht: p   Planfigur:

q = 10 cm

$\gamma = 90°$

Lösung: $h^2 = p \cdot q$ | : q

$\frac{h^2}{q} = p$

$\frac{196 \text{ cm}^2}{10 \text{ cm}} = p$

19,6 cm = p

Antwort: Die Länge von p beträgt 19,6 cm.

Beispiel 3:

Ein rechtwinkliges Dreieck ABC ($\gamma = 90°$) hat eine Höhe von 8 cm. Die Seite b ist 11 cm lang. Berechne die fehlenden Seiten!

Gegeben: h = 8 cm   Gesucht: a, c   Planfigur:

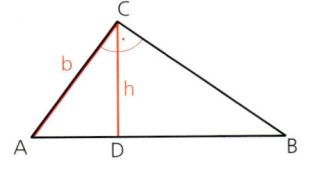

b = 11 cm

$\gamma = 90°$

Lösung:

1. Man berechnet zuerst im Dreieck ADC den Hypotenusenabschnitt q mit dem Satz des Pythagoras:

    $b^2 = h^2 + q^2$ | $-h^2$

    $q^2 = b^2 - h^2$

    $q = \sqrt{b^2 - h^2}$

    $q = \sqrt{121 \text{cm}^2 - 64 \text{cm}^2}$

    q = 7,5 cm

2. Es gibt verschiedene Möglichkeiten fortzufahren. Man kann z. B. p im Dreieck ABC mit dem Höhensatz berechnen:

    $h^2 = p \cdot q$ | : q

    $p = \frac{h^2}{q}$

    $p = \frac{64 \text{ cm}^2}{7,5 \text{ cm}}$

    p = 8,5 cm

3. Es gilt im Dreieck ABC: c = p + q

    c = 8,5 cm + 7,5 cm

    c = 16,0 cm

4. Im Dreieck ABC kann die Länge der Seite a z. B. mit dem Kathetensatz berechnet werden:

    $a^2 = p \cdot c$

    $a = \sqrt{p \cdot c}$

    $a = \sqrt{8,5 \text{ cm} \cdot 16,0 \text{ cm}}$

    a = 11,7 cm

Antwort: Die Seite a des Dreiecks ist 11,7 cm lang. Die Seite c ist 16,0 cm lang.

Aufgaben

Kathetensatz und Höhensatz

1. Vervollständige die Beschriftung und gib jeweils die Gleichung für den Kathetensatz an!

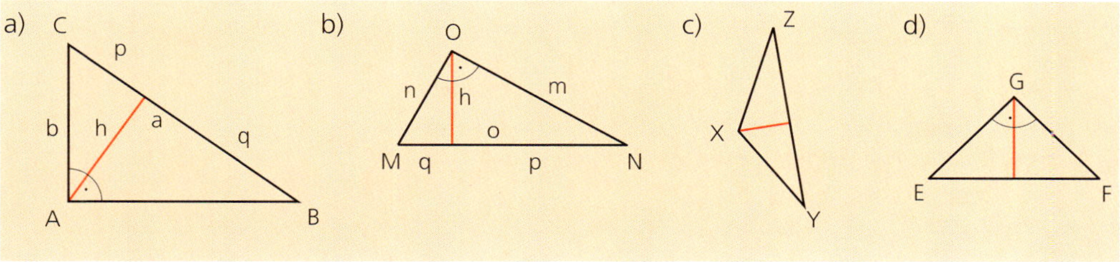

2. Vervollständige die Beschriftung und gib jeweils die Gleichung für den Höhensatz an!

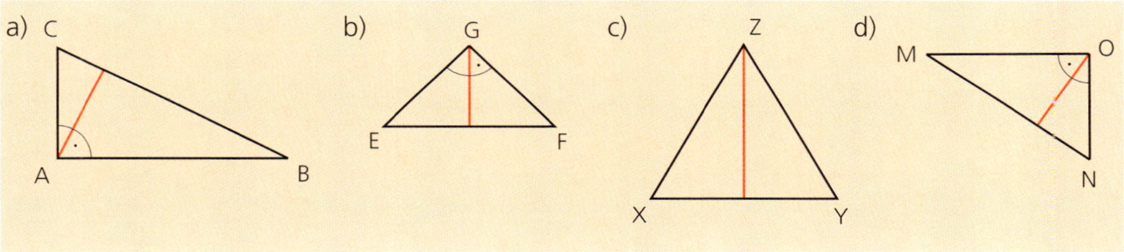

3. Von einem rechtwinkligen Dreieck ($\gamma = 90°$) ist die Länge der Kathete a mit 5 cm und die Länge der Hypotenuse c mit 10 cm gegeben.
Berechne die Länge der Hypotenusenabschnitte p und q und die Länge der Seite b!

4. Von einem rechtwinkligen Dreieck ABC ($\gamma = 90°$) ist gegeben:
a = 2,5 cm und p = 1,3 cm.
Gesucht sind die Längen von b, c und h.

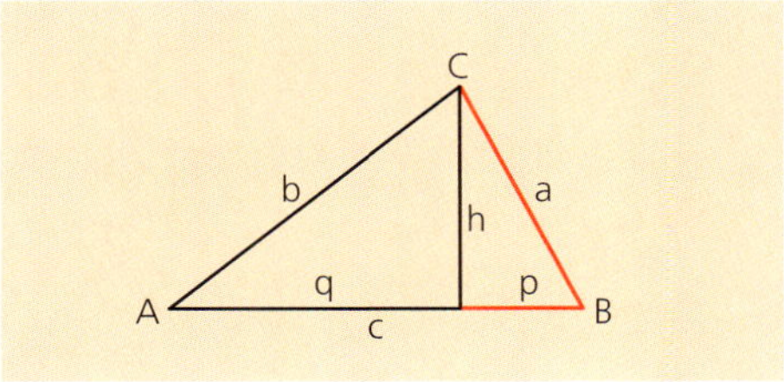

Überprüfe, ob die angegebenen Planungen richtig sind!

	1. Schritt	2. Schritt	3. Schritt	4. Schritt
a)	h berechnen mit Satz des Pythagoras	q berechnen mit Höhensatz	c bestimmen aus q und p	b berechnen mit Kathetensatz
b)	b berechnen mit Kathetensatz	b berechnen mit Satz des Pythagoras	h berechnen mit Satz des Pythagoras	–
c)	c berechnen mit Kathetensatz	q bestimmen aus c und p	b berechnen mit Kathetensatz	h berechnen mit Höhensatz

Satzgruppe des Pythagoras

5. In den rechtwinkligen Dreiecken ABC ($\gamma = 90°$) sind jeweils die folgenden Längen gegeben. Berechne die gesuchten Längen!

a) geg.: a = 11,5 cm
        p = 8 cm
   ges.: c

b) geg.: c = 6,9 cm
        q = 4,2 cm
   ges.: b

c) geg.: c = 15 cm
        p = 6 cm
   ges.: a, b

d) geg.: b = 7,2 cm
        c = 10 cm
   ges.: q

e) geg.: p = 5 cm
        q = 4 cm
   ges.: h, c

f) geg.: h = 9 cm
        p = 12 cm
   ges.: q, a

6. Berechne für das abgebildete Dreieck die Länge der Strecken $\overline{SR}$, $\overline{QR}$ und $\overline{PQ}$!

7. Übernimm die Tabelle in dein Heft und berechne die fehlenden Längen für die gegebenen rechtwinkligen Dreiecke ABC ($\gamma = 90°$)! Fertige dazu jeweils eine Planfigur an!

	(1)	(2)	(3)	(4)	(5)	(6)	(7)
a	6 cm		9,5 cm				
b	4,3 cm	3,9 cm		2,8 cm			
c		12,8 cm	17 cm		13 cm		
p				8 cm		15 cm	7 cm
q				0,7 cm			5 cm
h						12 cm	

8. Berechne für die angegebenen Dreiecke jeweils die fehlenden Seitenlängen!

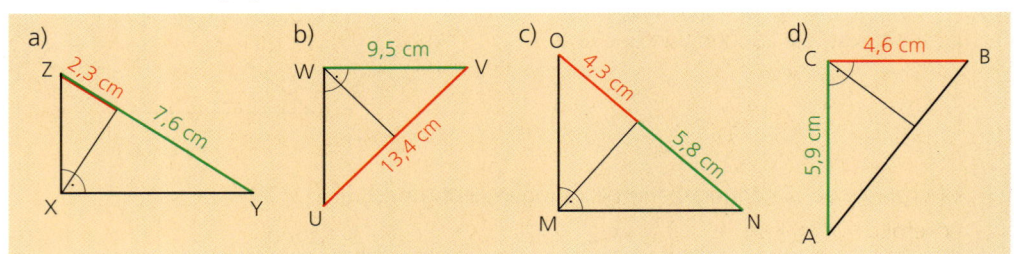

9. Berechne für das abgebildete Dreieck die Länge der Strecken AC und AD!

10. Die Höhe eines rechtwinkligen Dreiecks beträgt 6 cm. Welche der folgenden Angaben für p und q sind denkbar? Begründe!

a) p = 4 cm
   q = 9 cm

b) p = 5 cm
   q = 1 cm

c) q = 2 cm
   p = 18 cm

d) p = 0 cm
   q = 6 cm

e) q = 36 cm
   p = 1 cm

Gemischte Aufgaben

11. Die Kathete a eines rechtwinkligen Dreiecks ABC ($\gamma = 90°$) ist 4 cm lang. Welche Längen sind für p und c möglich? Finde Beispiele!

12. Bei Vermessungsarbeiten entstand folgender Plan: Berechne die wegen unwegsamen Geländes nicht direkt messbaren Streckenlängen!

13. Von einem rechtwinkligen Dreieck ABC ($\gamma = 90°$) ist gegeben: h = 6,8 cm; a = 5,1 cm. Berechne b und c!

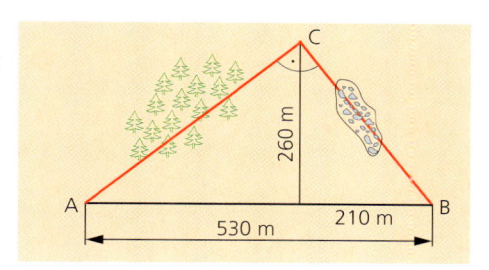

3.3 Gemischte Aufgaben

1. Lege mit Streichhölzern o. Ä. rechtwinklige Dreiecke, wobei jede Seite nur aus ganzen Hölzern bestehen soll! Was stellst du fest?

2. Berechne für ein gleichschenkliges Dreieck ABC mit c = 10 cm und a = b = 7 cm die Höhe h_c!

3. Konstruiere das rechtwinklige Dreieck mit a = 7 cm und p = 5,5 cm! Berechne die Seitenlängen b und c und vergleiche mit der Zeichnung!

4. Vergleiche die Flächeninhalte der Quadrate in der Abbildung! Wie lang ist die Seite des 3. Quadrates?

5. Ein Parallelogramm hat die Seiten a = 12 cm, b = 5 cm. Die Höhe h_a beträgt 3,5 cm. Berechne die Längen der Diagonalen e und f!

6. Konstruiere das Dreieck ABC mit a = b = 7 cm und c = 2 cm! Um was für ein Dreieck handelt es sich? Zeichne h_c ein und zeige durch Einzeichnung der Flächen und durch Rechnung, dass der Höhensatz nicht gilt!
Finde weitere Dreiecke als Gegenbeispiele, dass der Höhen- und Kathetensatz nicht für alle Dreiecke gilt!

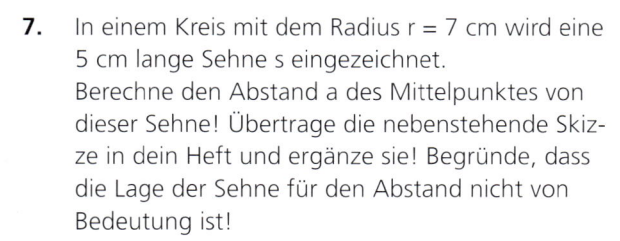

7. In einem Kreis mit dem Radius r = 7 cm wird eine 5 cm lange Sehne s eingezeichnet. Berechne den Abstand a des Mittelpunktes von dieser Sehne! Übertrage die nebenstehende Skizze in dein Heft und ergänze sie! Begründe, dass die Lage der Sehne für den Abstand nicht von Bedeutung ist!

8. Berechne für das im Bild gegebene Drachenviereck die Längen der Diagonalen e und f!

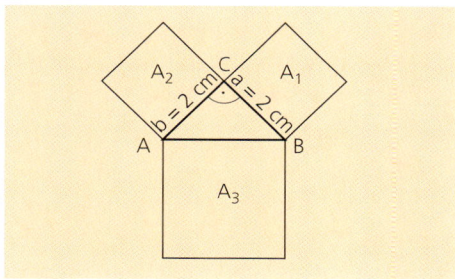

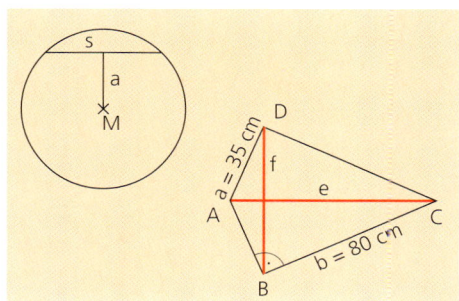

Satzgruppe des Pythagoras

9. Konstruiere die Figur aus der Abbildung! Berechne die Seitenlänge des inneren Quadrates! Berechne und vergleiche die Flächeninhalte der Quadrate!

10. Berechne die Höhe h in einem gleichschenkligen Trapez für
    a) a = 9 cm,   b = 7 cm,   c = 3 cm
    b) a = 12 cm, b = 3,5 cm, c = 10 cm

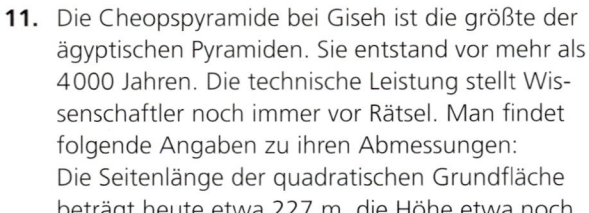

11. Die Cheopspyramide bei Giseh ist die größte der ägyptischen Pyramiden. Sie entstand vor mehr als 4000 Jahren. Die technische Leistung stellt Wissenschaftler noch immer vor Rätsel. Man findet folgende Angaben zu ihren Abmessungen: Die Seitenlänge der quadratischen Grundfläche beträgt heute etwa 227 m, die Höhe etwa noch 137 m und die Länge einer Seitenkante noch 213 m. Überprüfe, ob die Höhe senkrecht auf der Grundfläche steht!

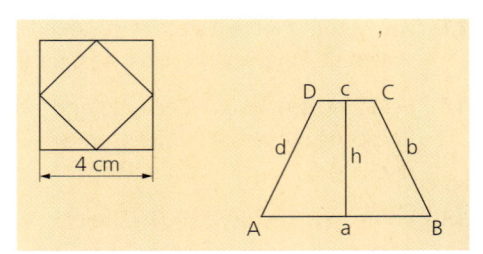

12. Ein pyramidenförmiges Bauwerk des 20. Jahrhunderts gehört zum Museum „Louvre" in Paris. Die Konstruktion aus Glas und Stahl ist 20,90 m hoch. Die Seitenlänge der quadratischen Grundfläche beträgt 34,20 m. Berechne die Länge einer der Seitenkanten!

13. Ein 2,20 m breites Fahrzeug, dessen Querschnitt vereinfacht als Rechteck angenommen wird, kommt an einen Tunnel, dessen Querschnitt ein Halbkreis ist und einen Radius von 3,50 m hat. Wie hoch darf das Fahrzeug höchstens sein, wenn der eingezeichnete Abstand zur Tunnelwand mindestens 50 cm betragen soll?

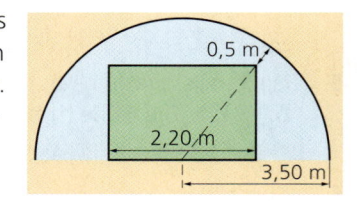

14. Zum Verpacken einer dünnen 50 cm langen Kerze wird ein Karton benötigt. Welcher oder welche der folgenden Kartons sind dafür geeignet? Begründe!
    a) 40 cm × 25 cm × 10 cm   b) 35 cm × 30 cm × 15 cm   c) 30 cm × 30 cm × 25 cm

15. Ein 7,50 m hoher Mast ist bei einem Sturm so abgeknickt, dass die Spitze den Erdboden 2,75 m entfernt vom Fußpunkt des Mastes berührt. In welcher Höhe befindet sich die Bruchstelle?

16. Herr Engel möchte seiner Frau für einen kreisförmigen Tisch mit einem Durchmesser von 80 cm eine quadratische Decke schenken. Sie soll vom Rand überall mindestens 20 cm und höchstens 60 cm herunterhängen. Er findet Decken im Angebot mit Seitenlängen von 110 cm; 120 cm; 130 cm; 140 cm; 150 cm und 160 cm. Welche Angebote kommen für Herrn Engel infrage?

Gemischte Aufgaben

17. Von einer Umspannstation verlaufen zwei Freileitungen geradlinig in einem Winkel von 90° zueinander zu den Versorgungspunkten A und B. Der Versorgungspunkt A ist 820 m und der Versorgungspunkt B ist 760 m von der Umspannstation entfernt.
   a) Fertige eine Zeichnung in geeignetem Maßstab an und miss die direkte Entfernung (Luftlinie) zwischen A und B!
   b) A und B sollen durch eine (geradlinig verlaufende) Leitung verbunden werden. Berechne ihre Länge!

18. Wie lang ist eine Raumdiagonale eines Würfels, dessen Kantenlänge 6 cm beträgt?

19. Am Rathaus in Harzgerode im Harz findet man das im Bild gezeigt Fachwerkmotiv.
Berechne die Gesamtlänge der verwendeten Holzbalken für den gezeichneten Ausschnitt!

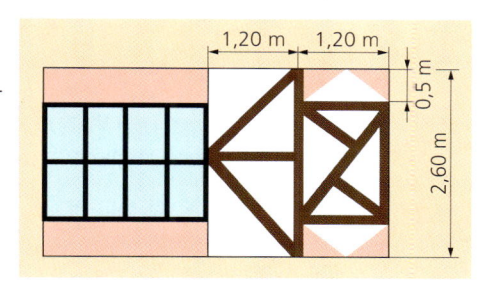

20. Tom will vom Innsbrucker Platz zum Kleistpark fahren. Er sieht sich das Liniennetz von S- und U-Bahn und dann den Stadtplan an. Da das Wetter schön ist, fährt er lieber mit dem Fahrrad. Bestimme die Länge der kürzesten, als geradlinig angenommenen Verbindung zwischen Innsbrucker Platz und Kleistpark! Wie heißt die Straße, die er mit dem Fahrrad benutzt? Die U-Bahn legt vom Innsbrucker Platz bis zum Bayrischen Platz ca. 1,5 km und von dort bis zum Kleistpark 1,9 km zurück.

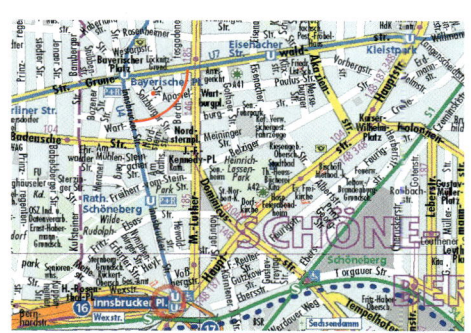

21. Eine Feuerwehr mit Drehleiter steht 6 m vor einem Haus. Wie lang muss die Leiter sein, damit sie ein Fenster in 13 m Höhe erreicht? Der Leiteransatz befindet sich in 1,5 m Höhe.

22. Das Großsegel eines Jollenkreuzers hat einen Flächeninhalt von 18 m². Die am Segelmast befestigte Seite hat eine Höhe von 9,50 m.
Berechne den Umfang des Segels!

23. Findet man für a, b und c natürliche Zahlen (a, b, c > 0) mit $a^2 + b^2 = c^2$, so nennt man sie ein pythagoreisches Zahlentripel (a; b; c), z.B. (3; 4; 5).
Ergänze zu pythagoreischen Tripeln!
   a) (8; b; 17)   b) (11; 60; c)   c) (d; 84; 85)   d) (9; 40; e)   e) (f; 24; 25)

Satzgruppe des Pythagoras

Teste dich selbst

1. Wahr oder falsch?
   a) Die Hypotenuse liegt dem rechten Winkel gegenüber.
   b) Die Kathete ist doppelt so lang wie die Hypotenuse.
   c) Addiert man die Längen der Hypotenusenabschnitte, so erhält man die Länge der Hypotenuse.
   d) Die Katheten sind die am rechten Winkel anliegenden Seiten.
   e) Die Hypotenuse ist die längste Seite.

2. Formuliere für das Dreieck in der Abbildung den Satz des PYTHAGORAS! Welche Seiten sind die Katheten, welche ist die Hypotenuse? Erkläre anhand der Abbildung die geometrische Bedeutung des Satzes!

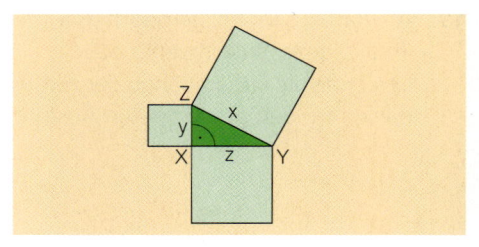

3. Für das Dreieck aus der Abbildung der Aufgabe 2 ist gegeben:
y = 3 cm, z = 6 cm. Berechne die Länge der Seite x!

4. Berechne die fehlenden Längenangaben für die rechtwinkligen Dreiecke ABC!

	(1) $\gamma = 90°$	(2) $\gamma = 90°$	(3) $\alpha = 90°$	(4) $\beta = 90°$
a	5 cm		3 dm	9 cm
b	2 cm	8 cm	20 cm	
c		11 cm		13 cm

5. Berechne die Längen der farbig markierten Strecken!

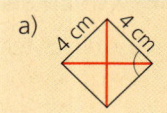

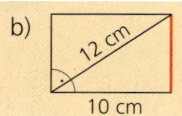

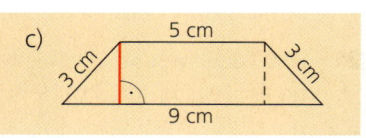

6. Berechne im rechtwinkligen Dreieck ABC ($\gamma = 90°$) alle fehlenden Seitenlängen!
   a) c = 20 cm,   p = 4 cm
   b) p = 1,2 cm,   q = 10 cm
   c) p = 5 cm,   h = 3 cm
   d) h = 9 cm,   q = 7 cm

7. Ein gleichschenklig-rechtwinkliges Dreieck hat eine Höhe von 5,5 cm. Die Hypotenuse ist 11 cm lang. Wie lang sind die Katheten?

8. Berechne für das abgebildete Dreieck die Längen der Strecken AC, DB, AD und CD!

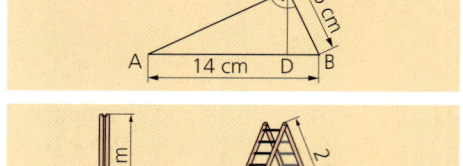

9. Wie groß ist der Höhenunterschied zwischen der zusammengeklappten und der aufgestellten Malerleiter? Schätze und rechne!

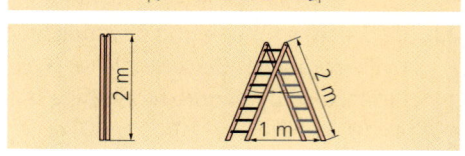

Projekt

3.4 Projekt

Fußballfeld

1. Fertigt euch – wie auf Seite 61 bzw. 67 beschrieben – eine Knotenschnur an und legt sie zu einem Dreieck mit den Seitenlängen 3, 4 und 5 Knotenabstände! Versucht weitere Dreiecke mit ganzzahligen Seitenlängen zu legen! Was stellt ihr fest?

2. Neben Knotenschnüren mit den Seitenlängen 3, 4 und 5 wurden auch Schnüre mit den Seiten 5, 12 und 13 oder 15, 36 und 39 Knotenabstände genutzt. Überprüft, ob auch für diese Schnüre der Satz des PYTHAGORAS gilt!

3. Benutzt eure Knotenschnur, um Winkel in einem Klassenraum, im Schulgebäude oder zu Hause auf ihre Rechtwinkligkeit zu überprüfen! Arbeitet dabei in 2er oder 3er-Gruppen!

4. Steckt auf dem Schulhof ein Spielfeld für ein Feldfußballturnier ab. Benutzt Knotenschnüre, um möglichst genaue rechte Winkel zu erreichen!

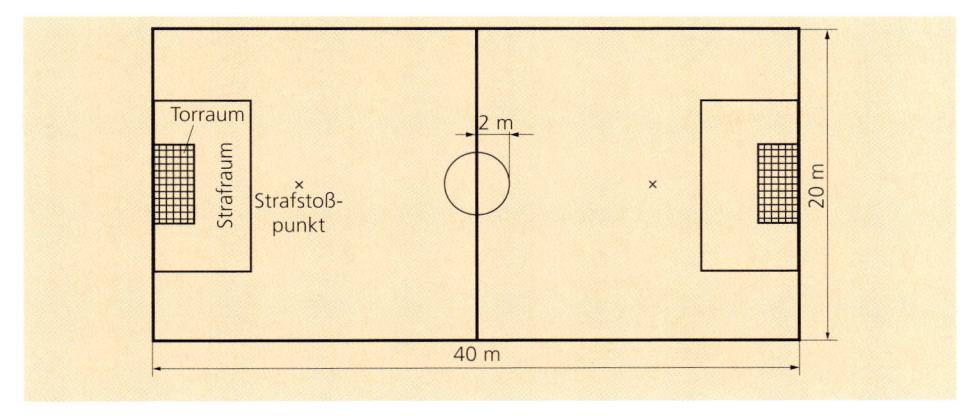

- Das Tor kann 3 oder 5 m breit und muss 2 m hoch sein.
- Der Torraum muss mindestens 6 m tief sein. Die seitlichen Begrenzungslinien verlaufen mindestens 3 m seitlich der Torpfosten.
- Der Strafstoßpunkt muss bei 3 m breiten Toren 7 m, bei 5 m breiten Toren 9 m vom Mittelpunkt der Torlinie entfernt sein.

Projektplanung:
- Überlegt, welche Materialien (z.B. Schnur, Messband, Kreide, Holzleisten) ihr benötigt!
- Fertigt eine maßstabsgerechte Zeichnung an! Markiert die rechten Winkel!
- Plant die Reihenfolge und die Verteilung der Arbeitsschritte!
- Überlegt, wie ihr gute Sichtbarkeit und Haltbarkeit der Markierungen erreicht!
- Kontrolliert die Genauigkeit eurer Konstruktion!

Projektauswertung:
- Stellt alle schriftlichen Unterlagen in einem Ordner zusammen!
- Dokumentiert euer Vorgehen durch Fotos!
- Organisiert ein Feldfußballturnier!

3.5 Zusammenfassung

Die Satzgruppe des PYTHAGORAS beschreibt Flächenzusammenhänge am rechtwinkligen Dreieck. Zu ihr gehören:

Der Satz des PYTHAGORAS

In jedem rechtwinkligen Dreieck ist der Flächeninhalt des Quadrates über der Hypotenuse gleich der Summe der Flächeninhalte der Quadrate über den Katheten.
Es gilt auch die Umkehrung des Satzes:
Gilt für ein Dreieck ABC mit den Seiten a, b, c die Gleichung $a^2 + b^2 = c^2$, dann ist es rechtwinklig und der rechte Winkel liegt zwischen a und b.

$$a^2 + b^2 = c^2$$

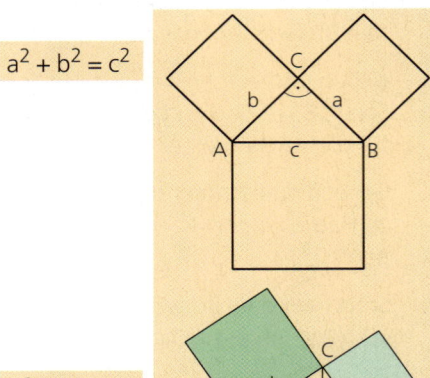

Der Kathetensatz

In jedem rechtwinkligen Dreieck hat das Quadrat über einer Kathete den gleichen Flächeninhalt wie das Rechteck aus der Hypotenuse und dem an dieser Kathete anliegenden Hypotenusenabschnitt.

$$a^2 = c \cdot p$$
$$b^2 = c \cdot q$$

Der Höhensatz

In jedem rechtwinkligen Dreieck ist der Flächeninhalt des Quadrates über der Höhe gleich dem Flächeninhalt des Rechtecks aus den Hypotenusenabschnitten p und q.

$$h^2 = p \cdot q$$

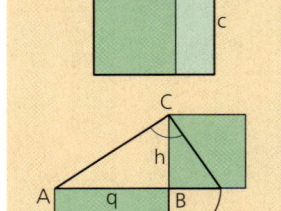

Katheten- und Höhensatz beinhalten die Flächeninhaltsgleichheit eines Quadrates und eines Rechtecks.
Der Satz des Pythagoras, der Kathetensatz und der Höhensatz werden zur Satzgruppe des PYTHAGORAS zusammengefasst.

Beispiele für häufige Anwendungen

Diagonale eines Rechtecks

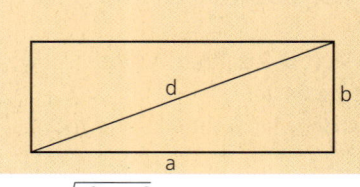

$$d = \sqrt{a^2 + b^2}$$

Raumdiagonale eines Quaders

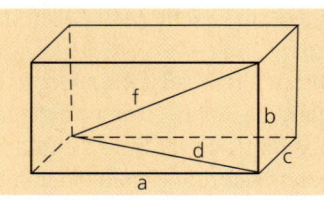

$$f^2 = d^2 + b^2$$
$$f^2 = a^2 + c^2 + b^2$$
$$f = \sqrt{a^2 + b^2 + c^2}$$

4 Quadratische Gleichungen

(1564–1642)

GALILEO GALILEI bewies 1590 in seiner Heimatstadt Pisa durch Fallversuche am schiefen Turm experimentell, dass alle Körper gleich schnell fallen. Der freie Fall eines Körpers kann annähernd durch die quadratische Funktion $s = 4{,}9 \cdot t^2$ beschrieben werden, wenn die Fallzeit in Sekunden und der Fallweg in Metern angegeben werden.

Somit lässt sich mithilfe der Gleichung $55 \text{ m} = 4{,}9 \, \frac{m}{s^2} \cdot t^2$ bei Vernachlässigung des Luftwiderstandes berechnen, dass alle Körper, die vom 55 m hohen Turm in Pisa herabfallen, in 3,35 s auf dem Erdboden auftreffen.

Zahlenrätsel

Anna sagt zu David: „Mathematik fällt dir nicht schwer und Zahlenrätsel kannst du immer so gut lösen, aber wie sieht es mit diesem aus? Das Produkt aus der Summe einer gesuchten Zahl und 12 und der Differenz von 8 und dieser Zahl ist genau so groß wie das Quadrat dieser Zahl. Wie heißt diese Zahl?"

Spielfeldrand

Die diesjährige Schulmeisterschaft im Basketball soll in der 46 m langen und 28 m breiten Sporthalle stattfinden. Damit die Schüler ihre Mannschaften anfeuern können, soll ein gleich breiter Zuschauerstreifen um die Spielfläche angelegt werden. Berechne die Breite des Streifens, wenn die Spielfläche 975,25 m² groß sein muss!

Gartenfläche

Die Teilnehmer des Wahlpflichtkurses „Biologie" pflanzten in den letzten Jahren fast alles selbst an, was sie im Unterricht untersuchen wollten. Nun wollen sie ihren 6,3 m langen, quadratischen botanischen Garten vergrößern. Es stehen ihnen insgesamt 67,24 m² Gartenfläche zur Verfügung. Wie viel Meter können die Kursteilnehmer ihren Garten jeweils in Länge und Breite erweitern, wenn die Fläche quadratisch bleiben soll?

Rückblick

Lineare Gleichungen

Die Schrittfolge zum Lösen linearer Gleichungen findest du im Rückblick von Kapitel 1 (↗ S. 9).

Multiplizieren von Summen

Man multipliziert zwei Summen miteinander, indem man
1. jeden Summanden der einen Summe mit jedem Summanden der anderen Summe multipliziert
2. und die entstandenen Produkte addiert.

$$(2 - a) \cdot (-7b + 5) = 2 \cdot (-7b) + 2 \cdot 5 - a \cdot (-7b) - a \cdot 5 \quad \text{(Klammern auflösen)}$$
$$= -14b + 10 + 7ab - 5a \quad \text{(vereinfachen)}$$
$$= -5a - 14b + 7ab + 10 \quad \text{(ordnen)}$$

Binomische Formeln

Diese drei Rechenvorteile nennt man die **binomischen Formeln.**
1. $(a + b)^2 = a^2 + 2ab + b^2$
2. $(a - b)^2 = a^2 - 2ab + b^2$
3. $(a + b) \cdot (a - b) = a^2 - b^2$

Mithilfe der binomischen Formeln werden Produkte in Summen umgeformt.

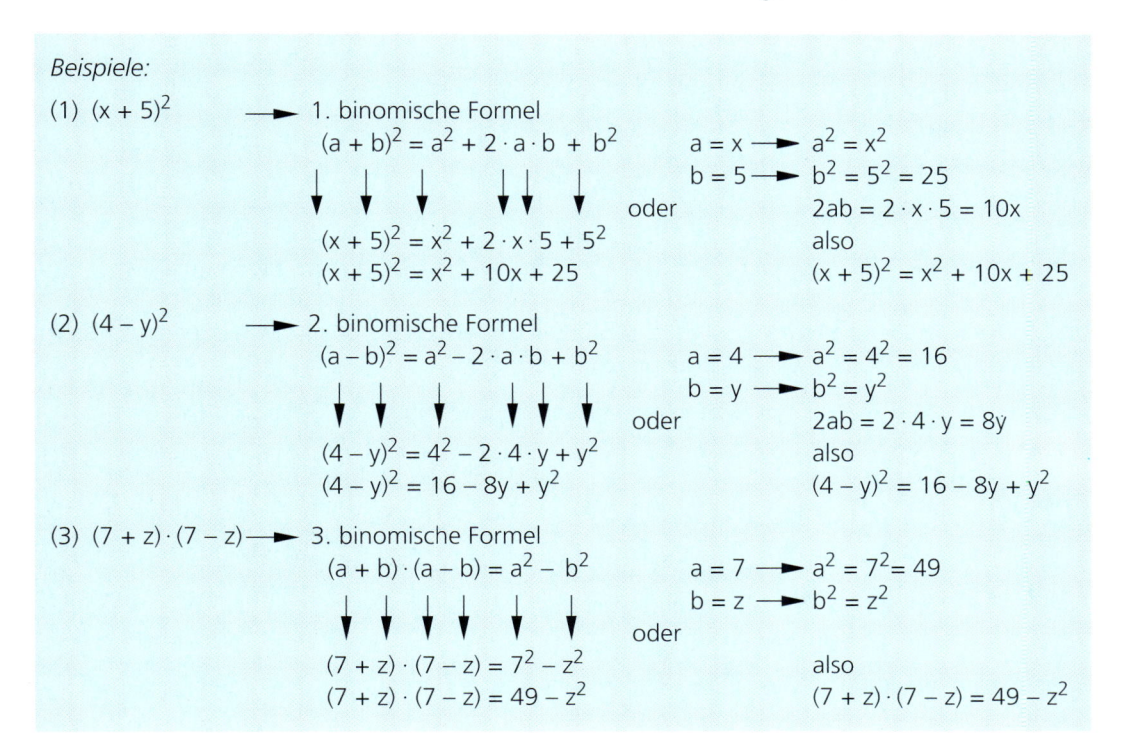

Beispiele:

(1) $(x + 5)^2$ ⟶ 1. binomische Formel

$(a + b)^2 = a^2 + 2 \cdot a \cdot b + b^2$

$(x + 5)^2 = x^2 + 2 \cdot x \cdot 5 + 5^2$
$(x + 5)^2 = x^2 + 10x + 25$

oder

$a = x \to a^2 = x^2$
$b = 5 \to b^2 = 5^2 = 25$
$2ab = 2 \cdot x \cdot 5 = 10x$
also
$(x + 5)^2 = x^2 + 10x + 25$

(2) $(4 - y)^2$ ⟶ 2. binomische Formel

$(a - b)^2 = a^2 - 2 \cdot a \cdot b + b^2$

$(4 - y)^2 = 4^2 - 2 \cdot 4 \cdot y + y^2$
$(4 - y)^2 = 16 - 8y + y^2$

oder

$a = 4 \to a^2 = 4^2 = 16$
$b = y \to b^2 = y^2$
$2ab = 2 \cdot 4 \cdot y = 8y$
also
$(4 - y)^2 = 16 - 8y + y^2$

(3) $(7 + z) \cdot (7 - z)$ ⟶ 3. binomische Formel

$(a + b) \cdot (a - b) = a^2 - b^2$

$(7 + z) \cdot (7 - z) = 7^2 - z^2$
$(7 + z) \cdot (7 - z) = 49 - z^2$

oder

$a = 7 \to a^2 = 7^2 = 49$
$b = z \to b^2 = z^2$
also
$(7 + z) \cdot (7 - z) = 49 - z^2$

4.1 Quadratische Gleichungen

Begriff quadratische Gleichungen

Viele Vorgänge im täglichen Leben lassen sich mathematisch nur in Gleichungen darstellen, die nicht mehr linear sind.

Wir können bisher nur lineare Gleichungen lösen, in denen die Variablen z.B. x , y , a , b , z die Zahl 1 als Exponenten haben, den wir üblicherweise nicht schreiben.

Im Gegensatz dazu können die Variablen aber auch als Potenz vorkommen, z.B. x^2, y^2, a^3, c^4. Gleichungen, bei denen mindestens eine Variable mit 2 als höchstem Exponenten vorkommt, heißen quadratische Gleichungen.

> Eine Gleichung der Form $ax^2 + bx + c = 0$ (a, b, c $\in \mathbb{R}$ und $a \neq 0$) heißt **quadratische Gleichung.**
>
> $$ax^2 \quad + \quad bx \quad + \quad c \quad = 0$$
>
> Die Glieder heißen **quadratisches, lineares und absolutes** Glied.

Beispiele:

1. $5x^2 - 2x - 3 = 0$; a = 5; b = −2; c = −3
2. $2x^2 + 4x = 0$; a = 2; b = 4; c = 0
3. $-7x^2 - 5 = 0$; a = −7; b = 0; c = −5
4. $4x^2 = 0$; a = 4; b = 0; c = 0
5. $y^2 + 2y + 5 = 0$; a = 1; b = 2; c = 5

In den folgenden Beispielen sehen wir nicht sofort, ob die Gleichung quadratisch ist oder nicht. Um dies festzustellen, müssen wir die Gleichungen umformen.

$$x \cdot (13 - x) = 6 \quad | \text{Klammer auflösen}$$
$$13x - x^2 = 6 \quad | -6$$
$$-x^2 + 13x - 6 = 0$$

Dies ist eine quadratische Gleichung mit a = −1 ; b = 13 ; c = −6.

$$(x - 6)(x + 4) = x^2 \quad | \text{Klammern auflösen}$$
$$x^2 + 4x - 6x - 24 = x^2 \quad | \text{zusammenfassen} \quad | -x^2$$
$$-2x - 24 = 0$$

Dies ist keine quadratische Gleichung, sondern eine lineare Gleichung.

Reinquadratische Gleichungen

Begriff reinquadratische Gleichungen

Unser Ziel ist es, die Lösungsmengen von quadratischen Gleichungen zu bestimmen, d.h. die Werte für die Variablen zu finden, sodass beim Einsetzen dieser Werte in eine quadratische Gleichung eine wahre Aussage entsteht.

Da die quadratischen Gleichungen kompliziert sind und es nicht so einfach ist, durch Probieren die Lösungsmenge zu finden, wollen wir zuerst „einfache" quadratische Gleichungen der Form $ax^2 + bx + c = 0$ ($b, c \in \mathbb{R}$) betrachten.
Wir erhalten eine quadratische Gleichung der Form $x^2 + bx + c = 0$ ($b, c \in \mathbb{R}$; $a = 1$). Damit wir uns diese neue „einfachere" Form besser einprägen können, wählen wir für die reellen Zahlen b und c die Variablen p und q, die in der Mathematik schon seit langer Zeit dafür benutzt werden. Unsere quadratische Gleichung erhält damit die Form

$\quad x^2 + px + q = 0 \quad (p, q \in \mathbb{R})$.

Wir beschränken uns ab jetzt bei allen Betrachtungen auf diese Form der quadratischen Gleichung.

Ist der Wert für $p = 0$, dann erhalten wir die quadratische Gleichung der Form $x^2 + q = 0$.

> Quadratische Gleichungen der Form $x^2 + q = 0$ ($q \in \mathbb{R}$) heißen **reinquadratische Gleichungen.** Sie besitzen kein lineares Glied px.

Beispiele: $\quad x^2 + 12 = 0; \quad x^2 - 8{,}4 = 0; \quad x^2 - 7 = 0; \quad x^2 = -5; \quad x^2 = 0; \quad 0 = x^2 - 9{,}2$

Lösen von reinquadratischen Gleichungen

Gleichungen gezielt zu lösen heißt, die Variable „allein" auf eine Seite (bevorzugt die linke Seite) und die Zahlen auf die andere Seite der Gleichung zu bringen.

Da in unserer reinquadratischen Gleichung aber kein lineares Glied vorkommt, können wir diese mithilfe der 3. Binomischen Formel in ein Produkt umformen, wenn sie folgende Form hat:

$\quad x^2 - q = 0 \qquad | \text{3. binomische Formel}$
$\quad (x + \sqrt{q})(x - \sqrt{q}) = 0$

Der Wert eines Produkts ist gleich Null, wenn einer der beiden Faktoren gleich Null ist, d.h., dass also entweder der erste Faktor oder der zweite Faktor Null sein muss.

$$(x + \sqrt{q})(x - \sqrt{q}) = 0$$

1. Faktor $\qquad\qquad$ 2. Faktor

$x_1 + \sqrt{q} = 0 \quad |-\sqrt{q} \quad$ oder $\quad x_2 - \sqrt{q} = 0 \quad |+\sqrt{q}$
$\qquad x_1 = -\sqrt{q} \qquad\qquad\qquad\qquad x_2 = \sqrt{q}$

Also hat die quadratische Gleichung die Lösungsmenge $L = \{-\sqrt{q}\,;\ \sqrt{q}\}$.

Quadratische Gleichungen

Führen wir unsere Überlegungen an einem Beispiel durch.

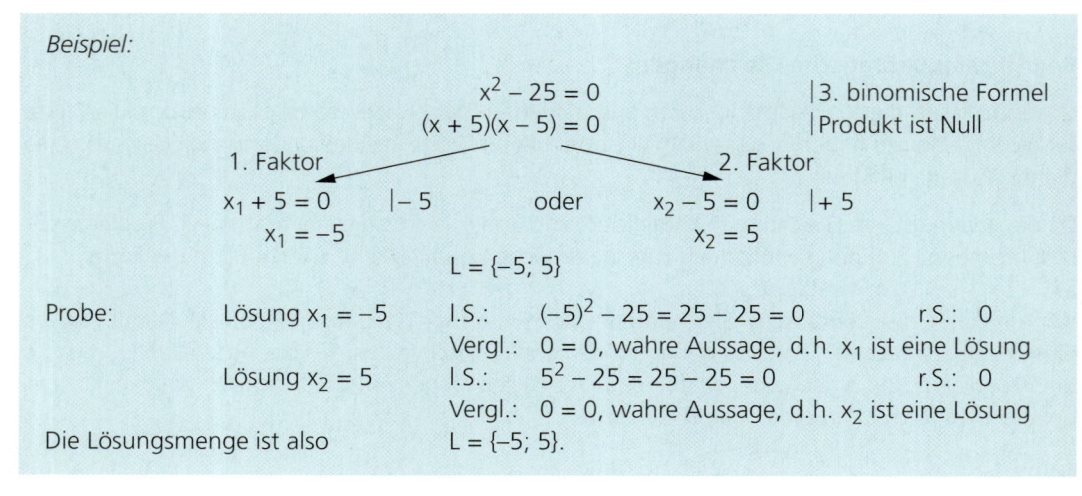

Beispiel:

$$x^2 - 25 = 0 \qquad | \text{3. binomische Formel}$$
$$(x + 5)(x - 5) = 0 \qquad | \text{Produkt ist Null}$$

1. Faktor / 2. Faktor

$x_1 + 5 = 0 \quad |-5 \qquad$ oder $\qquad x_2 - 5 = 0 \quad |+5$
$x_1 = -5 \qquad\qquad\qquad\qquad\qquad x_2 = 5$

$L = \{-5; 5\}$

Probe: Lösung $x_1 = -5$ l.S.: $(-5)^2 - 25 = 25 - 25 = 0$ r.S.: 0
Vergl.: $0 = 0$, wahre Aussage, d.h. x_1 ist eine Lösung

Lösung $x_2 = 5$ l.S.: $5^2 - 25 = 25 - 25 = 0$ r.S.: 0
Vergl.: $0 = 0$, wahre Aussage, d.h. x_2 ist eine Lösung

Die Lösungsmenge ist also $L = \{-5; 5\}$.

Schrittfolge zum Lösen von reinquadratischen Gleichungen:

1. Stelle die quadratische Gleichung so um, dass auf einer Seite der Gleichung der Wert Null steht. (Ordne!) Ziel ist eine Gleichung der Form $x^2 - q = 0$.
2. Forme die Summe mithilfe der 3. binomischen Formel in ein Produkt um! Ziel: $(x + \sqrt{q})(x - \sqrt{q}) = 0$
3. Bilde zwei lineare Gleichungen, indem du die Faktoren des Produkts gleich Null setzt!
4. Löse die beiden linearen Gleichungen mithilfe der bekannten Umformungsregeln!
5. Gib die Lösungsmenge an!
6. Führe die Probe durch!

Beispiele:

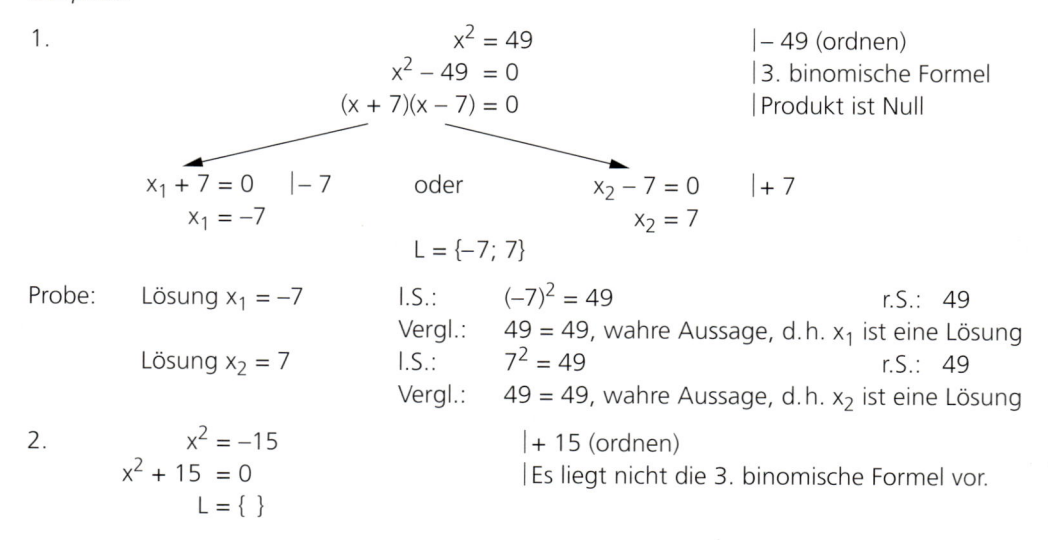

1.
$$x^2 = 49 \qquad |-49 \text{ (ordnen)}$$
$$x^2 - 49 = 0 \qquad |\text{3. binomische Formel}$$
$$(x + 7)(x - 7) = 0 \qquad |\text{Produkt ist Null}$$

$x_1 + 7 = 0 \quad |-7 \qquad$ oder $\qquad x_2 - 7 = 0 \quad |+7$
$x_1 = -7 \qquad\qquad\qquad\qquad\qquad x_2 = 7$

$L = \{-7; 7\}$

Probe: Lösung $x_1 = -7$ l.S.: $(-7)^2 = 49$ r.S.: 49
Vergl.: $49 = 49$, wahre Aussage, d.h. x_1 ist eine Lösung

Lösung $x_2 = 7$ l.S.: $7^2 = 49$ r.S.: 49
Vergl.: $49 = 49$, wahre Aussage, d.h. x_2 ist eine Lösung

2.
$$x^2 = -15 \qquad |+15 \text{ (ordnen)}$$
$$x^2 + 15 = 0 \qquad |\text{Es liegt nicht die 3. binomische Formel vor.}$$
$$L = \{\ \}$$

Quadratische Gleichungen

Quadratische Gleichungen ohne absolutes Glied

Wenn in der quadratischen Gleichung der Form $x^2 + px + q = 0$ $p \neq 0$ und $q = 0$ sind, erhalten wir eine quadratische Gleichung der Form $x^2 + px = 0$ ($p \in \mathbb{R}$).

> Quadratische Gleichungen der Form $x^2 + px = 0$ ($p \in \mathbb{R}$) heißen **quadratische Gleichungen ohne absolutes Glied q.**

> Beispiele: $x^2 + 5x = 0$; $x^2 = 8x$; $x^2 - x = 0$; $x^2 + 4{,}2x = 0$; $x^2 + \frac{x}{6} = 0$

Wir stellen fest, dass es nicht möglich ist, diese quadratischen Gleichungen mithilfe der 3. Binomischen Formel zu lösen, weil das lineare Glied px in der 3. Binomischen Formel nicht enthalten ist.

Nutzen wir unsere bisherigen Kenntnisse, um einen anderen Lösungsweg für quadratische Gleichungen ohne absolutes Glied zu finden. Wir erinnern uns, dass wir Summen durch Ausklammern eines gemeinsamen Faktors in Produkte umwandeln können.

$7x + 8xy = x(7 + 8y)$ $2a^2 - 3ab = a(2a - 3b)$ $4mn + 2mo = 2m(2n + o)$

In unserer quadratischen Gleichung der Form $x^2 + px = 0$ erhalten wir durch Ausklammern des gemeinsamen Faktors x ein Produkt, dessen Wert gleich Null ist.

$$x^2 + px = 0$$
$$x \cdot (x + p) = 0$$

Der Wert eines Produkts ist gleich Null, wenn einer der beiden Faktoren gleich Null ist, d.h., dass entweder der erste Faktor oder der zweite Faktor Null sein muss.

$$x \cdot (x + p) = 0$$

1. Faktor   2. Faktor

$x_1 = 0$ oder $x_2 + p = 0 \mid -p$
$\phantom{x_1 = 0 \text{ oder }\ }x_2 = -p$

$L = \{0; -p\}$

> Die Lösungsmenge quadratischer Gleichungen ohne absolutes Glied der Form $x^2 + px = 0$ ($p \in \mathbb{R}$) wird wie folgt bestimmt:
> 1. Stelle die quadratische Gleichung so um, dass auf einer Seite der Gleichung der Wert Null steht. (Ordne!) Ziel: $x^2 + px = 0$
> 2. Klammere die gemeinsame Variable x aus! Ziel: $x(x + p) = 0$
> 3. Bilde zwei lineare Gleichungen, indem du die Faktoren des Produkts gleich Null setzt!
> 4. Löse die entstandenen linearen Gleichungen mithilfe der dir bekannten Umformungsregeln!
> 5. Gib die Lösungsmenge an!
> 6. Führe eine Probe durch!

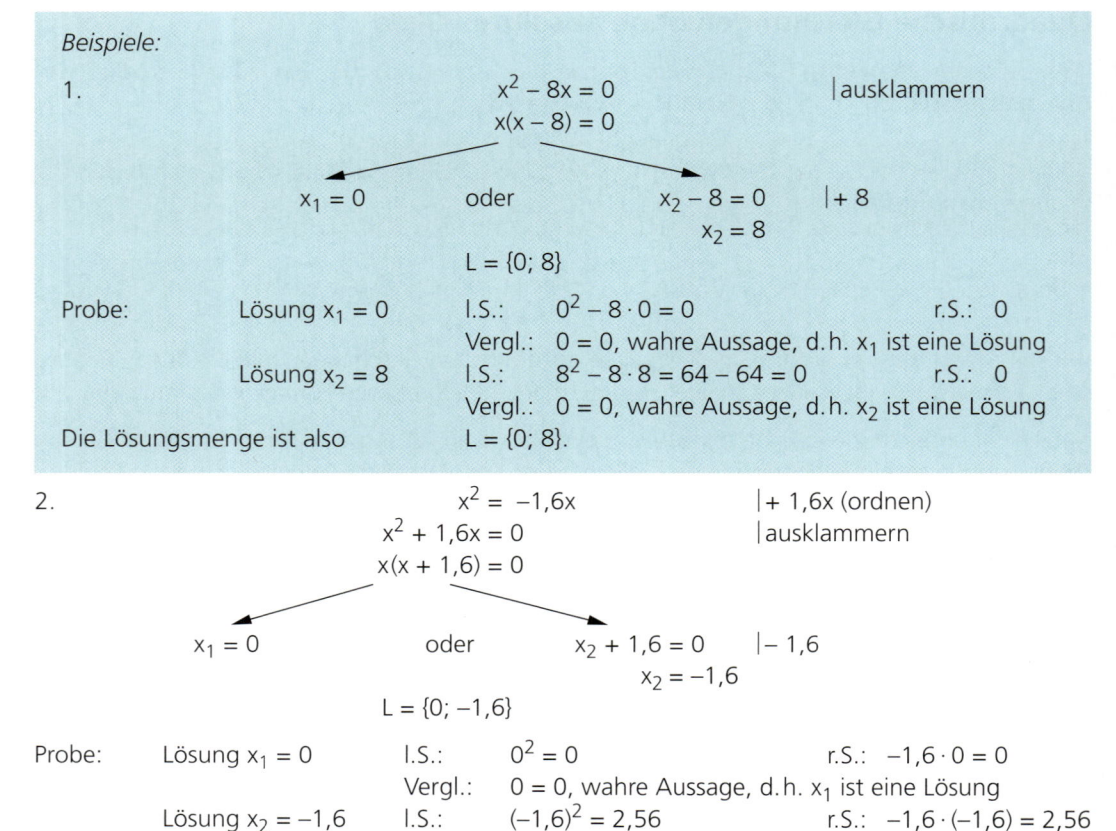

Quadratische Gleichungen

Beispiele:

1.
$$x^2 - 8x = 0 \quad | \text{ausklammern}$$
$$x(x - 8) = 0$$

$x_1 = 0$ oder $x_2 - 8 = 0 \quad |+8$
$$x_2 = 8$$
$$L = \{0; 8\}$$

Probe: Lösung $x_1 = 0$ l.S.: $0^2 - 8 \cdot 0 = 0$ r.S.: 0
Vergl.: $0 = 0$, wahre Aussage, d.h. x_1 ist eine Lösung

Lösung $x_2 = 8$ l.S.: $8^2 - 8 \cdot 8 = 64 - 64 = 0$ r.S.: 0
Vergl.: $0 = 0$, wahre Aussage, d.h. x_2 ist eine Lösung

Die Lösungsmenge ist also $L = \{0; 8\}$.

2.
$$x^2 = -1{,}6x \quad |+1{,}6x \text{ (ordnen)}$$
$$x^2 + 1{,}6x = 0 \quad | \text{ausklammern}$$
$$x(x + 1{,}6) = 0$$

$x_1 = 0$ oder $x_2 + 1{,}6 = 0 \quad |-1{,}6$
$$x_2 = -1{,}6$$
$$L = \{0; -1{,}6\}$$

Probe: Lösung $x_1 = 0$ l.S.: $0^2 = 0$ r.S.: $-1{,}6 \cdot 0 = 0$
Vergl.: $0 = 0$, wahre Aussage, d.h. x_1 ist eine Lösung

Lösung $x_2 = -1{,}6$ l.S.: $(-1{,}6)^2 = 2{,}56$ r.S.: $-1{,}6 \cdot (-1{,}6) = 2{,}56$
Vergl.: $2{,}56 = 2{,}56$, wahre Aussage, d.h. x_2 ist Lösung

Die Lösungsmenge ist also $L = \{0; -1{,}6\}$.

Die allgemeine Form und die Normalform der quadratischen Gleichung

Unsere bisherigen Betrachtungen zum Lösen quadratischer Gleichungen der Form $ax^2 + bx + c = 0$ beschränken sich auf Gleichungen mit $a = 1$.

Im Allgemeinen ist aber der Wert von a nicht immer Eins. Deshalb wird die Form der quadratischen Gleichung $ax^2 + bx + c = 0$ ($a, b, c \in \mathbb{R}$, $a \neq 0$) auch als allgemeine Form der quadratischen Gleichung bezeichnet. Jede quadratische Gleichung kann in dieser Form geschrieben werden.

> Die quadratische Gleichung der Form $ax^2 + bx + c = 0$ ($a, b, c \in \mathbb{R}$, $a \neq 0$) heißt **allgemeine Form** der quadratischen Gleichung.

Beispiele: $4x^2 - 5x + 7 = 0$; $-3{,}5x^2 - 8{,}3x = 9$; $0 = 3 + 7x - 6x^2$; $\frac{x^2}{5} - 6 = \frac{4}{9}$; $19 = -7{,}3x^2$

Um die bekannten Lösungsverfahren quadratischer Gleichungen nutzen zu können, brauchen wir eine quadratische Gleichung, bei der das quadratische Glied nur x^2 ist. Weil der Term ax^2 ein Produkt ist, können wir in der allgemeinen Form der quadratischen Gleichung beide Seiten durch a ($a \neq 0$) dividieren.

Quadratische Gleichungen

$$ax^2 + bx + c = 0 \qquad |:a \; (a \neq 0)$$
$$x^2 + \frac{b}{a} \cdot x + \frac{c}{a} = 0$$

Bei der Division durch a werden das lineare Glied und das absolute Glied zu Quotienten. Zur einfacheren Darstellung der neuen quadratischen Gleichung nennt man die Terme $\frac{b}{a} = p$ und $\frac{c}{a} = q$ und erhält die uns bereits bekannte quadratische Gleichung $x^2 + px + q = 0$.
Die Lösungsverfahren für die Spezialfälle mit $p = 0$ bzw. $q = 0$ sind uns bereits bekannt.

> Die quadratische Gleichung der Form $x^2 + px + q = 0$ heißt **Normalform** der quadratischen Gleichung.
> Sie entsteht, indem die quadratische Gleichung der allgemeinen Form durch die Zahl a dividiert wird.
> $$ax^2 + bx + c = 0 \qquad |:a \; (a \neq 0)$$
> $$x^2 + px + q = 0 \qquad \text{mit } p = \frac{b}{a}; \; q = \frac{c}{a}$$

Beispiele:

1. $3x^2 + 12x - 9 = 0 \qquad |:3$
   $x^2 + 4x - 3 = 0 \longrightarrow$ mit $p = 4; q = -3$

2. $-2x^2 + 10x - 5 = 0 \qquad |:(-2)$
   $x^2 - 5x + 2{,}5 = 0 \longrightarrow p = -5; q = 2{,}5$

3. $\frac{1}{4}x^2 - x - 3 = 0 \qquad |:\frac{1}{4}$
   $x^2 - 4x - 12 = 0 \longrightarrow p = -4; q = -12$

4. $-1{,}5x^2 + 6 = 0 \qquad |:(-1{,}5)$
   $x^2 - 4 = 0 \longrightarrow p = 0; q = -4$ (reinquadratische Gleichung)

5. $6x^2 - 42x = 0 \qquad |:6$
   $x^2 - 7x = 0 \longrightarrow p = -7; q = 0$ (quadratische Gleichung ohne absolutes Glied)

6. Ist nicht die allgemeine Form der quadratischen Gleichung gegeben, so stellen wir die Gleichung so um, dass sie die Normalform annimmt.

   $4x(6 - 2x) = 16 \qquad |\text{Klammern auflösen}$
   $24x - 8x^2 = 16 \qquad |-16$
   $-8x^2 + 24x - 16 = 0 \qquad |:(-8)$
   $x^2 - 3x + 2 = 0 \longrightarrow p = -3; q = 2$

Quadratische Ergänzung

Wir können bisher die Lösungsmenge von quadratischen Gleichungen bestimmen, wenn in der Normalform der quadratischen Gleichungen $p = 0$ oder $q = 0$ ist.
Unser Ziel war es aber, die Lösungsmenge *aller* quadratischen Gleichungen bestimmen zu können.

Quadratische Gleichungen

Durch Probieren finden wir für die quadratische Gleichung $x^2 + 10x + 25 = 0$ die Lösungsmenge $L = \{-5\}$.

Wir wollen ein Lösungsverfahren herleiten, bei dem wir mithilfe der binomischen Formel die Summe in ein Produkt umformen und den bereits bekannten Lösungsweg für die reinquadratischen Gleichungen anwenden.

$$x^2 + 10x + 25 = 0 \quad | \text{1. binomische Formel } [(a^2 + 2ab + b^2) = (a + b)^2]$$
$$(x + 5)^2 = 0$$
$$(x + 5)(x + 5) = 0$$

$x_1 + 5 = 0 \quad |-5 \qquad\qquad x_2 + 5 = 0 \quad |-5$
$x_1 = -5 \qquad\qquad\qquad\quad x_2 = -5$

$$L = \{-5\}$$

Da die entstandenen linearen Gleichungen identisch sind, erhalten wir als Lösungsmenge dieser quadratischen Gleichung nur -5.

Wie wir an diesem Beispiel sehen, gelingt es uns in manchen Fällen, die Lösungsmenge von quadratischen Gleichungen zu bestimmen. Dies ist genau dann der Fall, wenn die Summe auf der linken Seite der quadratischen Gleichung mithilfe der binomischen Formeln in ein Produkt umgeformt werden kann, dessen Wert gleich Null ist.

Aber wie sieht es mit allen anderen quadratischen Gleichungen aus?
Betrachten wir die quadratische Gleichung $x^2 + 10x - 11 = 0$. Die Lösungsmenge lässt sich nicht mit den bisherigen Verfahren ermitteln. Versuchen wir Folgendes:

1. $\quad x^2 + 10x - 11 = 0 \qquad\qquad |+ 11$
2. $\quad x^2 + 10x = 11 \qquad\qquad\qquad |+ 25$
3. $\quad x^2 + 10x + 25 = 11 + 25 \quad\ \, |\text{1. binomische Formel (mit } a = x \text{ und } b = 5)$
4. $\quad (x + 5)^2 = 36 \qquad\qquad\qquad |- 36$
5. $\quad (x + 5)^2 - 36 = 0 \qquad\qquad\ \,|\text{3. binomische Formel (mit } a = x + 5 \text{ und } b = 6)$

$$a^2 - b^2 = (a + b)(a - b) = 0$$

6. $\qquad\qquad\qquad [(x + 5) + 6][(x + 5) - 6] = 0$

$\qquad\qquad\qquad\quad$ 1. Faktor $\qquad\qquad\qquad\qquad\quad$ 2. Faktor

7. $\qquad\qquad\quad (x_1 + 5) + 6 = 0 \quad$ oder $\quad (x_2 + 5) - 6 = 0$

8. $(x_1 + 5) + 6 = 0 \quad |\text{Klammern auflösen} \qquad (x_2 + 5) - 6 = 0 \quad |\text{Klammern auflösen}$
$\quad\ x_1 + 11 = 0 \quad\ |-11 \qquad\qquad\qquad\qquad\ x_2 - 1 = 0 \quad |+ 1$
$\quad\ x_1 = -11 \qquad\qquad\qquad\qquad\qquad\qquad\quad\ x_2 = 1$

$$L = \{-11;\ 1\}$$

Quadratische Gleichungen

Probe: Lösung $x_1 = -11$ l.S.: $(-11)^2 + 10 \cdot (-11) - 11 = 121 - 110 - 11 = 0$ r.S.: 0
Vergl.: $0 = 0$, wahre Aussage, d.h. x_1 ist eine Lösung
Lösung $x_2 = 1$ l.S.: $1^2 + 10 \cdot 1 - 11 = 1 + 10 - 11 = 0$ r.S.: 0
Vergl.: $0 = 0$, wahre Aussage, d.h. x_2 ist eine Lösung

Dieses Vorgehen ermöglicht es uns, die Lösungsmenge für alle quadratischen Gleichungen zu bestimmen, wobei wir bei Schritt 3 bis 8 die bekannten Verfahren angewandt haben. Nur der erste und zweite Schritt sind neu.

Reinquadratische Gleichungen haben wir so umgeformt, dass wir zum Schluss eine Gleichung erhalten haben, die nach der 3. Binomischen Formel die Form eines Produkts hatte, dessen Wert gleich Null war.

Wenn es uns also gelingt, unsere quadratischen Gleichungen so umzuformen, dass auf der linken Seite ein Produkt steht, dann könnten wir dasselbe Verfahren auch hier anwenden. Dazu müssen wir geeignete Termumformungen durchführen.

Mithilfe der uns bekannten 1. und 2. Binomischen Formel können wir auf der linken Seite der quadratischen Gleichung die Summe in ein Produkt umformen, d.h. wir müssen auf der linken Seite **eine Quadratzahl so ergänzen,** dass uns diese Umformung gelingt:

1. Schritt: Wir bringen das absolute Glied durch den entsprechenden Umformungsschritt (Addition oder Subtraktion) auf die rechte Seite der Gleichung.

2. Schritt: Wir addieren auf beiden Seiten der quadratischen Gleichung wegen der binomischen Formeln die benötigte Quadratzahl.

Die von uns gesuchte Quadratzahl wird als **quadratische Ergänzung** bezeichnet.

Dies findet man in unserem Beispiel leicht.

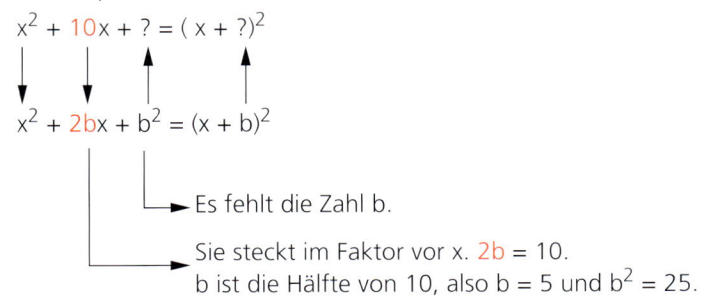

$$x^2 + 10x + ? = (x + ?)^2$$
$$x^2 + 2bx + b^2 = (x + b)^2$$

→ Es fehlt die Zahl b.

→ Sie steckt im Faktor vor x. $2b = 10$.
b ist die Hälfte von 10, also $b = 5$ und $b^2 = 25$.

Wenn wir diese Zahlen in unserem Beispiel einsetzen, erhalten wir:
$$x^2 + 10x + 25 = (x + 5)^2$$

Die quadratische Ergänzung wird bei $x^2 + px + q = 0$ bestimmt, indem man
1. den Faktor p des linearen Gliedes halbiert und
2. das Quadrat dieser Zahl bildet.

Hinweis: Das Vorzeichen von p ist dabei ohne Bedeutung, da das Quadrat einer beliebigen (auch negativen) Zahl immer positiv ist.

Quadratische Gleichungen

Beispiele:

1. $x^2 + 18x$ $p = 18;\ \frac{p}{2} = 9;\ (\frac{p}{2})^2 = 81$
   $x^2 + 18x + 81 = (x + 9)^2$ quadratische Ergänzung

2. $x^2 - 24x$ $p = -24;\ \frac{p}{2} = -12;\ (\frac{p}{2})^2 = 144$
   $x^2 - 24x + 144 = (x - 12)^2$ quadratische Ergänzung

Mithilfe der quadratischen Ergänzung können wir jetzt für beliebige quadratische Gleichungen in Normalform die Lösungsmenge bestimmen.

Die Lösungsmenge für quadratische Gleichungen in der Normalform $x^2 + px + q = 0$ ($p, q \in \mathbb{R}$) wird wie folgt bestimmt:
1. Bringe das absolute Glied auf die rechte Seite der quadratischen Gleichung!
2. Bestimme die quadratische Ergänzung und addiere sie auf beiden Seiten der quadratischen Gleichung!
3. Forme die linke Seite der quadratischen Gleichung mithilfe der 1. oder 2. binomischen Formel in ein Produkt um!
4. Forme die Gleichung so um, dass eine der beiden Seiten gleich Null ist!
5. Forme die andere Seite der quadratischen Gleichung mithilfe der 3. binomischen Formel in ein Produkt um!
6. Bilde zwei lineare Gleichungen, indem du die beiden Faktoren des Produkts jeweils gleich Null setzt!
7. Löse die entstandenen Gleichungen mit den bekannten Umformungsregeln!
8. Gib die Lösungsmenge an!
9. Führe eine Probe durch!

Beispiel:

1. $x^2 + 22x - 23 = 0$ $|+ 23$
            $x^2 + 22x = 23$ $|+ 121$ (quadratische Ergänzung: $(\frac{22}{2})^2 = 11^2$)
      $x^2 + 22x + 121 = 23 + 121$ $|$ 1. binomische Formel
             $(x + 11)^2 = 144$ $|- 144$
   $(x + 11)^2 - 144 = 0$ $|$ 3. binomische Formel

   $a^2 - b^2 =$ $(a + b)(a - b)$ $= 0$

   $[(x + 11) + 12]\,[(x + 11) - 12] = 0$

   $(x_1 + 11) + 12 = 0$ oder $(x_2 + 11) - 12 = 0$

   $(x_1 + 11) + 12 = 0$ |Klammern auflösen $(x_2 + 11) - 12 = 0$ |Klammern auflösen
        $x_1 + 23 = 0$ |$- 23$ $x_2 - 1 = 0$ |$+ 1$
          $x_1 = -23$ $x_2 = 1$

   $L = \{-23;\ 1\}$

Quadratische Gleichungen

2. $x^2 - 30x + 115 = 0$ $|-115$
    $x^2 - 30x = -115$ $|+225$ (quadratische Ergänzung: $(-\frac{30}{2})^2 = 225$)
    $x^2 - 30x + 225 = -115 + 225$ $|$ 1. binomische Formel
    $(x - 15)^2 = 110$ $|-110$
    $(x - 15)^2 - 110 = 0$ $|$ 3. binomische Formel

$$[(x - 15) + \sqrt{110}]\,[(x - 15) - \sqrt{110}] = 0$$

$(x_1 - 15) + \sqrt{110} = 0$ | Klammern auflösen	$(x_2 - 15) - \sqrt{110} = 0$ | Klammern auflösen
$x_1 - 15 + \sqrt{110} = 0$ $\|-\sqrt{110}$	$x_2 - 15 - \sqrt{110} = 0$ $\|+\sqrt{110}$
$x_1 - 15 = -\sqrt{110}$ $\|+15$	$x_2 - 15 = +\sqrt{110}$ $\|+15$
$x_1 = 15 - \sqrt{110}$	$x_2 = 15 + \sqrt{110}$
$x_1 \approx 4{,}5$	$x_2 \approx 25{,}5$

$L = \{4{,}5;\ 25{,}5\}$

Lösungsformel

Das bisherige Verfahren zum Lösen von quadratischen Gleichungen in Normalform ist nicht ganz einfach. Deshalb wollen wir eine allgemeine Lösungsformel entwickeln.

$x^2 + px + q = 0$ $|-q$
$x^2 + px = -q$ $|+(\frac{p}{2})^2$ (quadratische Ergänzung)
$x^2 + px + (\frac{p}{2})^2 = -q + (\frac{p}{2})^2$ $|$ 1. binomische Formel
$(x + \frac{p}{2})^2 = (\frac{p}{2})^2 - q$ $|-[(\frac{p}{2})^2 - q]$
$(x + \frac{p}{2})^2 - [(\frac{p}{2})^2 - q] = 0$ $|$ 3. binomische Formel

$a^2 \quad - \quad b^2 = 0$ mit $a = x + \frac{p}{2}$ und $b = \sqrt{\left(\frac{p}{2}\right)^2 - q}$

$[a + b] \cdot [a - b] = 0$

$$\left[(x + \tfrac{p}{2}) + \sqrt{\left(\tfrac{p}{2}\right)^2 - q}\right] \cdot \left[(x + \tfrac{p}{2}) - \sqrt{\left(\tfrac{p}{2}\right)^2 - q}\right] = 0$$

$(x + \frac{p}{2}) + \sqrt{\left(\frac{p}{2}\right)^2 - q} = 0$ oder	$(x + \frac{p}{2}) - \sqrt{\left(\frac{p}{2}\right)^2 - q} = 0$
$(x_1 + \frac{p}{2}) + \sqrt{\left(\frac{p}{2}\right)^2 - q} = 0$ $\|-\sqrt{\left(\frac{p}{2}\right)^2 - q}$	$(x_2 + \frac{p}{2}) - \sqrt{\left(\frac{p}{2}\right)^2 - q} = 0$ $\|+\sqrt{\left(\frac{p}{2}\right)^2 - q}$
$x_1 + \frac{p}{2} = -\sqrt{\left(\frac{p}{2}\right)^2 - q}$ $\|-\frac{p}{2}$	$x_2 + \frac{p}{2} = \sqrt{\left(\frac{p}{2}\right)^2 - q}$ $\|-\frac{p}{2}$
$\boxed{x_1 = -\frac{p}{2} - \sqrt{\left(\frac{p}{2}\right)^2 - q}}$	$\boxed{x_2 = -\frac{p}{2} + \sqrt{\left(\frac{p}{2}\right)^2 - q}}$

Die Formeln der beiden Lösungen unterscheiden sich nur im Vorzeichen des „Wurzelsummanden".

Deshalb vereinfacht man beide Formeln zu einer Formel $x_{1;\,2} = -\frac{p}{2} \pm \sqrt{\left(\frac{p}{2}\right)^2 - q}$.

> Die Gleichung $x_{1;\,2} = -\frac{p}{2} \pm \sqrt{\left(\frac{p}{2}\right)^2 - q}$ wird als **Lösungsformel für quadratische Gleichungen** bezeichnet.

Lösen von quadratischen Gleichungen

Mithilfe der Lösungsformel für quadratische Gleichungen ist es nun nicht mehr so schwer, die Lösungsmenge beliebiger quadratischer Gleichungen zu bestimmen.

Beispiel:
Bestimme die Lösungsmenge der quadratischen Gleichung!

$2x^2 - 24x = -64$ $\quad\quad\quad\quad\quad\quad$ | $+ 64$
$2x^2 - 24x + 64 = 0$ $\quad\quad\quad\quad\quad$ | $: 2$
$\quad x^2 - 12x + 32 = 0$ $\quad\quad\quad\quad \rightarrow p = -12; \quad q = 32$

$x_{1;2} = -\frac{p}{2} \pm \sqrt{\left(\frac{p}{2}\right)^2 - q}$

$x_{1;2} = -\frac{-12}{2} \pm \sqrt{\left(\frac{-12}{2}\right)^2 - 32}$

$x_{1;2} = 6 \pm \sqrt{36 - 32}$

$x_{1;2} = 6 \pm \sqrt{4}$

$x_{1;2} = 6 \pm 2$

$x_1 = 8; \quad x_2 = 4$

$L = \{8; 4\}$

Probe: $\quad$ für $x_1 = 8$ $\quad$ l.S.: $2 \cdot 8^2 - 24 \cdot 8 = -64$ $\quad$ r.S.: -64 $\quad$ Vergleich: $-64 = -64$ w.A.
$\quad\quad\quad\quad\;$ für $x_2 = 4$ $\quad$ l.S.: $2 \cdot 4^2 - 24 \cdot 4 = -64$ $\quad$ r.S.: -64 $\quad$ Vergleich: $-64 = -64$ w.A.

Wir wollen nun die Anzahl der Lösungen von quadratischen Gleichungen untersuchen. Dazu bestimmen wir jeweils die Lösungsmenge der folgenden Gleichungen:

a) $x^2 + 12x - 45 = 0$
b) $x^2 - 8x + 16 = 0$
c) $x^2 + 26x + 144 = 0$

Aufgabe a) $\quad x^2 + 12x - 45 = 0 \quad\quad \rightarrow p = 12; \quad q = -45$

$\quad\quad\quad\quad\quad\quad x_{1;2} = -\frac{12}{2} \pm \sqrt{\left(\frac{12}{2}\right)^2 - (-45)}$

$\quad\quad\quad\quad\quad\quad x_{1;2} = -6 \pm \sqrt{36 + 45}$

$\quad\quad\quad\quad\quad\quad x_{1;2} = -6 \pm \sqrt{81}$

$\quad\quad\quad\quad\quad\quad x_{1;2} = -6 \pm 9$

$\quad\quad\quad\quad\quad\quad\; x_1 = 3; \quad x_2 = -15$

$\quad\quad\quad\quad\quad\quad\quad L = \{3; -15\}$

Aufgabe b) $\quad x^2 - 8x + 16 = 0 \quad\quad \rightarrow p = -8; \quad q = 16$

$\quad\quad\quad\quad\quad\quad x_{1;2} = -\frac{-8}{2} \pm \sqrt{\left(\frac{-8}{2}\right)^2 - 16}$

$\quad\quad\quad\quad\quad\quad x_{1;2} = 4 \pm \sqrt{16 - 16}$

$\quad\quad\quad\quad\quad\quad x_{1;2} = 4 \pm 0$

$\quad\quad\quad\quad\quad\quad x_{1;2} = 4$

$\quad\quad\quad\quad\quad\quad\quad L = \{4\}$

Quadratische Gleichungen

Aufgabe c) $x^2 + 20x + 144 = 0$ $\rightarrow$ p = 20; q = 144

$$x_{1;2} = -\frac{20}{2} \pm \sqrt{\left(\frac{20}{2}\right)^2 - 144}$$

$$x_{1;2} = -10 \pm \sqrt{100 - 144} = -10 \pm \sqrt{-44}$$

L = { }, da der Radikand negativ ist und man nur aus positiven reellen Zahlen die Wurzel ziehen kann.

Wenn wir die Anzahl der Lösungen betrachten, fällt uns auf, dass diese quadratischen Gleichungen
– zwei Lösungen (Aufgabe a), – eine Lösung (Aufgabe b) oder
– keine Lösung (Aufgabe c) haben.

Welcher dieser Fälle eintritt, hängt vom Wert des Terms unter dem Wurzelzeichen in der Lösungsformel ab, also dem Wert des Radikanden $(\frac{p}{2})^2 - q$.

Dieser Term heißt **Diskriminante** und wird mit **D** bezeichnet. Es ist also **D = $(\frac{p}{2})^2 - q$.**

Quadratische Gleichungen haben folgende Lösungen:
- Ist D > 0, so gibt es zwei Lösungen, nämlich $x_1 = -\frac{p}{2} + \sqrt{D}$ und $x_2 = -\frac{p}{2} - \sqrt{D}$.
- Ist D = 0, so gibt es genau eine Lösung, nämlich $x = -\frac{p}{2}$.
- Ist D < 0, so gibt es keine Lösung, da $\sqrt{D}$ keine reelle Zahl ist.

Man kann also mithilfe der Diskriminate D = $(\frac{p}{2})^2 - q$ die Anzahl der Lösungen einer quadratischen Gleichung bestimmen.

Beispiele:
1. $x^2 - 12x - 28 = 0$ $\rightarrow$ p = –12; q = –28
 D = $(\frac{-12}{2})^2 - (-28) = (-6)^2 + 28 = 36 + 28 = 64$ D > 0, d.h. zwei Lösungen
2. $x^2 + 30x + 225 = 0$ $\rightarrow$ p = 30; q = 225
 D = $(\frac{30}{2})^2 - 225 = 15^2 - 225 = 225 - 225 = 0$ D = 0, d.h. eine Lösung
3. $x^2 + 8x + 27 = 0$ $\rightarrow$ p = 8; q = 27
 D = $(\frac{8}{2})^2 - 27 = 4^2 - 27 = 16 - 27 = -11$ D < 0, d.h. keine Lösung

Satz von VIETA

Der französische Mathematiker FRANCOIS VIETE lat. VIETA (1540–1603) hat herausgefunden, dass für die beiden Lösungen x_1 und x_2 einer quadratischen Gleichung der Form $x^2 + px + q = 0$ gilt:

$x_1 + x_2 = -p$ und $x_1 \cdot x_2 = q$.

Diese Gleichungen werden als Satz von VIETA bezeichnet.

Mithilfe des Satzes von VIETA kann man die Richtigkeit von Lösungen überprüfen; man kann auch aus den beiden Lösungen die fehlende quadratische Gleichung bestimmen.

Quadratische Gleichungen

Aufgaben

Rückblick

1. Prüfe, ob −8 die Lösung der folgenden Gleichungen ist!
   a) $x + 24 = 32$
   b) $19 - x = 27$
   c) $x^2 + 3x = 40$
   d) $(x + 7)(8 - x) = 0$
   e) $x^2 - 10 = 522$
   f) $16 : x - (x + 5) = 1$
   g) $3x + 23 = -x - 8$
   h) $-2x - 14 = (3x + 23) \cdot 4$

2. Löse die Gleichungen mit $G = \mathbb{Z}$! Gib die Lösungsmenge an!
   a) $5x + 8 = 38$
   b) $-3y - 9 = 15$
   c) $a : 2 - 4 = -7$
   d) $-13 - 5z = 0$
   e) $-4{,}5 = 6x - 8{,}5$
   f) $0 = -x + 1{,}7$
   g) $-3{,}4 + b : 3 = -2{,}7$
   h) $-4{,}6y + 5{,}2 = -8{,}6$

3. Bestimme die Lösungsmenge!
   a) $3x - 7 = 5x + 9$
   b) $-5 - 4x = -7x + 13$
   c) $9 + 8y = 35 - 5y$
   d) $-a + 23 = 23 - a$
   e) $14 - 7y = 5y + 20$
   f) $6z + 15 = 12 + 6z$

4. Löse die Gleichungen! Beachte die Grundmenge!
   a) $4x - 8 + 8x = 12x - 7 - 5x$; $G = \mathbb{Q}$
   b) $-18 - 6y + 5 = 12y + 7 - 6y - 8$; $G = \mathbb{N}$
   c) $9a - 16a + 5{,}4 = 6{,}3 - 9a - 3{,}9$; $G = \mathbb{Q}$
   d) $-7{,}4 - 1{,}3b = -5{,}2 + 2b$; $G = \mathbb{N}$
   e) $12x - 5x - 3 = 19x + 8 - 7x$; $G = \mathbb{Q}$
   f) $4{,}2y - 5{,}8y - 2{,}4 + 1{,}6y - 9{,}2 = 0$; $G = \mathbb{N}$

5. Löse die Gleichungen mit $G = \mathbb{Q}$! Führe eine Probe durch!
   a) $2(x - 3) = 3x + 8$
   b) $-12a - (-4a + 11) = -43$
   c) $9y - 3(4y - 4) = 8y + (3 - 2y)$
   d) $0 = -(11a - 18) - 7a$
   e) $-5(4b - 6) = (12 - 8b) \cdot 3$
   f) $7 - (8z + 7) = 12z - 5(10z - 6)$

6. Multipliziere die Summen miteinander und fasse, wenn möglich, zusammen!
   a) $(a + 5)(2 + a)$
   b) $(3 - b)(b + 8)$
   c) $(x - 2)(y - 3)$
   d) $(9 + z)(a - b)$
   e) $(-y - x)(d + e)$
   f) $(x - z)(z - x)$

7. Löse die Klammern auf und vereinfache soweit wie möglich!
   a) $(2x - 3)(x + 1)$
   b) $(8 - 3y)(2y + 4)$
   c) $(-5a - 4b)(-2 - b)$
   d) $(5c - z)(d + 3x)$
   e) $(-et + s)(-3et - 2s)$
   f) $(10a^2 - 5x)(4ax^2 - x^2)$
   g) $(-4xy - 3ab)(ab + xy)$
   h) $(-9cd - 5ef^2)(5ef^2 - 9cd)$
   i) $(2a^2b - 7ab)(-3b + 5a)$

8. Wandle die Produkte in Summen um!
   a) $(x - 7)(-x + 7)$
   b) $(6 - a)(-a + b)$
   c) $(z - 9)(9 + z)$
   d) $(x - y)(x + t)$
   e) $(-4 - c)(-d - 5)$
   f) $(ax - 3)(5 - ax)$
   g) $(a - w)(-12 + b)$
   h) $(ef - 7)(-8 - f)$
   i) $(6b + 5)(a - 0)$

9. Gegeben sind die Terme
   $T_1 = 4a + 5b$; $T_2 = -3xy$; $T_3 = -2a - 6b$; $T_4 = a + 7b - 4$
   Berechne die folgenden Termprodukte und fasse möglichst weit zusammen!
   a) $T_1 \cdot T_2$
   b) $T_2 \cdot T_4$
   c) $T_1 \cdot T_3$
   d) $T_1 \cdot T_4$
   e) $T_3 \cdot T_4$

10. Forme die Produkte mithilfe der binomischen Formeln in Summen um!
    a) $(x + 5)^2$
    b) $(x - 9)^2$
    c) $(8 + x)^2$
    d) $(x + 3)(x - 3)$
    e) $(12 + y)^2$
    f) $(10 - z)^2$
    g) $(7 + a)(7 - a)$
    h) $(b + 13)^2$
    i) $(11 - b)(11 + b)$
    j) $(-5 + x)^2$
    k) $(-2 - y)^2$
    l) $(-3 + d)^2$

Quadratische Gleichungen

11. Löse die Klammern auf!
  a) $(2x + 3)^2$
  b) $(8 - 4y)^2$
  c) $(5 + 6a)^2$
  d) $(10c - 15d)^2$
  e) $(4x - 2y)(4x + 2y)$
  f) $(6b - 10c)^2$
  g) $(3z + 9w)(3z - 9w)$
  h) $(-5d + x)^2$
  i) $(-2z + 8a)(2z + 8a)$
  j) $(-7x - 4y)^2$
  k) $(-2u + 4w)(2u + 4w)$
  l) $(-3x - 5y)^2$

12. Forme die Summen mithilfe der 3. Binomischen Formel in Produkte um!
Betrachte dazu Beispiel a)!
  a) $a^2 - b^2 = (a + b)(a - b)$
     $x^2 - 16 = (x + 4)(x - 4)$
     $a = x \quad b = 4$
  b) $x^2 - 49$
  c) $x^2 - 144$
  d) $25 - x^2$
  e) $100 - y^2$
  f) $4x^2 - 25$
  g) $225 - 9z^2$
  h) $16a^2 - 64b^2$
  i) $81c^2 - 121g^2$
  j) $-25 + 64x^2$
  k) $20 - 81x^2$

13. Forme die Summen mithilfe der 1. oder 2. Binomischen Formel in Produkte um!
Betrachte dazu Beispiel a) und prüfe zum Schluss das gemischte Glied!
  a) $a^2 - 2ab + b^2 = (a - b)^2$
     $x^2 - 12x + 36 = (x - 6)^2$
     $a = x \quad b = 6 \qquad$ Prüfung des gemischten Gliedes 2ab: $2 \cdot x \cdot 6 = 12x$
  b) $x^2 - 6x + 9$
  c) $x^2 + 18x + 81$
  d) $x^2 + 4x + 4$
  e) $x^2 + 22x + 121$
  f) $x^2 - 20x + 100$
  g) $x^2 - 40x + 400$
  h) $y^2 - 2y + 1$
  i) $4x^2 + 24x + 36$
  j) $25z^2 - 40z + 16$
  k) $9u^2 - 18u + 9$
  l) $16x^2 + 24xy + 9y^2$
  m) $49r^2 - 154rt + 121t^2$

14. Forme die Summen mithilfe der binomischen Formeln in Produkte um!
  a) $x^2 + 12x + 36$
  b) $x^2 - 14x + 49$
  c) $x^2 - 196$
  d) $x^2 - 18x + 81$
  e) $x^2 - 144$
  f) $x^2 - 169$
  g) $x^2 - 10x + 25$
  h) $64 - x^2$
  i) $4x^2 - 100$
  j) $x^2 + 30x + 225$
  k) $9x^2 + 24x + 16$
  l) $4x^2 - 8xy + 4y^2$
  m) $25x^2 - 49y^2$
  n) $16a^2b^2 - 4x^2$
  o) $9x^2 - 66xy + 121y^2$
  p) $121a^2 - 49b^2$

Begriff quadratische Gleichung

15. Entscheide, ob die folgenden Gleichungen quadratische Gleichungen sind! Begründe!
  a) $x^2 - 2 = 0$
  b) $x^2 + 3x = 6$
  c) $4a = 6a + 2$
  d) $0 = 3y^2 - 6y^2$
  e) $a^2 = a^2$
  f) $x - x^2 = -5$
  g) $b^5 = 5$
  h) $3d^2 - 6d + 7 = 0$
  i) $5b^2 = b^2 - 3b$
  j) $7 : y^2 = 6$
  k) $k^2 = -44 + k^2$
  l) $0{,}4a^2 - 2ab = 2a^2$

16. Gib an, welche der Gleichungen quadratische Gleichungen sind! Löse dazu, wenn nötig, die Klammern auf und vereinfache!
  a) $6x - x^2 = 12$
  b) $x(x - 5) = 9x$
  c) $a^2 - 6a^2 = 6a^2$
  d) $0 = 15 - 3(b - 2)$
  e) $8 = 4y^2 - y(5 - 4y)$
  f) $(a + 3)^2 - a^2 = 7a$
  g) $-9c \cdot c + 8 = 7c^2 - c$
  h) $(d - 1)(d + 1) = d$
  i) $x(2 - 3x) - 2x^2 = 9$

17. Berechne den Wert der Terme für die angegebenen Einsetzungen!
  a) $4x + 3x^2 - 8 \qquad$ für $x = 2$
  b) $2y(5 - 3y) \qquad$ für $y = -4$
  c) $(2b - 8)^2 \qquad$ für $b = -2{,}5$
  d) $-5a - 6a^2 \qquad$ für $a = 0{,}1$
  e) $-5z + 54z^2 - \frac{1}{3} \qquad$ für $z = \frac{1}{3}$
  f) $(x - 0{,}4)(x + 0{,}4) - 3x \qquad$ für $x = 0{,}8$

Quadratische Gleichungen

Reinquadratische Gleichungen

18. Löse die reinquadratischen Gleichungen!
a) $x^2 = 49$
b) $x^2 = 100$
c) $x^2 = 225$
d) $x^2 = 169$
e) $x^2 = 1{,}21$
f) $x^2 = 0{,}16$
g) $x^2 = \frac{4}{25}$
h) $x^2 = -10$
i) $x^2 = -25$
j) $x^2 = 0$

19. Bestimme die Lösungsmenge!
a) $x^2 - 81 = 0$
b) $x^2 - 144 = 0$
c) $x^2 - 196 = 0$
d) $x^2 + 1 = 0$
e) $x^2 + 400 = 0$
f) $x^2 - 0{,}36 = 0$
g) $x^2 - \frac{16}{49} = 0$
h) $0{,}01 + x^2 = 0$
i) $-625 + x^2 = 0$
j) $x^2 - 5^2 = 0$
k) $0{,}81 - x^2 = 0$
l) $0 = 2{,}25 - x^2$

20. Gib jeweils die Lösungsmenge an! Bringe dazu, wenn nötig, vorher die quadratische Gleichung in eine „vorteilhafte" Form!
a) $x^2 = 16$
b) $5x^2 = 500$
c) $\frac{x^2}{6} = 6$
d) $-3x^2 = -27$
e) $-9x^2 = -900$
f) $2x^2 - 50 = 0$
g) $-105 + 7x^2 = 0$
h) $-x^2 - 4 = 0$

21. Bestimme die Lösungen der quadratischen Gleichungen auf eine Dezimalstelle genau!
a) $x^2 - 50 = 0$
b) $x^2 + 136 = 0$
c) $284 - x^2 = 0$
d) $4x^2 - 80 = 0$
e) $\frac{x^2}{7} - 31 = 0$
f) $-0{,}2x^2 - 8 = 0$
g) $0 = 12x^2 - 96$
h) $240 = -3x^2$

Quadratische Gleichungen ohne absolutes Glied

22. Löse die quadratischen Gleichungen!
a) $x(x + 2) = 0$
b) $x(x - 8) = 0$
c) $x(x - 12) = 0$
d) $x(x + 24) = 0$
e) $x(x - 4{,}2) = 0$
f) $x(x + 7{,}8) = 0$
g) $x(x - \frac{2}{3}) = 0$
h) $x(x + \frac{5}{7}) = 0$
i) $(x - 3)x = 0$
j) $(x + 6{,}2)x = 0$
k) $0 = x(x - 6)$
l) $x(-4 - x) = 0$

23. Bestimme die Lösungsmenge! Klammere dazu die Variable x aus!
a) $x^2 + 8x = 0$
b) $x^2 - 5x = 0$
c) $x^2 - 10x = 0$
d) $x^2 + 3x = 0$
e) $x^2 - 2{,}5x = 0$
f) $x^2 + 9{,}1x = 0$
g) $x^2 + \frac{4}{3}x = 0$
h) $x^2 - \frac{3}{7}x = 0$
i) $4x + x^2 = 0$
j) $-3{,}8x + x^2 = 0$
k) $0 = 5x + x^2$
l) $x^2 - \frac{x}{6} = 0$

24. Gib die Lösungsmenge der quadratischen Gleichungen an!
a) $3x^2 + 12x = 0$
b) $4x^2 - 28x = 0$
c) $2x^2 - 16x = 0$
d) $15x + 5x^2 = 0$
e) $-16x + 4x^2 = 0$
f) $-7x^2 + 21x = 0$
g) $-3x^2 - 3x = 0$
h) $-x^2 + 6x = 0$
i) $0{,}5x^2 + 7x = 0$
j) $18x^2 - 12x = 0$
k) $0 = 0{,}8x^2 + 4x$
l) $\frac{5}{9}x^2 + \frac{1}{2}x = 0$

25. Gib die Lösungsmenge der quadratischen Gleichungen an!
a) $2x^2 = 8x$
b) $3x^2 = 9x$
c) $4x^2 = 20x$
d) $8x^2 = 80x$
e) $1{,}5x^2 = 15x$
f) $0{,}1x^2 = 3x$
g) $-5x^2 = 15x$
h) $-7x^2 = -63x$
i) $-24x = 3x^2$
j) $\frac{x^2}{3} = -4x$
k) $-4x^2 = 25x$
l) $-\frac{4}{7}x = -\frac{8}{3}x^2$

Quadratische Gleichungen

Allgemeine Form der quadratischen Gleichung

26. Forme die quadratischen Gleichungen so um, dass sie die allgemeine Form annehmen! Gib den Wert für a, b und c an!
  a) $5x^2 - 7x = 8$ b) $-2x^2 + 3 = -4x$ c) $4x + 6 = 8x^2$ d) $-11 = 18x - x^2$
  e) $0 = 10x^2 - 5 + 6x$ f) $-17x = -6x^2 + 8$ g) $3x^2 = -7$ h) $-2x = 6x^2$

27. Gib die allgemeine Form der quadratischen Gleichungen an! Gib den Wert für a, b und c an!
  a) $7y^2 - 3 = 5y$ b) $17b^2 - 8b = 13$ c) $0 = 4z + 9 + z^2$ d) $3y = 2y^2 - 8$
  e) $10a = -7 + 5a^2$ f) $14c^2 = 14c$ g) $11 = -11d^2$ h) $-6a = 9 - 5a^2$

28. Bringe die quadratischen Gleichungen in die allgemeine Form! Gib den Wert für a, b und c an!
  a) $4x^2 + 2(3x - 4) = 0$ b) $2x(3x - 4) = 0$ c) $-5x(2x + 3) = 19$
  d) $14x^2 - 8(3x + 2) = 10$ e) $6x^2 = 12(5 - x)$ f) $(x - 4)^2 = 0$
  g) $(2x + 7)^2 = 39$ h) $(3x - 5)(3x + 5) = 0$ i) $3x(6 + 3x) = (3x - 9)^2$

Normalform der quadratische Gleichung

29. Bestimme in den Gleichungen die Werte für p und q!
  a) $x^2 + 3x + 6 = 0$ b) $x^2 + 5x + 11 = 0$ c) $x^2 + 4x - 6 = 0$
  d) $x^2 + 11x - 10 = 0$ e) $x^2 - 4x + 1 = 0$ f) $x^2 - 9x + 3 = 0$
  g) $x^2 - 25x - 15 = 0$ h) $x^2 - 8x - 5 = 0$ i) $x^2 + x - 7 = 0$
  j) $x^2 - x + 13 = 0$ k) $x^2 + 3x = 0$ l) $x^2 - 9 = 0$

30. Bestimme p und q in der Normalform der quadratischen Gleichung! Schreibe dazu die Summanden in der entsprechenden Reihenfolge! Achte auf die Vorzeichen!
  a) $x^2 + 15 + 20x = 0$ b) $x^2 + 42 - 9x = 0$ c) $4x + 3 + x^2 = 0$
  d) $-11x + 8 + x^2 = 0$ e) $-16 + 28x + x^2 = 0$ f) $-33 - 24x + x^2 = 0$
  g) $12 + x^2 + 6x = 0$ h) $47 - x^2 - 12x = 0$ i) $-25x + x^2 = 0$
  j) $-54 + x^2 = 0$ k) $-23x + x^2 - 12 = 0$ l) $x^2 = 0$

31. Gib p und q an! Forme dazu die quadratischen Gleichungen in die Normalform um!
  a) $2x^2 + 12x + 10 = 0$ b) $5x^2 - 30x - 15 = 0$ c) $6x^2 + 48x - 24 = 0$
  d) $8x^2 - 64 = 0$ e) $-3x^2 + 9x + 18 = 0$ f) $-2x^2 - 10x + 2 = 0$
  g) $-4x^2 - 20x + 16 = 0$ h) $\frac{x^2}{2} + 3x + 40 = 0$ i) $\frac{x^2}{3} - 2x - 10 = 0$
  j) $-x^2 - 8x - 11 = 0$ k) $-11x - 121 - x^2 = 0$ l) $0{,}1x^2 + x + 1 = 0$

32. Bringe die quadratischen Gleichungen in die Normalform und bestimme p und q!
  a) $12 - 3x^2 = 45x$ b) $-0{,}5x^2 - 4x = 6$ c) $5x^2 - 700 = -115x$
  d) $8 = 4x^2 + 24x$ e) $-18x + 48 = -6x^2$ f) $-1 + \frac{x^2}{5} = -x$
  g) $(3x - 12)^2 = 22x$ h) $-4x(5x + 6) = 7$ i) $(x + 8)(3 - x) = 0$
  j) $x(x + 1) = 600$ k) $(2x + 3)(-3x + 5) = -10x$ l) $x^2 = 2x(5 - 4x) + 90x - 1$

33. Forme jeweils die quadratische Gleichung in die Normalform um! Ermittle p und q!
  a) $x^2 + 3x = 9$ b) $x^2 - 6 = -8x$ c) $x^2 = 12$ d) $x^2 = 15 - 7x$
  e) $-50x + x^2 = 16$ f) $18 + x^2 = -3x$ g) $7x + 8 = -x^2$ h) $13x = 5 - x^2$

Quadratische Gleichungen

    i) $-72 = 31 - x^2$ j) $0 = x^2 - 6x + 19$ k) $x^2 = 29x$ l) $-23 = -x^2 - 14x$

34. Bringe die Gleichungen in die Normalform! Bestimme anschließend p und q!
    a) $2x^2 + 10x = 6$ b) $4x^2 - 20 = -24x$ c) $3x^2 = 18 - 36x$ d) $14x - 20 = -2x^2$
    e) $-20x = -5x^2$ f) $\frac{x^2}{2} = -4 + 0{,}5x$ g) $-36 - 3x^2 = 0$ h) $2x + 0{,}1x^2 = 3$
    i) $5 - \frac{x^2}{3} + 8x = 0$ j) $9 - 5x^2 = 13x$ k) $-42 - 48x = -6x^2$ l) $-28x + 4x^2 = 15$

Quadratische Ergänzung

35. Bestimme die quadratische Ergänzung!
    a) $x^2 + 18x$ b) $x^2 + 24x$ c) $x^2 - 10x$ d) $x^2 - 30x$
    e) $x^2 - 8x$ f) $x^2 + 14x$ g) $x^2 + 5x$ h) $x^2 - 1{,}6x$
    i) $x^2 + x$ j) $x^2 - \frac{x}{3}$ k) $x^2 + 320x$ l) $x^2 - 0{,}4x$

36. Forme die Summen mithilfe der quadratischen Ergänzung und der 1. oder 2. binomischen Formel in Produkte um!
    a) $x^2 + 12x$ b) $x^2 + 16x$ c) $x^2 - 8x$ d) $x^2 - 4x$
    e) $x^2 + 42x$ f) $x^2 - 36x$ g) $x^2 - 3x$ h) $x^2 + 2{,}6x$
    i) $x^2 - 6x$ j) $x^2 + \frac{x}{4}$ k) $x^2 - 2{,}4x$ l) $x^2 + 440x$

37. Löse die quadratischen Gleichungen mithilfe der quadratischen Ergänzung!
    a) $x^2 + 10x = 0$ b) $x^2 + 18x = 0$ c) $x^2 - 8x = 0$ d) $x^2 - 22x = 0$
    e) $x^2 + 4x = 0$ f) $x^2 - 26x = 0$ g) $x^2 + 1{,}2x = 0$ h) $x^2 - 5x = 0$
    i) $x^2 - x = 0$ j) $0 = x^2 + 28x$ k) $0 = x^2 - 40x$ l) $0 = x^2 + \frac{x}{2}$

38. Bestimme mithilfe der quadratischen Ergänzung die Lösungsmenge der quadratischen Gleichungen!
    a) $x^2 + 4x = 5$ b) $x^2 - 10x = -9$ c) $x^2 + 8x = -10$ d) $x^2 - 2x = -3$
    e) $x^2 - 18x = 115$ f) $x^2 + 14x = 176$ g) $x^2 - 8x = 20$ h) $x^2 + 12x = 45$
    i) $x^2 + 10x = 24$ j) $x^2 - 6x = 16$ k) $x^2 + \frac{x}{2} = 6$ l) $x^2 - 1{,}4x = 0{,}95$

39. Löse die quadratischen Gleichungen mithilfe der quadratischen Ergänzung!
    a) $x^2 + 6x + 5 = 0$ b) $x^2 - 28x - 115 = 0$ c) $x^2 + 6x - 27 = 0$
    d) $x^2 + 8x - 9 = 0$ e) $x^2 + 5x + 6 = 0$ f) $x^2 + 10x - 24 = 0$
    g) $x^2 + x - 600 = 0$ h) $x^2 - 5x - 66 = 0$ i) $x^2 - 4x - 5 = 0$
    j) $x^2 + 10x - 56 = 0$ k) $x^2 - 16x - 80 = 0$ l) $x^2 - 10x - 25 = 0$

40. Bestimme die Lösungsmenge der quadratischen Gleichungen! Nutze dazu die quadratische Ergänzung!
    a) $2x^2 - 12x + 10 = 0$ b) $4x^2 - 4x + 20 = 0$ c) $2x^2 - 48x + 288 = 0$
    d) $\frac{x^2}{5} + 10x = 55$ e) $0{,}8x^2 - 4{,}8x - 3{,}2 = 0$ f) $3x^2 + 4x = 12$
    g) $-6x^2 - 72x + 78 = 0$ h) $5x^2 - 50x - 55 = 0$ i) $2x^2 + 4x - 168 = 0$

Quadratische Gleichungen

Lösungsformel

41. Löse die quadratischen Gleichungen mithilfe der Lösungsformel! Bestimme dazu zuerst p und q!
  a) $x^2 + 4x + 3 = 0$
  b) $x^2 - 10x + 21 = 0$
  c) $x^2 + 12x + 32 = 0$
  d) $x^2 + 8x + 15 = 0$
  e) $x^2 - 14x + 40 = 0$
  f) $x^2 + 6x + 5 = 0$
  g) $x^2 - 20x - 44 = 0$
  h) $x^2 - 16x + 48 = 0$
  i) $x^2 + 2x - 15 = 0$
  j) $x^2 - 2x - 15 = 0$
  k) $x^2 + 4x - 32 = 0$
  l) $x^2 - 16x + 63 = 0$

42. Gib die Lösungsmenge an!
  a) $x^2 + 65x + 9 = 0$
  b) $x^2 - 16x + 65 = 0$
  c) $x^2 - 13x = 0$
  d) $x^2 - 6x + 8 = 0$
  e) $x^2 - 20x + 96 = 0$
  f) $x^2 - 12x - 64 = 0$
  g) $x^2 - 225 = 0$
  h) $x^2 - 6x - 27 = 0$
  i) $x^2 - 10x + 25 = 0$
  j) $x^2 + 400 = 0$
  k) $x^2 + 2x - 80 = 0$
  l) $x^2 - 22x + 120 = 0$

43. Bestimme die Lösungsmenge!
  a) $x^2 + 5x + 6 = 0$
  b) $x^2 + x - 6 = 0$
  c) $x^2 - 6x - 55 = 0$
  d) $x^2 - 5{,}5x + 30 = 0$
  e) $x^2 - \frac{3}{4}x + \frac{1}{8} = 0$
  f) $x^2 + 0{,}5x - 0{,}36 = 0$
  g) $x^2 + 4{,}2x - 7{,}84 = 0$
  h) $x^2 - 21x - 13 = 0$
  i) $x^2 - 144 = 0$
  j) $x^2 - 5x = 0$
  k) $x^2 + 9x + 20 = 0$
  l) $x^2 - 13x - 48{,}5 = 0$

44. Nutze die Lösungsformel für quadratische Gleichungen, um die Lösungsmenge zu bestimmen! Forme zunächst so um, dass vor x^2 der Faktor 1 steht!
  a) $2x^2 + 8x + 6 = 0$
  b) $3x^2 - 36x + 60 = 0$
  c) $4x^2 - 72x - 460 = 0$
  d) $\frac{x^2}{2} + 50x + 98 = 0$
  e) $-x^2 - 12x + 45 = 0$
  f) $-2x^2 + 64x + 105 = 0$
  g) $\frac{x^2}{3} + 2x - 189 = 0$
  h) $-\frac{x^2}{3} + 18x + 168 = 0$
  i) $-4x^2 - 24x + 36 = 0$

45. Löse die quadratischen Gleichungen! Bringe die quadratische Gleichung zuerst in die Normalform!
  a) $x^2 = -26x - 169$
  b) $26 = 28x - 2x^2$
  c) $0 = 215 + 5x^2 - 220x$
  d) $12 - 3x^2 = 41x$
  e) $\frac{x^2}{3} - 7x = 13$
  f) $4x^2 = -60 - 24x$
  g) $-24 + 6x = -3x^2$
  h) $0{,}25x^2 = 5 - 2x$
  i) $-22{,}5 - 2{,}5x^2 = 5x$

46. Bestimme x so, dass wahre Aussagen entstehen!
  a) $x(x + 1) = 600$
  b) $x(x - 1) = 6480$
  c) $0{,}75x^2 + 36x = -57{,}6$
  d) $75{,}92 = 5{,}2x^2 + 32{,}76x$
  e) $(x - 8)(x + 8) = 18x - 120$
  f) $(x + 5)^2 = 2(x - 5)^2 - 40$
  g) $4x - (-4 - 3x^2) = (x - 8)(x + 8)$
  h) $(3x - 12)^2 = -4x(-4 + 2x)$
  i) $(0{,}1x - 2{,}5)^2 = 3{,}2x(-4{,}2x + 1)$
  j) $(2x - 6)(2x + 6) = -3x(4 - x) - 72$

47. Entscheide, wie viele Lösungen die quadratischen Gleichungen jeweils haben und begründe! Bestimme dazu den Wert der Diskriminante D!
  a) $x^2 + 10x + 42 = 0$
  b) $x^2 + 8x - 12 = 0$
  c) $x^2 - 16x - 80 = 0$
  d) $x^2 - 10x + 25 = 0$
  e) $x^2 + 6x + 5 = 0$
  f) $x^2 - 14x - 32 = 0$
  g) $x^2 - 12x + 289 = 0$
  h) $x^2 + 22x + 121 = 0$
  i) $x^2 - 50x + 625 = 0$
  j) $x^2 - 40x + 540 = 0$
  k) $x^2 + 18x - 73 = 0$
  l) $x^2 - 34x + 304 = 0$

Quadratische Gleichungen

48. Gib an, welche quadratische Gleichung keine Lösung hat und begründe!
   a) $x^2 - 12x + 35 = 0$
   b) $x^2 - 5x + 4 = 0$
   c) $x^2 - 8x - 20 = 0$
   d) $x^2 + 22x + 97 = 0$
   e) $x^2 - 20x + 100 = 0$
   f) $x^2 - 12x + 40 = 0$
   g) $x^2 + 44 + 500 = 0$
   h) $x^2 - 0{,}8x + 0{,}2 = 0$
   i) $x^2 - \frac{2}{3} + \frac{1}{9} = 0$
   j) $x^2 - \frac{6}{5}x + \frac{8}{25} = 0$
   k) $x^2 + 2{,}4x - 5{,}7 = 0$
   l) $x^2 + 1\,600x + 10\,000 = 0$

49. Untersuche die quadratischen Gleichungen auf die Anzahl ihrer Lösungen!
   a) $2x^2 - 24x + 80 = 0$
   b) $-x^2 - x - \frac{3}{4} = 0$
   c) $0{,}2x^2 - 3x - 15 = 0$
   d) $\frac{x^2}{3} + 6x - 27 = 0$
   e) $-3x + 2 = -x^2$
   f) $2x^2 = -28x + 144$
   g) $5x^2 - 16 = 3x^2 - 8x$
   h) $(x + 4)^2 = 16$
   i) $10x = (x - 5)^2$
   j) $4x(6 + x) = 20$
   k) $(x + 3)(x - 4) = -3x^2 + 12x$
   l) $0{,}4x^2 - \frac{2}{3}x + 8{,}4 = 5{,}2x - 6{,}8$

Satz von Vieta

50. Bestimme die Lösungen der quadratischen Gleichungen und überprüfe sie mithilfe des Satzes von Vieta!
   a) $x^2 - 5x - 6 = 0$
   b) $x^2 + 7x = 0$
   c) $x^2 - 25 = 0$
   d) $x^2 + 12x + 32 = 0$
   e) $x^2 - 6x + 8 = 0$
   f) $x^2 - x - 42 = 0$
   g) $x^2 - 16x - 60 = 0$
   h) $x^2 + 5x - 36 = 0$

51. Löse die folgenden quadratischen Gleichungen und überprüfe die Lösungen mit dem Satz von Vieta!
   a) $x^2 - 10x + 21 = 0$
   b) $2x^2 - 14x - 16 = 0$
   c) $\frac{x^2}{4} - \frac{9}{4}x + 5 = 0$
   d) $-x^2 + 3x - 18 = 0$
   e) $x^2 - 16x = -60$
   f) $3x^2 = -9x - 6$
   g) $90x = -10x^2$
   h) $147 - 3x^2 = 0$
   i) $(x + 6)(x + 5) = 0$
   j) $(x - 8)^2 = 0$
   k) $0 = (5 - x)(5 + x)$
   l) $2x(x - 6) = (x - 6)^2$

52. Überprüfe mithilfe des Satzes von Vieta, ob die Lösungsmenge richtig angegeben wurde!
   a) $x^2 - 5x - 24 = 0$ L = {−3; 8}
   b) $x^2 - 17x - 70 = 0$ L = {7; 10}
   c) $x^2 + 5x = 0$ L = {0; −5}
   d) $x^2 - 16x - 64 = 0$ L = {−8; 8}
   e) $x^2 + 6x + 8 = 0$ L = {−4; −2}
   f) $x^2 - 1{,}9x + 0{,}6 = 0$ L = {0,4; 1,5}
   g) $x^2 + \frac{5}{12}x - \frac{1}{6} = 0$ L = {$-\frac{2}{3}$; $\frac{1}{4}$}
   h) $x^2 - 2{,}9x - 1 = 0$ L = {$\frac{2}{5}$; 2,5}

53. Gib die Normalform der quadratischen Gleichungen an!
   a) $x_1 = 5$; $x_2 = 3$
   b) $x_1 = 7$; $x_2 = 4$
   c) $x_1 = 1$; $x_2 = 9$
   d) $x_1 = 6$; $x_2 = 2$
   e) $x_1 = -4$; $x_2 = 6$
   f) $x_1 = -2$; $x_2 = -8$
   g) $x_1 = -3$; $x_2 = 3$
   h) $x_1 = 0$; $x_2 = 4$
   i) $x_1 = 0{,}5$; $x_2 = 3{,}5$
   j) $x_1 = \frac{1}{3}$; $x_2 = \frac{2}{3}$
   k) $x_1 = \frac{2}{3}$; $x_2 = -\frac{1}{6}$
   l) $x_1 = \sqrt{6}$; $x_2 = -\sqrt{6}$

54. Gib die zweite Lösung der quadratischen Gleichung und den fehlenden Wert für p oder q an! Nutze den Satz von Vieta!
   a) $x^2 + px - 48 = 0$; $x_1 = 8$
   b) $x^2 + px + 50 = 0$; $x_2 = -10$
   c) $x^2 - 16x + q = 0$; $x_1 = 10$
   d) $x^2 + 18x + q = 0$; $x_2 = 81$
   e) $x^2 - 24{,}6x + q = 0$; $x_1 = -3{,}2$
   f) $x^2 + px + \frac{1}{3} = 0$; $x_2 = \frac{2}{3}$

4.2 Gemischte Aufgaben

1. Zum Quadrat einer Zahl wird die Zahl selbst addiert! Als Ergebnis erhält man 156. Berechne die gesuchte Zahl!

2. Quadriert man die Summe aus einer Zahl und 12, so erhält man 25. Berechne die Zahl!

3. Subtrahiert man von einer Zahl die Zahl 9 und multipliziert die Differenz mit dem Doppelten der Zahl, so ergibt sich 112. Wie heißt die gesuchte Zahl?

4. Addieren wir zum Fünffachen des Quadrats einer Zahl das 30fache der gleichen Zahl, erhalten wir als Ergebnis 360. Berechne die Zahl!

5. Quadrieren wir die Differenz aus einer Zahl und 15, so erhalten wir 64. Wie heißt die Zahl?

6. Multiplizieren wir die Summe aus einer Zahl und 7 mit der Differenz aus dieser Zahl und 11, erhalten wir 40. Berechne diese Zahl!

7. Der dritte Teil einer Zahl ist so groß wie die Summe aus dem Vierfachen dieser Zahl und 36. Wie heißt die gesuchte Zahl?

8. Das Quadrat aus dem Doppelten einer Zahl und 6 ist so groß wie die Differenz aus dem Achtfachen dieser Zahl und 20. Bestimme diese Zahl!

9. Quadrierst du die sechsfache Summe aus einer Zahl und 12, so ergibt sich 144. Berechne die gesuchte Zahl!

10. Zeige die Richtigkeit des Satzes von VIETA für beliebige quadratische Gleichungen, indem du die Lösungen x_1 und x_2 aus der Lösungsformel in die Terme $x_1 + x_2$ und $x_1 \cdot x_2$ einsetzt und die entstandenen Terme vereinfachst!

11. Zeige, dass für alle quadratischen Gleichungen $x^2 + px + q = 0$ mit zwei Lösungen x_1 und x_2 gilt: $x^2 + px + q = (x - x_1)(x - x_2)$!

12. Bestimme die Lösungsmenge, ohne die Lösungsformel für quadratische Gleichungen anzuwenden!
    a) $x(x + 4) = 0$
    b) $(x - 6)(x + 7) = 0$
    c) $(x - 8)^2 = 0$
    d) $(5 + x)^2 = 0$
    e) $(x + 3)(x - 3) = 0$
    f) $x^2 - 144 = 0$
    g) $x^2 + 10x + 25 = 0$
    h) $x(-9 - x) = 0$

13. Löse die quadratischen Gleichungen und überprüfe deine Ergebnisse mit dem Satz von VIETA!
    a) $x^2 - 12x + 27 = 0$
    b) $\frac{x^2}{2} + 1{,}5x - 14 = 0$
    c) $2x^2 - 8x - 10 = 0$
    d) $-x^2 + 7{,}5x = 0$
    e) $33 - \frac{x^2}{4} = \frac{x}{4}$
    f) $243 = 3x^2$
    g) $0{,}5x^2 = 0{,}5x + 1{,}5$
    h) $2x^2 - 10x = 132$
    i) $(-7 - x)(3 + x) = 0$
    j) $(5{,}5 - x)^2 = 0$
    k) $0 = (3{,}2 - x)(x + 3{,}2)$
    l) $(x - 4)^2 = -2x(x - 4)$

14. Bestimme die Lösungen auf eine Dezimalstelle genau!
    a) $x^2 + 12{,}8x - 6 = 0$
    b) $x^2 - 8{,}4x + 7{,}5 = 0$
    c) $2x^2 - 26{,}6x - 87{,}8 = 0$
    d) $\frac{x^2}{6} + \frac{1}{3}x + 0{,}25 = 0$
    e) $-13{,}9 - 7{,}8x = x^2$
    f) $-27{,}3x = -3x^2 - 59{,}4$

15. Ein Rechteck hat einen Umfang von 26 cm und einen Flächeninhalt von 40 cm². Berechne die Längen seiner Seiten!

Quadratische Gleichungen

16. Ermittle Werte für p oder q, sodass die quadratischen Gleichungen jeweils zwei Lösungen, genau eine Lösung bzw. keine Lösung besitzen!
    a) $x^2 + 8x - q = 0$
    b) $x^2 - 16x + q = 0$
    c) $x^2 + px + 49 = 0$
    d) $x^2 + px - 16 = 0$
    e) $2x^2 - 18x + q = 0$
    f) $x^2 + px + q = 0$

17. Gib die zweite Lösung der quadratischen Gleichung und den fehlenden Wert für p oder q an! Nutze den Satz von Vieta!
    a) $x^2 + px - 24 = 0$; $x_1 = -3$
    b) $x^2 + px + 18$; $x_2 = 24$
    c) $x^2 - 22x + q = 0$; $x_1 = 2$
    d) $x^2 + 8x + q = 0$; $x_2 = -180$
    e) $x^2 - 18{,}5x + q = 0$; $x_1 = 11{,}2$
    f) $x^2 + px + \frac{2}{7} = 0$; $x_2 = \frac{1}{7}$

18. Der Flächeninhalt in einem rechtwinkligen Dreieck beträgt 54 cm². Die Hypotenuse ist 15 cm lang. Berechne die Längen der Katheten!

19. In einem rechtwinkligen Dreieck ist die eine Kathete 7 cm länger als die andere Kathete. Die Hypotenuse ist 13 cm lang. Berechne die Längen der Katheten!

20. In einem rechtwinkligen Dreieck beträgt der Flächeninhalt des Quadrats über der Hypotenuse 100 dm². Die Summe der Längen der Katheten beträgt 14 cm. Bestimme ihre Länge!

21. Wird in einem Quadrat die eine Seite um 4 cm verkürzt und die benachbarte Seite um 5 cm verlängert, so entsteht ein Rechteck, dessen Flächeninhalt 252 cm² beträgt. Welche Länge hatte die Seite des Quadrats?

22. Bei einem Kreis wird die Länge des Radius um 7 cm vergrößert. Der Flächeninhalt des dadurch entstandenen Kreises beträgt 408 cm². Berechne die Länge des Radius des ursprünglichen Kreises!

23. Bei einer Raute, dessen Flächeninhalt 48,36 cm² beträgt, ist die eine Diagonale um 9,4 cm länger als die andere Diagonale. Berechne die Längen der Diagonalen und die Länge der Seite!

24. In einem Drachenviereck ist die eine Diagonale halb so lang wie die andere Diagonale. Der Flächeninhalt beträgt 23,04 m². Wie lang sind die Diagonalen?

25. Ein gerades Prisma mit quadratischer Grundfläche hat einen Oberflächeninhalt von 174,96 cm². Die Höhe des Prismas ist um 3,6 cm länger als die Seite der Grundfläche! Berechne die Länge der Seite der Grundfläche, die Höhe und das Volumen des Prismas!

26. Ein Quader hat ein Volumen von 239,58 cm³. Die Höhe des Quaders ist um 4,4 cm länger als die längste Seite der Grundfläche, die doppelt so groß ist wie die andere Seite der Grundfläche. Berechne die Längen der Seiten der Grundfläche, den Oberflächeninhalt, sowie die Länge der Raumdiagonale des Prismas!

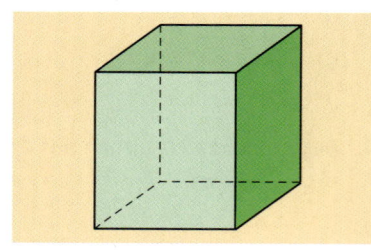

27. Der Umfang eines Rechtecks beträgt 17,4 cm, wenn die Länge seiner Diagonalen 6,3 cm ist? Wie groß sind dann die Längen der Seiten?

Gemischte Aufgaben

28. Sophia ist um 6 Jahre älter als ihr Bruder Lucas. Multiplizieren wir das Alter der beiden miteinander, so erhalten wir die Zahl 187. Berechne, wie alt beide sind!

29. Die Zahl 46 soll so in zwei Summanden zerlegt werden, dass deren Produkt –495 beträgt. Berechne die Summanden!

30. Julia ist 22 Jahre jünger als ihre Mutter und halb so alt wie ihr Vater. Das Alter der Eltern miteinander multipliziert ergibt 2070. Berechne das Alter der drei Familienmitglieder!

31. Jens ist halb so alt wie sein größerer Bruder, der halb so alt ist wie sein Vater. Multipliziert man das Alter des Vaters und der beiden Brüder, erhält man die Zahl 13 824.
Berechne das Alter des Vaters und der beiden Brüder!

32. Die Zahl 18 soll so in zwei Summanden zerlegt werden, dass deren Produkt –208 beträgt. Berechne die Summanden!

33. Bestimme die Lösungsmenge!
a) $x^2 - \frac{3}{4}x + \frac{5}{64} = 0$ b) $x^2 + \frac{2}{7}x = \frac{80}{49}$ c) $x^2 = \frac{8}{9}x - \frac{20}{81}$ d) $\frac{6}{11}x - \frac{135}{121} = -x^2$

34. Löse die quadratischen Gleichungen! Multipliziere dazu zuerst mit dem Hauptnenner!
a) $\frac{15}{x-2} - 5x = 0$ b) $\frac{3}{x-1} + \frac{5}{x+1} = 2$ c) $\frac{2}{x+3} - 1 = -\frac{3}{x-4}$ d) $\frac{5}{x-2} + \frac{1}{x^2-4} = \frac{3}{x+2}$

35. Wähle einen möglichst vorteilhaften Rechenweg, um die Lösungsmenge der quadratischen Gleichungen zu ermitteln! Runde, wenn nötig, auf eine Dezimalstelle!
a) $x^2 - 7x = 60$ b) $-3x + x^2 = 18$ c) $(x - 3,4)(x + 5,1) = 0$
d) $x(6,3 - x) = 0$ e) $2x^2 + 132x = 1370$ f) $-268,96 = x^2$
g) $(x - 1)^2 = -3(2x + 1)$ h) $(x - 5,4)^2 = 4$ i) $-x^2 - \frac{4}{5}x = -2,4$
j) $-42x = -4x^2 - 120$ k) $\frac{x^2}{3} - \frac{1}{4}x = -\frac{1}{24}$ l) $2,6x - 0,6x^2 = 0$

36. Die Stadt Kraul möchte auf einer Fläche von 756 m² ein neues Schwimmbecken bauen. Folgende Bedingungen müssen aber beim Bau berücksichtigt werden:
Das rechteckige Schwimmbecken soll einen 3 m breiten Abstand zur Hallenwand haben. Die Schwimmbahnen sollen doppelt so lang sein wie das Schwimmbecken breit ist. Bestimme die Maße des Schwimmbeckens!

37. Johanna möchte ein Foto in der Größe 10 cm x 15 cm aus ihrem Fotoalbum einrahmen. Sie stellt jedoch fest, dass der Bilderrahmen zu klein ist. Finde heraus, wie viel Johanna jeweils in Länge und Breite abschneiden muss, wenn der Streifen, der abgeschnitten wird, gleich breit sein soll und der Bilderrahmen eine Fläche von 114,75 cm² besitzt!

38. Im Stadtpark wird in einem rechteckigen Teich eine ebenfalls rechteckige Insel angelegt. Der Teich ist 45 m lang und 32 m breit. Wie lang und wie breit wird die Insel sein, wenn sie überall gleich weit entfernt vom Ufer des Teiches ist und nur ein Achtel der Gesamtfläche des Teiches einnehmen darf?

Quadratische Gleichungen

Teste dich selbst!

1. Löse die reinquadratischen Gleichungen ohne Benutzung der Lösungsformel!
   a) $x^2 - 361 = 0$
   b) $x^2 - 1{,}44 = 0$
   c) $x^2 + 16 = 0$
   d) $x^2 - \frac{49}{25} = 0$
   e) $x^2 - 27 = 0$
   f) $x^2 - 0{,}04 = 0$

2. Löse die quadratischen Gleichungen ohne absolutes Glied ohne Benutzung der Lösungsformel!
   a) $x^2 + 17x = 0$
   b) $x^2 - 11x = 0$
   c) $x^2 - 3{,}8x = 0$
   d) $x^2 - \frac{5}{7}x = 0$
   e) $2x^2 + 5{,}4x = 0$
   f) $\frac{x^2}{4} + 2{,}2x = 0$

3. Bestimme die Lösungsmenge mithilfe der quadratischen Ergänzung!
   a) $x^2 + 4x - 21 = 0$
   b) $x^2 - 10x + 16 = 0$
   c) $x^2 - 8x - 21 = 0$
   d) $x^2 + 12x + 36 = 0$
   e) $x^2 - 18x - 40 = 0$
   f) $x^2 - 24x + 144 = 0$

4. Gib die Lösungsmenge mithilfe der Lösungsformel an!
   a) $x^2 + 18x - 19 = 0$
   b) $x^2 - 24x - 180 = 0$
   c) $x^2 + 15x + 67{,}25 = 0$
   d) $x^2 - 3x - 22{,}75 = 0$
   e) $x^2 + 4{,}8x + 2{,}15 = 0$
   f) $x^2 - \frac{8}{13}x - \frac{48}{169} = 0$
   g) $x^2 + 2x - 35 = 0$
   h) $x^2 - 19x + 121 = 0$
   i) $x^2 - 34x + 289 = 0$

5. Löse die quadratischen Gleichungen!
   a) $3x^2 - 6x - 45 = 0$
   b) $-x^2 - 4x + 21 = 0$
   c) $-6x^2 + 5{,}4 = 0$
   d) $\frac{x^2}{5} - x - \frac{14}{5} = 0$
   e) $2{,}5x^2 = 10x + 15$
   f) $0 = 10{,}24 - 2x^2$
   g) $8{,}4 = -1{,}2x^2$
   h) $-24x = -4x^2 + 60$
   i) $0{,}4x^2 - 5x = 12$

6. Die Zahl 24 soll so in zwei Summanden zerlegt werden, dass deren Produkt 128 beträgt. Berechne die Summanden!

7. In einem rechtwinkligen Dreieck ist die eine Kathete 0,2 cm länger als die andere. Die Hypotenuse ist 5,8 cm lang. Berechne die Länge der Katheten!

8. Susannes Mutter ist 22 Jahre jünger als ihre Großmutter. Multipliziert man das Alter der beiden miteinander, so erhält man 2 379.
Berechne das Alter von Susannes Mutter und ihrer Großmutter!

9. In einem Rechteck ist die Länge einer Seite um 3,6 cm kürzer als die Länge der anderen Seite. Berechne, wie lang die Seiten des Rechtecks sind, wenn dessen Flächeninhalt 54,52 cm² beträgt!

10. In einem rechwinkligen Dreieck ist der eine Hypotenusenabschnitt um 5,1 cm größer als der andere Hypotenusenabschnitt. Berechne die Längen der beiden Hypotenusenabschnitte, wenn die Höhe des Dreiecks 5,7 cm ist!

11. Die Diagonale eines Rechtecks, dessen eine Seite um 8 cm länger als die andere Seite ist, ist 45 cm lang. Berechne die Längen der Seiten!

12. Eine 270 m² große Lagerhalle soll mit quadratischen Steinplatten ausgelegt werden. Berechne die Seitenlänge der Platten, wenn 2 204 Platten verarbeitet werden und wir davon ausgehen, dass zwischen den Steinplatten keine Fugen entstehen!

Projekt – Aufgabenkarten

4.3 Projekt – Aufgabenkarten

Projektziel: Übung mit selbstgefertigen Aufgabenkarten zum Thema „Quadratische Gleichungen"

Projektvorbereitung:
1. Der Fachlehrer oder die Fachlehrerin für Mathematik teilt die Schüler der Klasse in sechs unterschiedlich leistungsstarke Gruppen mit je maximal fünf Schülern ein.
2. Jede Gruppe bekommt eines der folgenden Themen zugeordnet (Schwierigkeitsgrad steigt von A bis F.)
   A) Lösen von quadratischen Gleichungen der Form $ax^2 + c = 0$ (8)
   B) Lösen von quadratischen Gleichungen der Form $ax^2 + bx = 0$ (8)
   C) Lösen von quadratischen Gleichungen der Form $ax^2 + bx + c = 0$ (6)
   D) Lösen von quadratischen Gleichungen mithilfe der Lösungsformel (8)
   E) Zahlenrätsel, die auf das Lösen von quadratischen Gleichungen führen (4)
   F) Sachaufgaben, die auf das Lösen von quadratischen Gleichungen führen (4)
3. Jede Gruppe erstellt zu ihrem Thema genau die Anzahl von Aufgaben, die beim Thema in Klammern steht (z.B. 8 Aufgaben beim Thema D).
   Hinweis:
   Geht bei der Erstellung der Aufgaben vom Satz von VIETA aus, indem ihr euch die Lösungen der quadratischen Gleichung wählt und dann durch die Berechnung von p und q die quadratische Gleichung aufstellt.
   Berücksichtigt bei der Aufgabenwahl die verschiedenen Anzahlen von Lösungen!
   Um Aufgaben zum Thema E oder F zu erhalten, formuliert nach der Auswahl der Lösungen oder dem Umformen der quadratischen Gleichung einen entsprechenden Text!
4. Fertigt gleichzeitig zu eurem Arbeitsblatt ein Lösungsblatt an!
5. Kopiert euer Aufgabenblatt so oft, dass es fünfmal vorhanden ist!

Projektdurchführung:
1. Stellt jeweils zwei Tische zu insgesamt sechs großen Tischen zusammen!
2. Legt je fünf gleiche Aufgabenblätter auf einen der Tische!
3. Die Lösungsblätter heftet ihr mit einem Magneten umgekehrt an eine Tafel!
4. Auf die Vorderseite schreibt ihr den entsprechenden Buchstaben A) bis F)!
5. Löst in beliebiger Reihenfolge mindestens die Hälfte der Aufgaben eines Aufgabenblattes!
6. Habt ihr alle Aufgaben richtig gelöst, dann wechselt ihr den Tisch und beginnt wieder bei Schritt 1!
   Sollten einige Ergebnisse falsch sein, löst ihr so lange diesen Aufgabentyp, bis ihr die Hälfte der Aufgaben richtig gelöst habt oder bis ihr alle Aufgaben dieses Aufgabenblattes bearbeitet habt!
8. Wenn ihr alle Tische durchlaufen habt, ist die gesamte Übung beendet.

> **Aufgabenblatt – Thema D**
>
> Lösen von quadratischen Gleichungen mithilfe der Lösungsformel
>
> Anzahl der Aufgaben: 8
>
> 1. $2x^2 - 5x - 80 = 0$
> 2. $x(x - 4) = -12$
> 3. $45x = 7x^2 - 4$
> 4. $4{,}8x - 0{,}5x^2 = -8{,}1$
> 5. $-5x^2 + 55x = 120$
> 6. $0 = -24 + 36x + 6x^2$
> 7. $-15 + 3x(4 - x) = 0$
> 8. $-72 = 4x^2 - 84x$

Projektauswertung:
Schätzt aufgrund eurer Arbeitsergebnisse euer Wissen zum Thema quadratische Gleichungen ein!

4.4 Zusammenfassung

Begriff / Verfahren	Beispiele
Eine Gleichung der Form $ax^2 + bx + c = 0$ (a, b, c $\in \mathbb{R}$ und a $\neq$ 0) heißt **quadratische Gleichung**. Sie wird als **allgemeine Form** der quadratischen Gleichung bezeichnet.	$2x^2 + 8x + 18 = 0$ $-x^2 + 8{,}5x - 67 = 0$ $-\frac{x^2}{3} + \frac{4}{27}x - 2{,}7 = 0$
Die quadratische Gleichung der Form $x^2 + px + q = 0$, mit $p = \frac{b}{a}$; $q = \frac{c}{a}$; a $\neq$ 0 heißt **Normalform** der quadratischen Gleichung.	$x^2 + 4x + 9 = 0$ $x^2 - 8{,}5x + 67 = 0$ $x^2 - \frac{4}{9}x + 8{,}1 = 0$

Spezialfälle:
 1. $p = 0$: $x^2 - q = 0$
   $x_1 = +\sqrt{q}$ und $x_2 = -\sqrt{q}$
 2. $q = 0$: $x^2 + px = x(x + p) = 0$
   $x_1 = 0$ und $x_2 = -p$
	1. $x^2 - 9 = 0$;
	   $x_1 = 3$ und $x_2 = -3$
	 2. $x^2 + 8x = x(x + 8) = 0$;
	   $x_1 = 0$ und $x_2 = -8$

Zum Lösen von quadratischen Gleichungen benutzt man die **quadratische Ergänzung**. Sie wird bestimmt, indem man 1. der Faktor p des linearen Gliedes halbiert und 2. das Quadrat dieser Zahl bildet. Die quadratische Ergänzung kann zum Lösen von quadratischen Gleichungen genutzt werden.	$x^2 + 18x - 19$ $\frac{p}{2} = \frac{18}{2} = 9 \qquad (\frac{p}{2})^2 = 81$ Die quadratische Ergänzung ist 81. $x^2 + 18x - 19 = 0 \qquad \vert +19 \quad \vert +81$ $x^2 + 18x + 81 = 19 + 81 \qquad \vert -100$ $(x + 9)^2 - 100 = 0 \qquad \vert$ 3. binom. F. $(x_1 + 9) + 10 = 0$ oder $(x_2 + 9) - 10 = 0$ $x_1 = -19$ und $x_2 = 1 \qquad L = \{-19; 1\}$
Die **Lösungsformel** für quadratische Gleichungen lautet: $x_{1;2} = -\frac{p}{2} \pm \sqrt{(\frac{p}{2})^2 - q}$	$x^2 - 6x - 40 = 0$; $p = -6$; $q = -40$ $x_{1;2} = -\frac{-6}{2} \pm \sqrt{(\frac{-6}{2})^2 - (-40)}$ $x_{1;2} = 3 \pm 7$ $x_1 = 10$ und $x_2 = -4 \qquad L = \{10; -4\}$

Der Term $D = (\frac{p}{2})^2 - q$ heißt **Diskriminante**. Quadratische Gleichungen haben folgende Lösungen:
 • Ist $D > 0$, so gibt es zwei Lösungen:
   $x_1 = -\frac{p}{2} + \sqrt{D}$ und $x_2 = -\frac{p}{2} - \sqrt{D}$.
 • Ist $D = 0$, so gibt es genau eine Lösung:
   $x = -\frac{p}{2}$.
 • Ist $D < 0$, so gibt es keine Lösung, da der Radikand negativ ist.
	• $x^2 + 8x - 65 = 0$; $p = 8$; $q = -65$
	   $D = (\frac{8}{2})^2 - (-65) = 16 + 65 = 81$;
	   $D > 0 \rightarrow$ zwei Lösungen $L = \{5; -13\}$
	 • $x^2 - 10x + 25 = 0$; $p = -10$; $q = 25$
	   $D = (\frac{-10}{2})^2 - 25 = 0$;
	   $D = 0 \rightarrow$ genau eine Lösung $L = \{5\}$
	 • $x^2 + 16x + 80 = 0$; $p = 16$; $q = 80$
	   $D = (\frac{16}{2})^2 - 80 = -16$;
	   $D < 0 \rightarrow$ keine Lösung $L = \{\}$

5 Strahlensätze und Ähnlichkeit

Bevor mit dem Bau von Anlagen, Straßen oder Gebäuden begonnen wird, muss das Baugelände vermessen werden. Das ist Aufgabe der Vermessungsingenieure, die ein maßstäbliches Bild des Geländes anfertigen. Dazu teilen sie die Fläche in Dreiecke ein und bestimmen die Entfernung von Punkten und die Größe von Winkeln.

Das Wort Geometrie kommt aus dem Griechischen und heißt Erdmessung. Eine der größten Leistungen der griechischen Erdvermesser war der Bau eines 1000 m langen Tunnels für eine Wasserleitung durch einen Berg auf der Insel Samos im Jahre 530 v. Chr. Die nach den Plänen der Vermesser gleichzeitig von beiden Seiten vorgetriebenen Stollen trafen sich mit geringen Abweichungen in der Mitte des Berges.

Projektion

Um allen Schülern die Dias gleichzeitig zu zeigen, wird ein Diaprojektor benutzt.
Wie wird die richtige Entfernung zur Projektionsfläche bestimmt, damit das Bild diese vollständig ausfüllt?

Försterdreieck

Zur Bestimmung von Baumhöhen benutzt man ein Försterdreieck.
Nach welchen Prinzipien (Gesetzmäßigkeiten) funktioniert es?

Maßstab

Welche Entfernung muss man zurücklegen, wenn die Wanderkarte einen Maßstab 1 : 50000 hat und der zurückzulegende Weg in der Karte 16,5 cm beträgt?

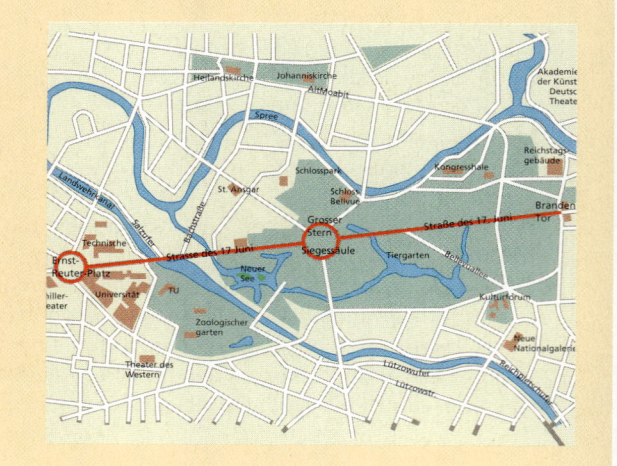

Rückblick

Einteilung der Dreiecke nach Winkelgrößen und nach Seitenlängen

drei **spitze** Innenwinkel	ein **rechter** Innenwinkel	ein **stumpfer** Innenwinkel
spitzwinkliges Dreieck	**rechtwinkliges** Dreieck	**stumpfwinkliges** Dreieck

drei verschiedene Seitenlängen	mindestens zwei gleiche Seitenlängen	
	genau zwei gleiche Seitenlängen	drei gleiche Seitenlängen
unregelmäßiges Dreieck	**gleichschenkliges** Dreieck	**gleichseitiges** Dreieck

Kongruenzsätze für Dreiecke

Dreiecke sind zueinander kongruent, wenn sie übereinstimmen

in einer Seite und in den beiden anliegenden Winkeln.	in zwei Seiten und in dem von ihnen eingeschlossenen Winkel.	in den drei Seiten.	in zwei Seiten und in dem der längeren Seite gegenüberliegenden Winkel.
WSW	SWS	SSS	SSW_g

Proportionale Zuordnung

Eine Zuordnung ist **proportional**, wenn sich die beiden einander zugeordneten Größen im **gleichen** Verhältnis ändern. Alle Quotienten aus den zugeordneten Wertepaaren sind gleich.

Beispiel:

y	2	4	12	6
x	5	10	30	15

$$\frac{2}{5} = \frac{4}{10} = \frac{12}{30} = \frac{6}{15}$$

Die Quotientengleichheit kann zur Berechnung fehlender Werte genutzt werden.

Beispiel:

Weg in km	2	5
Zeit in h	6	x

Gleichung: $\frac{x}{5} = \frac{6}{2}$ | · 5

$x = 15$

Strahlensätze und Ähnlichkeit

5.1 Strahlensätze

Eine Wandergruppe will ihr Ziel, das von ihrem Ausgangspunkt 75 km entfernt liegt, nach 5 Tagen erreichen und dabei jeden Tag die gleiche Entfernung zurücklegen. Sie muss also jeden Tag 15 km wandern.

Das Teilen einer Strecke ist auch zeichnerisch möglich.

Teilen einer Strecke in n gleiche Teile

Beispiel 1:
Die Strecke $\overline{AB}$ = 11 cm soll in 7 gleiche Teile geteilt werden.
1. Man zeichnet die Strecke $\overline{AB}$.
2. Von A aus wird ein Strahl beliebiger Länge gezeichnet.
3. Auf dem Strahl trägt man mit dem Zirkel 7-mal die gleiche Strecke ab.
4. Der Punkt B wird mit dem 7. Punkt verbunden.
5. Diese Strecke wird durch alle Punkte parallel verschoben.
6. Die Strecke $\overline{AB}$ ist nun in 7 gleich große Teile geteilt.

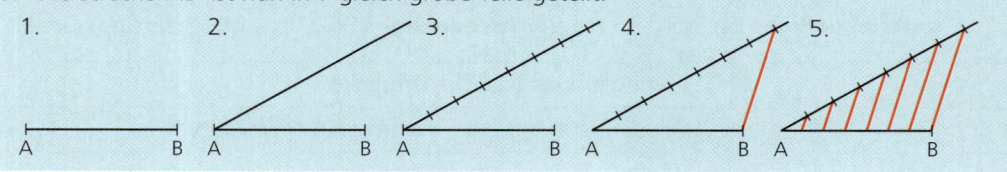

Beispiel 2:
Eine Radfahrergruppe will ihr Ziel, das von ihrem Ausgangspunkt 150 km entfernt liegt, in 2 Tagen erreichen, aber nicht jeden Tag die Hälfte der Strecke fahren, sondern die Gesamtstrecke im verhältnis 2 : 3 teilen.
Sie muss also am ersten Tag 60 km und am zweiten Tag 90 km fahren.

Teilen einer Strecke im Verhältnis p : q

Beispiel 1:
Die Strecke $\overline{AB}$ = 11 cm soll im Verhältnis 2 : 3 geteilt werden.
1. Man zeichnet die Strecke $\overline{AB}$.
2. Von A aus wird ein Strahl beliebiger Länge gezeichnet.
3. Auf dem Strahl trägt man mit dem Zirkel (2 + 3) mal, also 5-mal die gleiche Strecke ab.
4. Der Punkt B wird mit dem 5. Punkt verbunden.
5. Diese Strecke wird durch den 2. Punkt der Strecke parallel verschoben.
6. Die Strecke $\overline{AB}$ ist nun im Verhältnis 2 : 3 geteilt. Es gilt also: $\overline{AD} : \overline{DB} = 2 : 3$

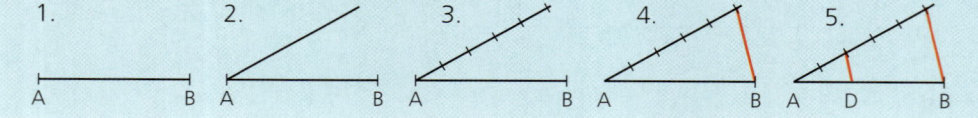

Strahlensätze

Streckenverhältnisse

Das Verhältnis der Längen zweier Strecken, die in der gleichen Einheit angegeben sind, heißen Streckenverhältnis. Es kann als Verhältnis zweier Zahlen, als Bruch oder als Dezimalbruch angegeben werden.

Beispiele:

$\overline{AB} : \overline{CD} = 3 : 6 = \frac{3}{6} = 0{,}5$ $\qquad\qquad \overline{CD} : \overline{AB} = 6 : 3 = \frac{6}{3} = 2$

1. Strahlensatz

Werden zwei Strahlen mit einem gemeinsamen Anfangspunkt von Parallelen geschnitten, so gilt: Die Strecken auf dem einen Strahl verhalten sich zueinander wie die entsprechenden Strecken auf dem anderen Strahl.

CA ∥ DB

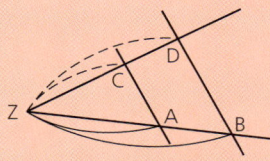

$\overline{ZA} : \overline{ZB} = \overline{ZC} : \overline{ZD}$ $\qquad$ $\overline{ZA} : \overline{AB} = \overline{ZC} : \overline{CD}$ $\qquad$ $\overline{ZB} : \overline{AB} = \overline{ZD} : \overline{CD}$

$\overline{ZB} : \overline{ZA} = \overline{ZD} : \overline{ZC}$ $\qquad$ $\overline{AB} : \overline{ZA} = \overline{CD} : \overline{ZC}$ $\qquad$ $\overline{AB} : \overline{ZB} = \overline{CD} : \overline{ZD}$

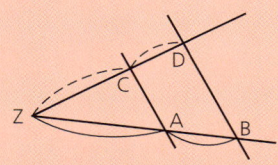

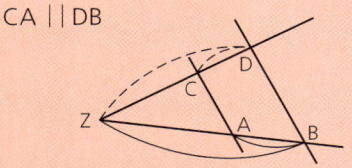

Beweis des 1. Strahlensatzes:
Wir beschränken uns auf einen der Fälle.

Voraussetzung: $\overline{AC} \parallel \overline{BD}$ $\qquad\qquad$ Behauptung: $\overline{ZA} : \overline{AB} = \overline{ZC} : \overline{CD}$

Beweis:
Für den Flächeninhalt des Dreiecks ZAC gilt:

$$A_{\triangle ZAC} = \frac{\overline{ZA} \cdot h_1}{2} = \frac{\overline{ZC} \cdot h_2}{2}$$

Daraus folgt: $\overline{ZA} \cdot h_1 = \overline{ZC} \cdot h_2$ (a)

Die Dreiecke ABC und ADC haben gleichgroße Flächeninhalte, denn sie haben die Seite $\overline{AC}$ gemeinsam und h_3 und h_4 sind gleich lang, denn diese Höhe entspricht dem Abstand der Parallelen.

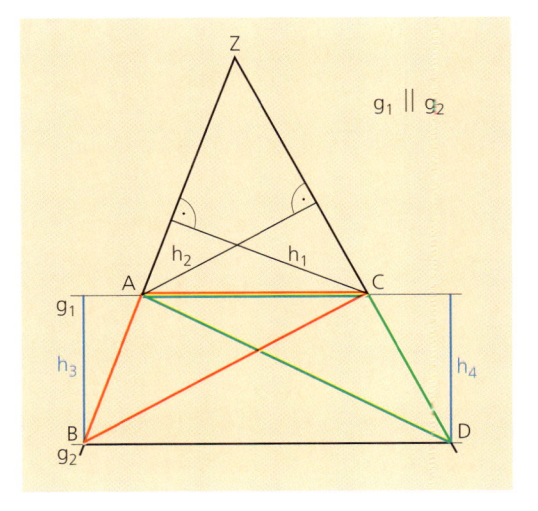

Es gilt: $\qquad A_{\triangle ABC} = \dfrac{\overline{AB} \cdot h_1}{2}$ und

$\qquad\qquad\quad A_{\triangle ADC} = \dfrac{\overline{CD} \cdot h_2}{2}$

Daraus folgt: $\overline{AB} \cdot h_1 = \overline{CD} \cdot h_2$ (b)

$g_1 \parallel g_2$

Aus (a) und (b) ergibt sich: $\dfrac{\overline{ZA} \cdot h_1}{\overline{AB} \cdot h_1} = \dfrac{\overline{ZC} \cdot h_2}{\overline{CD} \cdot h_2}$ $\qquad$ nach Kürzen folgt: $\dfrac{\overline{ZA}}{\overline{AB}} = \dfrac{\overline{ZC}}{\overline{CD}}$ $\quad$ w.z.b.w.

Strahlensätze und Ähnlichkeit

Umkehrung des 1. Strahlensatzes

Werden zwei Strahlen von Geraden geschnitten und verhalten sich die Strecken auf dem einen Strahl zueinander wie die entsprechenden Strecken auf dem anderen Strahl, so liegen die beiden Geraden parallel.

Den Beweis der Umkehrung des 1. Strahlensatzes könnte man so führen, dass man zeigt, dass $g_1 \not\parallel g_2$ zu einem Widerspruch führt.

2. Strahlensatz

Werden zwei Strahlen mit einem gemeinsamen Anfangspunkt von Parallelen geschnitten, so gilt: Die Strecken auf den Parallelen verhalten sich zueinander wie die zugehörigen Scheitelstrecken auf ein und denselben Strahl.

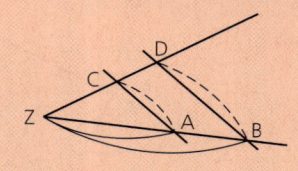

$\overline{ZA} : \overline{ZB} = \overline{AC} : \overline{BD}$
$\overline{ZB} : \overline{ZA} = \overline{BD} : \overline{AC}$

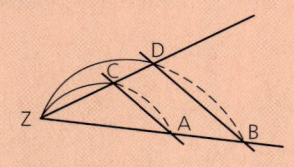

$\overline{ZC} : \overline{ZD} = \overline{AC} : \overline{BD}$
$\overline{ZD} : \overline{ZC} = \overline{BD} : \overline{AC}$

Beweis des 2. Strahlensatzes:

Voraussetzung: $\overline{AC} \parallel \overline{BD}$ Behauptung: $\overline{AC} : \overline{BD} = \overline{ZA} : \overline{ZB}$

Beweis:
Durch A wird eine Parallele zu $\overline{CD}$ gezeichnet. Der Schnittpunkt mit $\overline{BD}$ ist E.

B ist der gemeinsame Anfangspunkt der Strahlen durch A bzw. E.

Diese werden von den Parallelen $\overline{AE}$ und $\overline{ZD}$ geschnitten.

Es gilt: (a) $\overline{ED} = \overline{AC}$ (Gegenseiten im Parallelogramm sind gleichlang)

(b) $\overline{ED} : \overline{BD} = \overline{AZ} : \overline{BZ}$ (1. Strahlensatz)

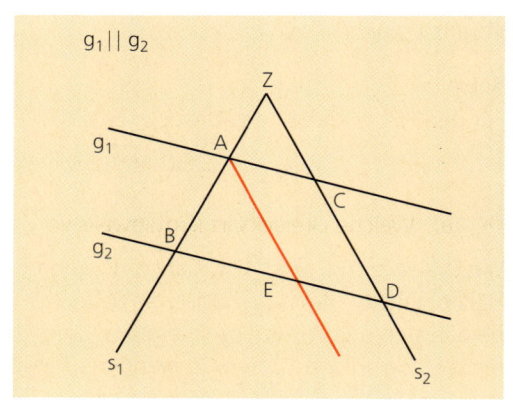

Aus (a) und (b) folgt: $\overline{AC} : \overline{BD} = \overline{ZA} : \overline{ZB}$ w.z.b.w.

Der 2. Strahlensatz ist nicht umkehrbar.

Strahlensätze

Beispiele: Die rot gekennzeichneten Strecken sind zu berechnen.

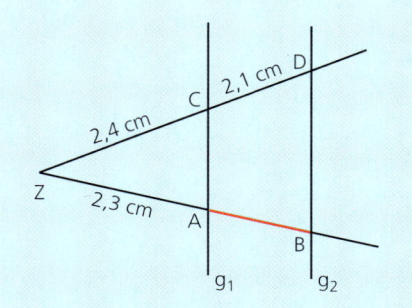

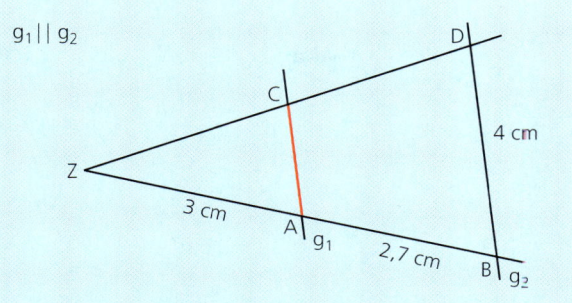

Nach dem 1. Strahlensatz gilt:

$$\frac{\overline{AB}}{\overline{ZA}} = \frac{\overline{CD}}{\overline{ZC}} \quad | \cdot \overline{ZA}$$

$$\overline{AB} = \frac{\overline{CD} \cdot \overline{ZA}}{\overline{ZC}}$$

$$\overline{AB} = \frac{2{,}1 \text{ cm} \cdot 2{,}3 \text{ cm}}{2{,}4 \text{ cm}}$$

$$\overline{AB} = 2 \text{ cm}$$

Nach dem 2. Strahlensatz gilt:

$$\frac{\overline{AC}}{\overline{BD}} = \frac{\overline{ZA}}{\overline{ZB}} \quad | \cdot \overline{BD}$$

$$\overline{AC} = \frac{\overline{ZA} \cdot \overline{BD}}{\overline{ZB}}$$

$$\overline{AC} = \frac{3 \text{ cm} \cdot 4 \text{ cm}}{5{,}7 \text{ cm}}$$

$$\overline{AC} = 2{,}1 \text{ cm}$$

Aufgaben

Rückblick

1. Skizziere die Dreiecke in dein Heft!

   a) Welche Dreiecksart liegt jeweils vor?
   b) Ergänze die Bezeichnungen für Eckpunkte und Winkel in der vereinbarten Form!

2. Zeichne ein unregelmäßiges, stumpfwinkliges Dreieck und miss die Seitenlängen! Addiere jeweils zwei Seitenlängen und vergleiche die Summe mit der Länge der dritten Dreiecksseite! Was stellst du fest?

3. Gibt es Dreiecke ABC mit folgenden Seitenlängen? Begründe deine Antwort mithilfe der Dreiecksungleichung!

   a) $a = 5$ cm
      $b = 4$ cm
      $c = 3$ cm

   b) $a = 2$ cm
      $b = 6$ cm
      $c = 9$ cm

   c) $a = 7$ cm
      $b = 6$ cm
      $c = 1$ cm

   d) $a = 28$ cm
      $b = 65$ cm
      $c = 38$ cm

4. Begründe, warum mit folgenden Stücken keine Dreiecke gezeichnet werden können!
a) a = 4 cm
   b = 2 cm
   α = 70°
   β = 80°
b) a = 5 cm
   b = 2 cm
   c = 3 cm
c) b = 7,5 cm
   c = 2,2 cm
   β = 35°
   γ = 60°
d) a = 7,1 cm
   b = 2,6 cm
   c = 2,8 cm

5. Untersuche mithilfe der Kongruenzsätze, ob mit folgenden Stücken Dreiecke eindeutig festgelegt sind!
a) c = 5,2 cm; a = 3,1 cm; β = 18°
b) a = 6 cm; b = 7,2 cm; c = 5 cm
c) b = 4,7 cm; α = 38°; β = 45°
d) c = 5,9 cm; a = 4 cm; α = 50°

6. Gib jeweils ein drittes Stück an, sodass das Dreieck nach einem Kongruenzsatz eindeutig festgelegt ist! Verwende verschiedene Kongruenzsätze und gib sie in Kurzform an!
a) a = 5 cm; c = 6 cm
b) β = 40°; b = 4 cm
c) β = 65°; γ = 70°
d) c = 5,2 cm; γ = 90°

7. Die folgenden Paare von Dreiecken stimmen in den markierten Stücken überein. Prüfe, in welchen Fällen aus der Übereinstimmung der markierten Stücke auf die Kongruenz der Dreiecke geschlussfolgert werden kann! Gib jeweils den entsprechenden Kongruenzsatz in Kurzform an! Begründe!

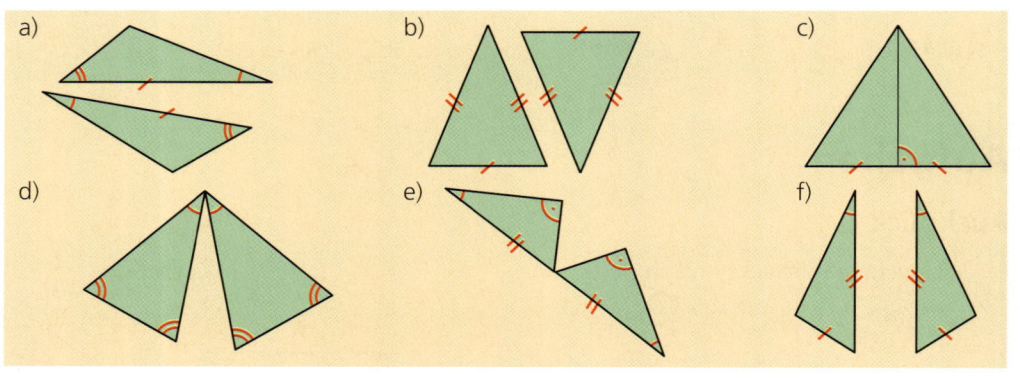

8. Berechne jeweils den Wert für x, wenn die Zuordnungen proportional sind!

a) Masse → Preis
   4 t → 750 €
   16 t → x €

b) Anzahl → Preis
   18 Stück → 72 €
   3 Stück → x €

c) Länge → Preis
   90 dm → 54 €
   x dm → 18 €

d) Benzinmenge → Preis
   2 l → 1,5 €
   38 l → x €

e) Strecke → Zeit
   75 km → 225 min
   25 km → x min

f) Arbeitszeit → Lohn
   2 h → 56 €
   66 h → x €

g) Masse → Preis
   1000 g → 5 €
   x g → 4 €

h) Anzahl → Preis
   40 Stück → 64 €
   x Stück → 8 €

i) Länge → Preis
   280 cm → 45 €
   210 cm → x €

j) Benzinmenge → Preis
   18 l → 27 €
   54 l → x €

k) Strecke → Zeit
   89 km → 267 min
   x km → 249 min

l) Arbeitszeit → Lohn
   19 h → 513 €
   x h → 81 €

Strahlensätze

9. Ein Autofahrer fährt auf der Autobahn mit gleich bleibender Geschwindigkeit 110 km in einer Stunde.
   a) Begründe, warum der zurückgelegte Weg und die gefahrene Zeit proportional zueinander sind!
   b) Berechne die fehlenden Werte!

Zeit in h	1			4	
Weg in km	110	55	220		165

   c) Stelle die Zuordnung in einem Koordinatensystem dar! Verwende die Werte aus b)!
   d) Gib den Proportionalitätsfaktor an!

10. Ein Charterflugzeug fliegt mit einer Durchschnittsgeschwindigkeit von 870 $\frac{km}{h}$. Berechne die Flugzeit für eine Strecke von 3 200 km! Runde das Ergebnis auf volle Minuten!

Strahlensätze

11. Teile die Strecke $\overline{AB}$ = 7,3 cm zeichnerisch
    a) in 3 gleiche Teile
    b) in 9 gleiche Teile!

12. Teile folgende Strecken im angegebenen Verhältnis
    a) $\overline{AB}$ = 5,2 cm im Verhältnis 2 : 3
    b) $\overline{CD}$ = 6,8 cm im Verhältnis 3 : 7
    c) $\overline{EF}$ = 7,1 cm im Verhältnis 5 : 1
    d) $\overline{GH}$ = 8,3 cm im Verhältnis 4 : 3!

13. Bilde die Streckenverhältnisse!
    a) s_1 = 4 cm s_2 = 12 cm
    b) e_1 = 7 cm e_2 = 3,5 cm
    c) a_1 = 35 mm a_2 = 87,5 mm
    d) $\overline{AB}$ = 60 cm $\overline{CD}$ = 15 cm

14. Ergänze die Tabelle!

Strecke s_1	12,5 cm	1,4 cm		3,5 cm
Strecke s_2	37,5 cm		400 m	
Streckenverhältnis $s_1 : s_2$		0,5	$\frac{3}{5}$	2,5

15. Entnimm der Zeichnung die Maße der Seiten und bestimme alle Streckenverhältnisse!

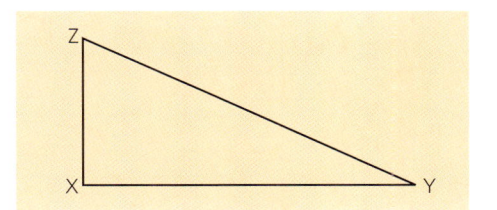

16. Wie lang muss die vierte Seite s_4 sein, damit gilt: $s_1 : s_2 = s_3 : s_4$?

	s_1	s_2	s_3
a)	12 cm	4 cm	2,4 cm
b)	7 dm	21 dm	2 dm
c)	5,7 m	2,28 m	4,3 m

Strahlensätze und Ähnlichkeit

17. Übernimm in dein Heft und ergänze mithilfe des 1. Strahlensatzes!

   a) $\dfrac{\overline{ZD}}{\overline{ZE}} = \dfrac{\Box}{\Box}$
   b) $\dfrac{\overline{ZF}}{\overline{FG}} = \dfrac{\Box}{\Box}$
   c) $\dfrac{\overline{ZE}}{\overline{DE}} = \dfrac{\Box}{\Box}$
   d) $\dfrac{\overline{ZG}}{\overline{ZF}} = \dfrac{\Box}{\Box}$

18. Stelle mithilfe des 1. Strahlensatzes alle Streckenverhältnisse auf!

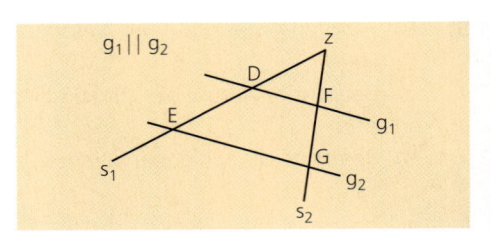

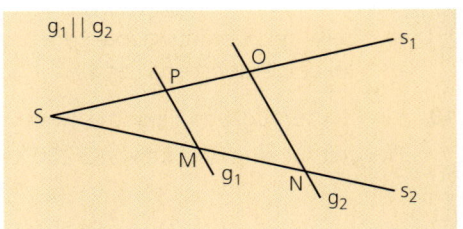

19. Übernimm in dein Heft und ergänze mithilfe des 1. Strahlensatzes!

   a) $\dfrac{\overline{ZK}}{\overline{ZL}} = \dfrac{\Box}{\Box}$
   b) $\dfrac{\overline{NO}}{\overline{NP}} = \dfrac{\Box}{\Box}$
   c) $\dfrac{\overline{ZM}}{\overline{KL}} = \dfrac{\Box}{\Box}$
   d) $\dfrac{\overline{ZO}}{\overline{ZN}} = \dfrac{\Box}{\Box}$
   e) $\dfrac{\overline{LM}}{\overline{KM}} = \dfrac{\Box}{\Box}$
   f) $\dfrac{\overline{ZP}}{\overline{ZO}} = \dfrac{\Box}{\Box}$

20. Bilde alle Streckenverhältnisse nach dem 1. Strahlensatz!

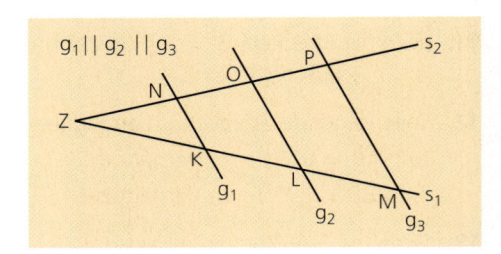

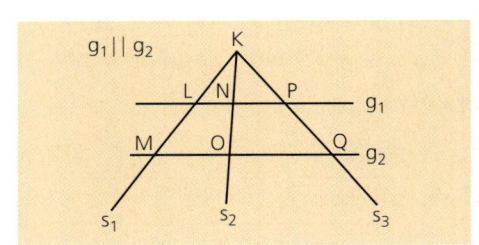

21. Übertrage die Tabelle in dein Heft und ergänze sie!

	$\overline{ZA}$	$\overline{ZB}$	$\overline{AB}$	$\overline{ZC}$	$\overline{ZD}$	$\overline{CD}$
a)	2 cm	2,5 cm		1 cm		
b)	4,2 cm		1,2 cm		6,3 cm	
c)			20 cm		5,4 cm	1,4 cm
d)	9,5 cm	12,8 cm			3,3 cm	
e)			6,6 cm	8,1 cm	9 cm	
f)				3,7 cm	5,3 cm	1,6 cm

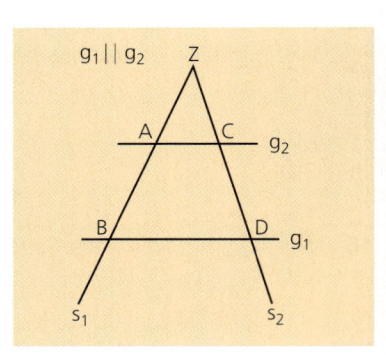

Strahlensätze

22. Berechne die fehlenden Strecken, nachdem du die Tabelle in dein Heft übernommen hast!

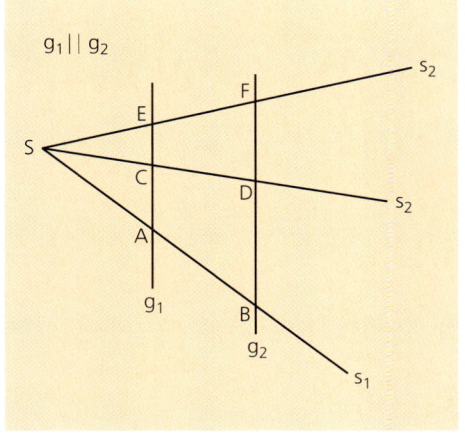

	a)	b)	c)	d)
$\overline{SA}$	1 cm	33 mm		
$\overline{SB}$	1,5 cm		9 cm	
$\overline{AB}$		22 mm	4 cm	3 cm
$\overline{SC}$	2 cm	35 mm		6 cm
$\overline{SD}$			8 cm	12 cm
$\overline{CD}$				
$\overline{SE}$	2,5 cm	37 mm		
$\overline{SF}$				14 cm
$\overline{EF}$		8,5 cm		

23. Entscheide, ob eine wahre oder eine falsche Aussage vorliegt! Begründe deine Entscheidung!

a) $\overline{FO} : \overline{FP} = \overline{FL} : \overline{FM}$

b) $\overline{OR} : \overline{OP} = \overline{LM} : \overline{LN}$

c) $\overline{LN} : \overline{FM} = \overline{OR} : \overline{FP}$

d) $\overline{RF} : \overline{RP} = \overline{NF} : \overline{NM}$

e) $\overline{FM} : \overline{MN} = \overline{FR} : \overline{PR}$

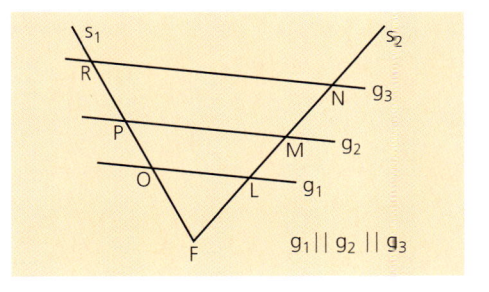

24. Stelle mithilfe der Abbildung aus Nr. 23 Streckenverhältnisse nach dem 2. Strahlensatz auf!

25. Übernimm in dein Heft und ergänze mithilfe des 2. Strahlensatzes!

a) $\dfrac{\overline{ZK}}{\overline{ZL}} = \dfrac{}{}$
b) $\dfrac{\overline{ZM}}{\overline{ZK}} = \dfrac{}{}$
c) $\dfrac{\overline{KN}}{\overline{LO}} = \dfrac{}{}$

d) $\dfrac{\overline{ZO}}{\overline{ZN}} = \dfrac{}{}$
e) $\dfrac{\overline{LO}}{\overline{MP}} = \dfrac{}{}$
f) $\dfrac{\overline{MP}}{\overline{KN}} = \dfrac{}{}$

26. Stelle Streckenverhältnisse für den 1. und 2. Strahlensatz auf!

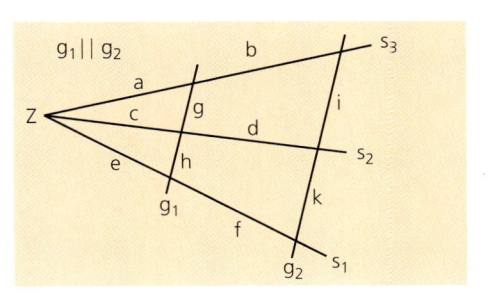

Strahlensätze und Ähnlichkeit

27. Übertrage die Tabelle in dein Heft und ergänze sie!

	$\overline{ZA}$	$\overline{ZB}$	$\overline{AB}$	$\overline{ZC}$	$\overline{ZD}$	$\overline{CD}$	$\overline{AC}$	$\overline{BD}$
a)	6 cm		3 cm		12 cm		10 cm	
b)		2 cm			11 cm		4,8 cm	8 cm
c)		85 mm		52 mm			56 mm	70 mm
d)				3,1 cm	6,2 cm	3,1 cm	4,9 cm	
e)	1,8 dm	2,2 dm					1,4 dm	2,1 dm

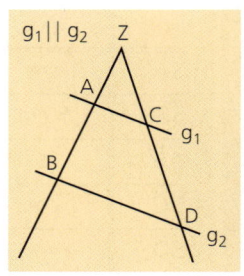

28. Berechne die Länge der Strecke $\overline{AB}$!
$\overline{DE}$ = 45 m $\overline{BC}$ = 3 m
$\overline{CF}$ = 20 m
$\overline{CD}$ = 20 m

29. Wie hoch sind zwei Bäume, die auf ein Grundstück einen Schatten von 8 m bzw. 5 m werfen? Der Schatten des 1,85 m großen Eigentümers beträgt zur gleichen Zeit 1,5 m.
Fertige eine Skizze an und berechne beide Baumhöhen!

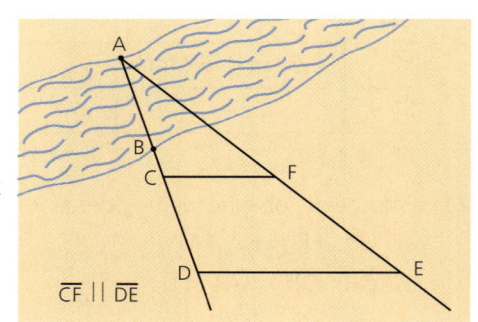

30. Berechne die Längen der farbig gekennzeichneten Strecken!

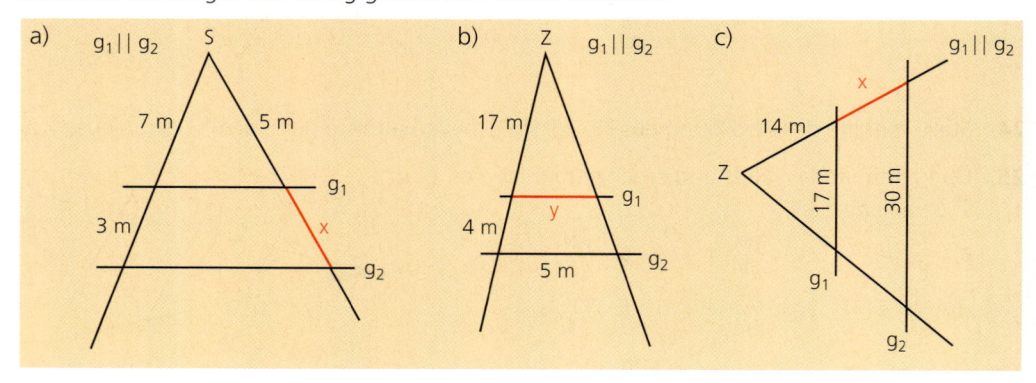

a) $g_1 \parallel g_2$; 7 m, 5 m, 3 m, x

b) $g_1 \parallel g_2$; 17 m, y, 4 m, 5 m

c) $g_1 \parallel g_2$; 14 m, x, 17 m, 30 m

31. Mit einer Messlatte wurde die Höhe von drei Häusern bestimmt. Die Messlatte war 3 m hoch und wurde 4 m vom Schüler entfernt aufgestellt. Seine Augenhöhe betrug 1,60 m.

	Abstand Messlatte – Haus (a)
1. Haus	35 m
2. Haus	47 m
3. Haus	27,8 m

Wie hoch waren die drei gemessenen Häuser?

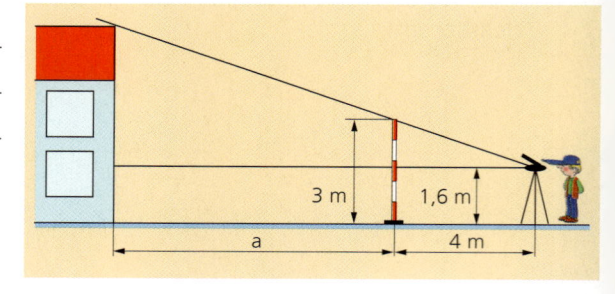

5.2 Ähnlichkeit von Dreiecken

Der Begriff der Ähnlichkeit zwischen Figuren oder Körpern ist uns aus dem Alltag bekannt. Zueinander ähnliche Dinge weisen in ihrer äußeren Form gewisse ähnliche Eigenschaften auf.

Die Lokomotive einer Modelleisenbahn z.B. ist einer wirklichen Lokomotive ähnlich, d.h. das Verhältnis der entsprechenden Längen im Original und im Modell ist gleich.

Alle Längen der Originallok wurden auf $\frac{1}{87}$ verkleinert.

Wir wollen uns nun auf Dreiecke beschränken.

> Zwei Dreiecke ABC und A'B'C' heißen zueinander **ähnlich,** wenn die einander entsprechenden Seiten gleiche Streckenverhältnisse bilden und die einander entsprechenden Winkel gleich groß sind.
>
> $\frac{a'}{a} = k \qquad \frac{b'}{b} = k \qquad \frac{c'}{c} = k \qquad \alpha = \alpha' \quad \beta = \beta' \quad \gamma = \gamma'$
>
> bzw. $a' = k \cdot a \qquad b' = k \cdot b \qquad c' = k \cdot c$
>
> Wir schreiben kurz: $\triangle ABC \sim \triangle A'B'C'$
> und sagen: Dreieck ABC ist ähnlich dem Dreieck A'B'C'.
>
> Den Faktor k nennt man **Ähnlichkeitsfaktor.**

Für die Untersuchung der Kongruenz zweier Dreiecke verwenden wir die Kongruenzsätze. Diese lassen es zu, aus der Übereinstimmung von 3 Stücken – z.B. zwei Seiten und dem eingeschlossenen Winkel (SWS) – auf die Gleicheit der restlichen Stücke zu schließen. Der Nachweis der Kongruenz wird dadurch erheblich vereinfacht. Für die Ähnlichkeit von Dreiecken gibt es entsprechende Sätze.

Ähnlichkeitssätze für Dreiecke

Zwei Dreiecke sind zueinander ähnlich, wenn sie übereinstimmen in

1. zwei Winkeln (WW)
   Hauptähnlichkeitssatz

   $\alpha = \alpha', \beta = \beta'$

   Da die Winkelsumme im Dreieck immer 180° beträgt, stimmen die Dreiecke auch im dritten Winkel überein.

   Die Streckenverhältnisse brauchen nicht berücksichtigt zu werden.

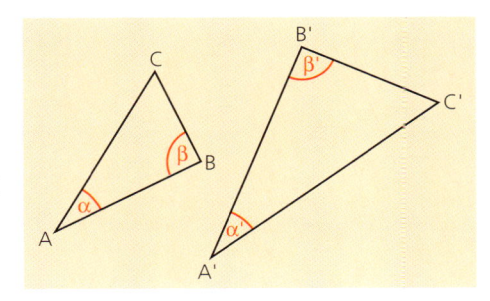

Strahlensätze und Ähnlichkeit

2. den Streckenverhältnissen aller einander entsprechenden Seiten (SSS)

$$\frac{a'}{a} = k, \quad \frac{b'}{b} = k, \quad \frac{c'}{c} = k$$

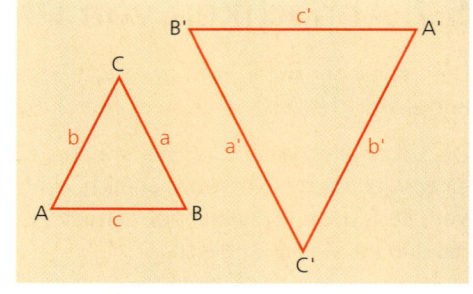

3. den Streckenverhältnissen zweier Seiten und dem jeweils eingeschlossenen Winkel (SWS)

$$\frac{a'}{a} = k, \quad \frac{b'}{b} = k, \quad \gamma = \gamma'$$

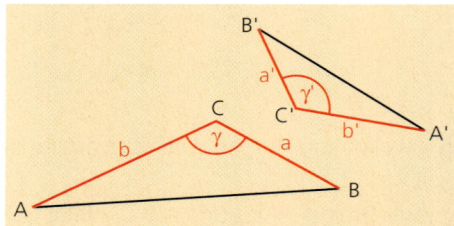

4. den Streckenverhältnissen zweier Seiten und dem Winkel, der jeweils der größeren Seite gegenüberliegt (SSW_g)

$$\frac{a'}{a} = k, \quad \frac{c'}{c} = k, \quad \gamma = \gamma', \quad c > a, \; c' > a'$$

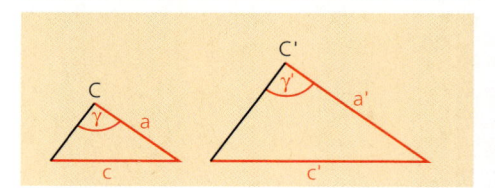

1. Beispiel:

Prüfe, ob das Dreieck ABC mit $a = 1{,}2$ cm, $b = 2$ cm und $c = 2{,}6$ cm dem Dreieck DEF mit $d = 3{,}9$ cm, $e = 3$ cm und $f = 1{,}8$ cm ähnlich ist!

Planfigur:

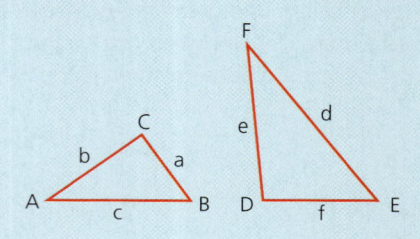

Lösung:
Die Seiten sind aufgrund ihrer Länge wie folgt zuzuordnen: a und f, b und e, c und d.
Es sind die Streckenverhältnisse zu prüfen. Dabei spielt es keine Rolle, welches Dreieck als Bilddreieck aufgefasst wird.

$$\frac{f}{a} = \frac{1{,}8}{1{,}2} = 1{,}5 \quad \frac{e}{b} = \frac{3}{2} = 1{,}5 \quad \frac{d}{c} = \frac{3{,}9}{2{,}6} = 1{,}5$$

Nach dem Ähnlichkeitssatz SSS sind die Dreiecke einander ähnlich.
$$\triangle ABC \sim \triangle DEF$$

2. Beispiel:

Prüfe, ob das Dreieck ABC mit $a = 5$ cm, $c = 4$ cm und $\beta = 60°$ dem Dreieick DEF mit $f = 2$ cm, $e = 2{,}5$ cm und $\delta = 60°$ ähnlich ist!

Ähnlichkeit von Dreiecken

Planfigur:

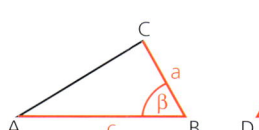

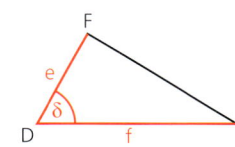

Lösung:
Es sind folgende Zuordnungen zu treffen:
c und f,   a und e,   β und δ

$\frac{c}{f} = \frac{4}{2} = 2$ $\frac{a}{e} = \frac{5}{2,5} = 2$ $\beta = \delta = 60°$

Nach dem Ähnlichkeitssatz SWS sind die Dreiecke einander ähnlich.

$$\Delta ABC \sim \Delta DEF$$

3. Beispiel:
Prüfe, ob das Dreieck ABC mit b = 3 cm, c = 4 cm und γ_1 = 85° dem Dreieck DEF mit f = 6 cm, e = 3,5 cm und γ_2 = 85° ähnlich ist!

Planfigur:

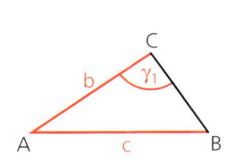

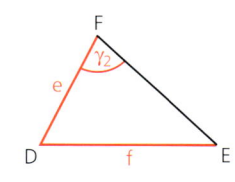

Lösung:
Es sind folgende Zuordnungen zu treffen:
c und f   b und e γ_1 und γ_2

$\gamma_1 = \gamma_2 = 85°$ $\frac{c}{f} = \frac{4}{6} = 0,\overline{6}$ $\frac{b}{e} = \frac{3}{3,5} = 0,8\overline{6}$

Da die Streckenverhältnisse nicht gleich sind, sind die Dreiecke nach dem Ähnlichkeitssatz SSW$_g$ nicht ähnlich.

$$\Delta ABC \not\sim \Delta DEF$$

> Ist der Ähnlichkeitsfaktor k = 1, so sind die Dreiecke zueinander kongruent. Die Kongruenz ist also ein Sonderfall der Ähnlichkeit.

Aufgaben

1. Zeichne ein Dreieck ABC mit α = 50° und β = 28°! Zeichne zwei zum Dreieck ABC ähnliche Dreiecke!

2. Zeichne zum Dreieck ABC mit a = 3,5 cm, b = 4 cm und c = 6 cm ein ähnliches Dreieck DEF, sodass die entsprechenden Seiten das Verhältnis k = 2 bilden!

3. Untersuche die Dreiecke auf Ähnlichkeit! Begründe!

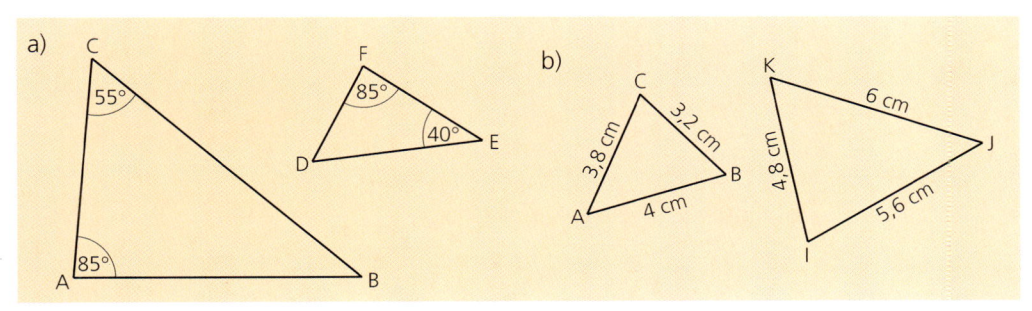

Strahlensätze und Ähnlichkeit

c)

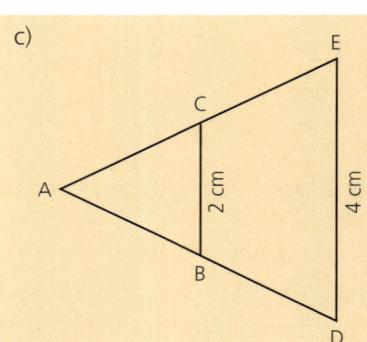

d)

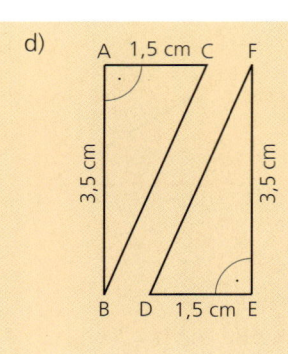

4. Prüfe, ob jeweils die Dreiecke ABC und DEF einander ähnlich sind! Begründe!

Für das Dreieck ABC gilt:
- a = 7 cm, α = 78°
- b = 6 cm, β = 57°
- c = 5 cm, γ = 45°

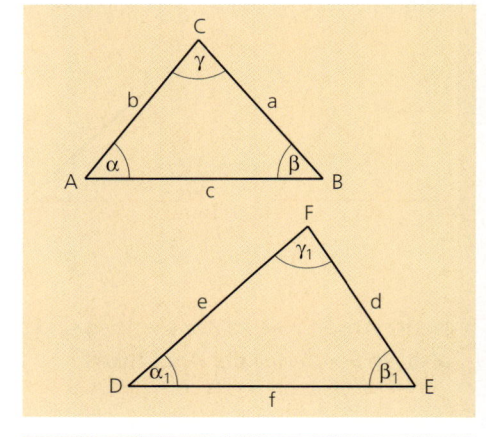

a) d = 14 cm
   e = 12 cm
   f = 10 cm

b) $α_1$ = 78°
   $γ_1$ = 45°
   f = 3 cm

c) e = 3,5 cm
   f = 3 cm
   $α_1$ = 45°

d) d = 420 mm
   e = 360 mm
   $γ_1$ = 78°

e) d = 1,5 dm
   f = 1,25 dm
   $α_1$ = 57°

f) d = 6 cm
   e = 7,2 cm
   f = 10,5 cm

5. In jedem gleichschenkligen Trapez entstehen durch die Diagonalen zwei ähnliche Dreiecke! Begründe die Aussage ΔABM ~ ΔMCD!

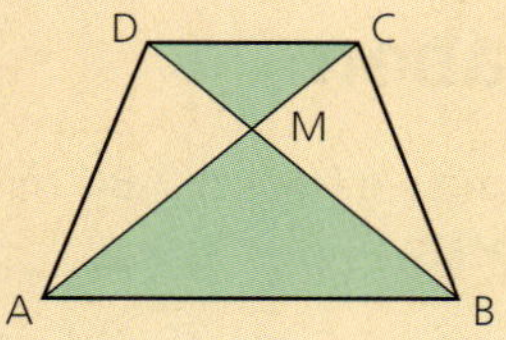

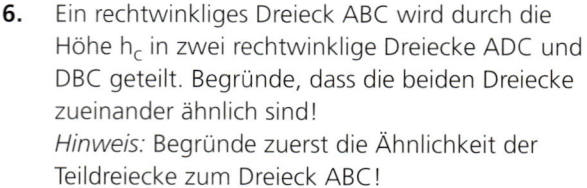

6. Ein rechtwinkliges Dreieck ABC wird durch die Höhe h_c in zwei rechtwinklige Dreiecke ADC und DBC geteilt. Begründe, dass die beiden Dreiecke zueinander ähnlich sind!
Hinweis: Begründe zuerst die Ähnlichkeit der Teildreiecke zum Dreieck ABC!

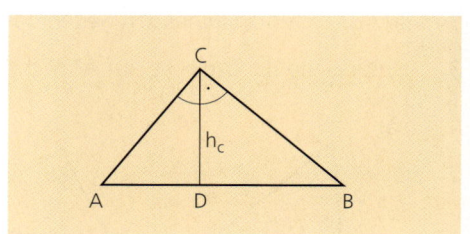

7. In einem Dreieck ABC sind D, E, F, die Mittelpunkte der Seiten. Beweise, dass das Dreieck ABC ähnlich ist zum Dreieck DEF!

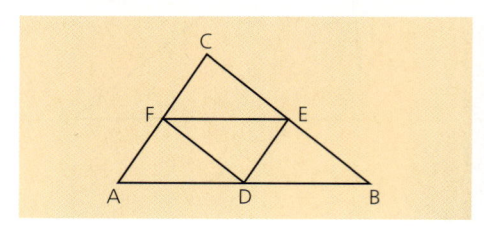

Zentrische Streckung

5.3 Zentrische Streckung

Mithilfe einer Taschenlampe kann man in einem dunklen Raum Schattenbilder auf der Wand erzeugen. Der Schatten ist dem Original ähnlich. Will man in der Geometrie zueinander ähnliche Figuren erzeugen, kann man ein entsprechendes Verfahren anwenden. In der Geometrie wird dabei die Taschenlampe durch ein sogenanntes Streckungszentrum Z und die Lichtstrahlen durch Strahlen, die von Z aus gezeichnet werden, ersetzt.

Abbildungsvorschriften für zentrische Streckungen

Jede Figur kann durch eine zentrische Streckung (Z; k) mit Z als Streckungszentrum und k (k > 0) als Streckungsfaktor in eine ähnliche Figur überführt werden. (k heißt auch Ähnlichkeitsfaktor)

1. Ich zeichne Strahlen von Z aus durch die Punkte P_1, P_2 und P_3 der Originalfigur.
   (Z kann beliebig gewählt werden.)

2. Ich multipliziere die Streckenlängen $\overline{ZP}$ mit dem Ähnlichkeitsfaktor k und erhalte die Streckenlänge $\overline{ZP'}$.
   $\overline{ZP'} = k \cdot \overline{ZP}$
   Diese trage ich von Z aus auf den Strahlen ab.
   In der Abbildung ist k = 2.

3. Ich verbinde die Bildpunkte P' in der ursprünglichen Reihenfolge.

4. Z hat sich selbst als Bild.

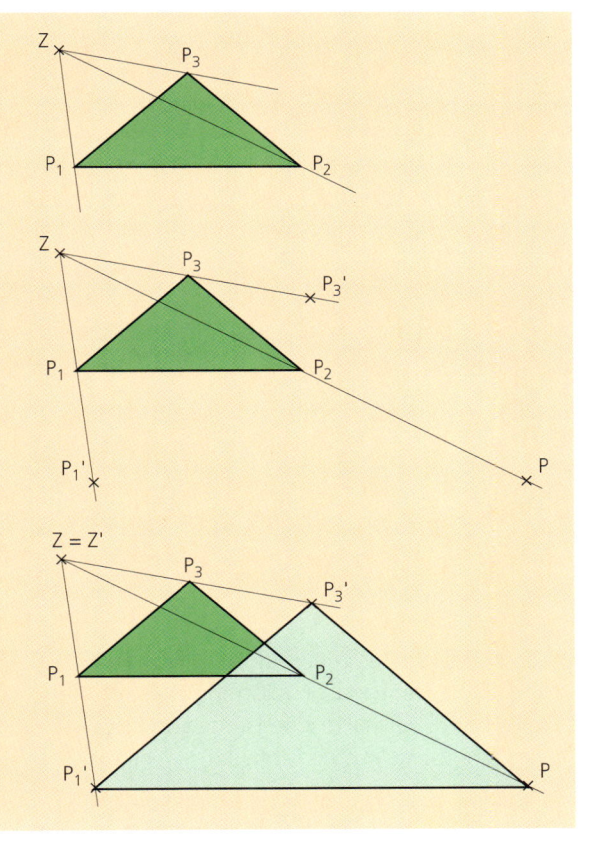

Strahlensätze und Ähnlichkeit

Beispiel:
Zeichne ein Quadrat ABCD mit a = 1,1 cm! Der Schnittpunkt der Diagonalen ist das Streckungszentrum Z. Konstruiere das Bild A'B'C'D' bei der zentrischen Streckung (Z; 2)!
Bei einfachen Ähnlichkeitsfaktoren wie z.B. k = 2 ist es oft vorteilhaft, die Strecke $\overline{ZP}$ mit dem Zirkel zu vervielfachen.

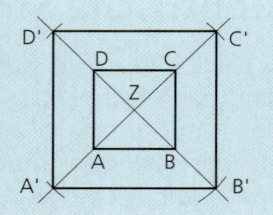

Bei jeder zentrischen Streckung (Z; k) gelten folgende Eigenschaften:
1. Das Bild einer Geraden ist wieder eine Gerade.
2. Zwei parallele Geraden besitzen als Bild wieder zueinander parallele Geraden.
3. Das Bild einer Strecke ist eine zu ihr parallele Strecke.
4. Das Bild einer Strecke ist k-mal länger (kürzer) als die Originalstrecke.
5. Je zwei Strecken bilden die gleichen Verhältnisse wie ihre Bildstrecken.
6. Original- und Bildwinkel sind gleich groß.
7. Das Bild eines n-Eckes ist wieder ein n-Eck.
8. Das Bild eines Kreises mit dem Radius r ist wieder ein Kreis mit dem Radius r' = k · r.

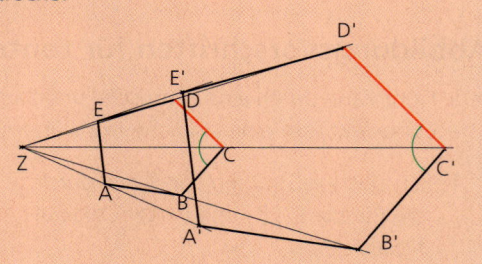

Die Eigenschaften lassen sich mithilfe der Strahlensätze begründen.
Eine zentrische Streckung kann man auch als maßstäbliche Vergrößerung bzw. Verkleinerung eines Originals auffassen. Der Streckungsfaktor wird dann als Maßstab bezeichnet.

Der **Maßstab** k gibt das Verhältnis der Bildstreckenlänge zur Originalstreckenlänge an.
$$k = \frac{\text{Bildstreckenlänge}}{\text{Originalstreckenlänge}}$$

Es gilt: 0 < k < 1 maßstäbliche Verkleinerung   k = 1 identische Abbildung
          k > 1   maßstäbliche Vergrößerung

Der Maßstab k wird auch häufig als Quotient angegeben. So bedeutet
Maßstab 1 : 4 = $\frac{1}{4}$ = 0,25 eine Verkleinerung, und Maßstab 5 : 2 = $\frac{5}{2}$ = 2,5 eine Vergrößerung.
Diese Art der Angabe wird häufig in der Geographie und beim technischen Zeichnen verwendet.

Beispiel:
Die Karte von Berlin besitzt den Maßstab 1 : 15 000. Die Hardenbergstraße in Charlottenburg hat in der Karte eine Länge von etwa 7 cm. Wie lang ist sie in Wirklichkeit?

Die Karte ist eine maßstäbliche Verkleinerung.
Also ist die Straße 15 000-mal länger als im Bild.
7 cm · 15 000 = 105 000 cm = 1,050 km
Antwort: Die Straße ist also etwa 1 km lang.

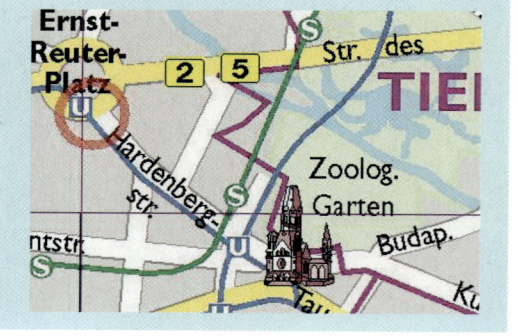

Zentrische Streckung

Beim Vergrößern und Verkleinern ändern sich neben den Streckenlängen auch die Flächeninhalte der Figuren. Bei Körpern wird neben dem Oberflächeninhalt auch das Volumen verändert.

Beispiel:
Das Rechteck ABCD mit a = 3 cm und b = 2 cm wird im Maßstab 3 : 1 vergößert. Wie viel mal größer ist sein Flächeninhalt?

A = a · b	A' = a' · b'
A = 3 cm · 2 cm	A' = 9 cm · 6 cm
A = 6 cm^2	A' = 54 cm^2

Antwort: Der Flächeninhalt hat sich verneunfacht: $3^2 = 9$

$A' = 9 \cdot A$

Es besteht allgemein folgender Zusammenhang:

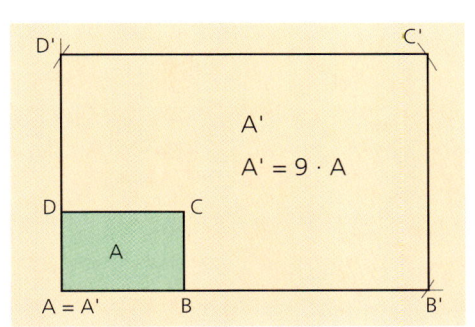

> Beim Vergrößern bzw. Verkleinern einer Figur mit dem Maßstab k bilden die Flächeninhalte das Verhältnis:
> $$\frac{A'}{A} = k^2 \qquad \text{bzw.} \qquad A' = k^2 \cdot A$$

Beispiel:
Ein Paket Fotopapier mit den Maßen 9 cm x 12 cm kostet 12 €. Fotopapier mit den Maßen 18 cm x 24 cm kostet 48 €. Warum kostet es nicht das Doppelte?

Lösung:
$k = 2$
$A = 9 \text{ cm} \cdot 12 \text{ cm} = 108 \text{ cm}^2$
$A' = 18 \text{ cm} \cdot 24 \text{ cm} = 432 \text{ cm}^2$
$\frac{432}{108} = 4 = 2^2 = k^2$

Antwort: Das große Fotopapier hat den vierfachen Flächeninhalt. Es wird also für die Herstellung die vierfache Papiermenge verwendet.

Beispiel:
Welches Volumen hat ein Quader mit a = 3 cm; b = 2 cm und c = 1 cm, dessen Seiten verdoppelt werden?

Lösung:
V = a · b · c	V' = a' · b' · c'
V = 3 cm · 2 cm · 1 cm	V' = 6 cm · 4 cm · 2 cm
V = 6 cm^3	V' = 48 cm^3

$V' = 8 \cdot V$

Antwort:
Das Volumen hat sich verachtfacht: $2^3 = 8$

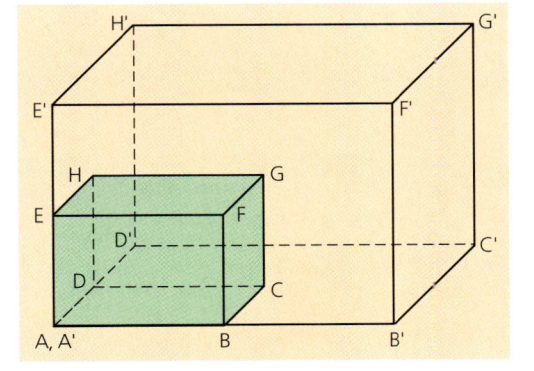

> Für das Volumen von Körpern gilt beim Vergrößern bzw. Verkleinern mit dem Maßstab k:
> $$\frac{V'}{V} = k^3 \qquad \text{bzw.} \qquad V' = k^3 \cdot V$$

Aufgaben

1. Zeichne jeweils ein Koordinatensystem und den Punkt Z(0|0) als Streckungszentrum! Ermittle jeweils das Bild der folgenden Figuren bei der zentrischen Streckung (Z; 2)! Gib die Koordinaten der Bildpunkte an!
   a) Dreieck ABC mit A(–2|0), B(2|0), C(0|3)
   b) Rechteck ABCD mit A(–1|–1,5), B(1|–1,5), C(1|1,5), D(–1|1,5)
   c) Sechseck ABCDEF mit A(–1|1), B(1,5|2), C(1|1,5), D(1,5|3), E(–1|4), F(–2|2,5)

2. Zeichne das Dreieck ABC mit A(–2|0), B(3|1) und C(–1|5)! Wähle Z(–3|2) als Streckungszentrum und strecke das Dreieck mit k = 1,5!

3. Übertrage die Zeichnung in dein Heft! B' ist das Bild von B bei der zentrischen Streckung (A; k).
   a) Wie groß ist k?
   b) Ermittle die Bildpunkte A' und C' und zeichne das Bilddreieck!

4. Zeichne einen Kreis mit dem Radius r = 2 cm und dem Mittelpunkt M!
   Bestimme das Bild des Kreises bei der zentrischen Streckung (M; 2)!

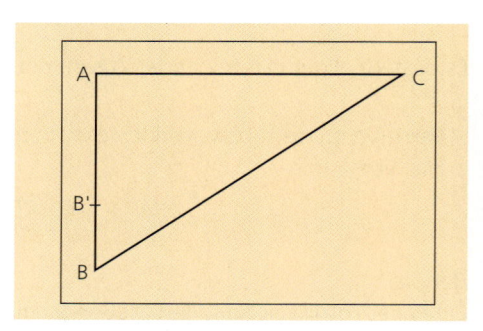

5. Die Spurweite der Modelleisenbahn H0 beträgt etwa 16,5 mm.
   Wie groß ist die Spurweite der Eisenbahn im Original, wenn H0 eine Verkleinerung im Maßstab 1 : 87 ist?

6. Zeichne das Parallelogramm ABCD mit a = 5 cm; b = 2,2 cm; α = 72°! C ist das Bild von S bei der zentrischen Streckung (A; k).
   a) Bestimme k!
   b) Ermittle die Bildpunkte A', B', C' und D' und zeichne die Bildfigur!

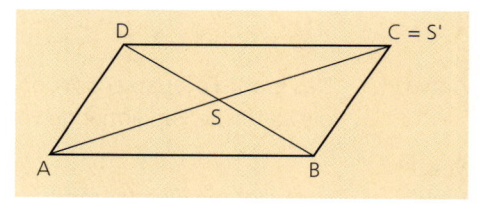

7. Bei welchem Papierformat bleibt bei der Herstellung der Abzüge von einem Negativ mit dem Format 24 mm x 36 mm kein Rand?
   a) 9 cm x 13 cm   b) 10 cm x 15 cm   c) 13 cm x 18 cm

8. Das Format des Negativs eines Films beträgt 24 mm x 36 mm. Von dem Film werden Abzüge auf Papier mit folgenden Formaten hergestellt:
   a) 18 cm x 27 cm   b) 20 cm x 30 cm   c) 30 cm x 45 cm
   Bestimme jeweils den Vergrößerungsfaktor k!

9. Ein Rechteck mit a = 2,5 cm und b = 4 cm wird mit k = 3 vergrößert.
   Wie groß ist der Flächeninhalt des Originals und des Bildes? Löse die Aufgabe auf zwei verschiedenen Wegen!

10. In einem Rechteck ist die kürzere Seite 3,2 cm. Der Flächeninhalt beträgt 19,2 cm². In der Bildfigur ist die kürzere Seite 16 cm. Wie lang ist die andere Seite in der Bildfigur?

Zentrische Streckung

11. Der Maßstab der Karte von Orten des nördlichen Berliner Umlandes beträgt 1 : 22 000.
  a) Wie groß ist die Entfernung von Lindenberg nach Mehrow, wenn dieser Weg auf der Karte 31 cm entspricht?
  b) Familie Schulz möchte einen Ausflug unternehmen. Sie möchte in zwei Stunden von Wuhletal nach Blumberg laufen. Kann sie das schaffen, wenn die Entfernung auf der Karte 6 cm beträgt?

12. Wie viel mal größer oder kleiner ist der Flächeninhalt einer Figur, wenn sie mit den folgenden Maßstäben verändert wird?
  a) k = 4   b) k = 11   c) k = 1,5   d) k = $\frac{1}{2}$ e) k = $\frac{2}{3}$
  f) k = 0,25   g) 6 : 1   h) 1 : 5   i) 3 : 7   j) 2 : 6

13. Bestimme das Volumen eines Quaders, der mit folgenden Maßstäben vergrößert oder verkleinert wurde! Das Ausgangsvolumen sei 1 cm³.
  a) k = 2   b) k = $\frac{1}{3}$ c) k = 3   d) 3 : 6

14. Zeichne das Rechteck ABCD mit A(−2|−2), B(2|−2), C(2|1) und D(−2|1)! Das Streckungszentrum ist Z(−6|−2). Das Bild von A ist A'(−5|−2).
  a) Bestimme den Streckungsfaktor k!
  b) Ermittle die anderen Bildpunkte!
  c) Vergleiche die Flächeninhalte von Original und Bildfigur!

15. Ein Würfel mit den Kantenlängen 2 cm wird im Maßstab 3 : 1 vergrößert. Wie groß ist das Volumen von Original und Bild? Löse die Aufgabe auf zwei verschiedenen Wegen!

16. Die Kantenlängen einer Streichholzschachtel betragen 5,3 cm x 3,6 cm x 1,5 cm.
  a) Wie lang sind die Kanten einer Schachtel, die das 27-fache Fassungsvermögen besitzt?
  b) Das Wievielfache an Karton benötigt man zur Herstellung der größeren im Vergleich zur kleineren Schachtel?

17. Begründe mithilfe eines Strahlensatzes, dass bei der zentrischen Streckung eines Dreiecks mit dem Streckungsfaktor k = 2 alle Strecken der Bildfigur doppelt so lang sind wie die Strecken der Originalfigur!

18. Zeichne ein Dreieck mit den Seitenlängen 2 cm, 3 cm und 4 cm und konstruiere mithilfe einer zentrischen Streckung ein dazu ähnliches Dreieck!

19. Zeichne in ein Koordinatensystem ein Dreieck mit A (1|1), B(2|1), C (1|2)! Konstruiere das Bild A'B'C' des Dreiecks ABC bei einer zentrischen Streckung mit k = 1,5!

20. Übertrage die Zeichnung in dein Heft und vergrößere die Figur durch eine zentrische Streckung mit k = 2,5!

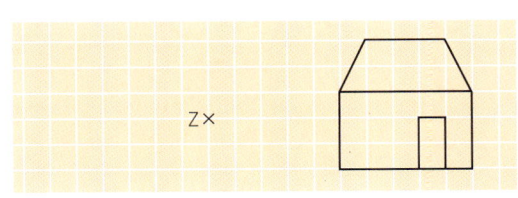

5.4 Gemischte Aufgaben

1. Berechne die Längen der farbig gekennzeichneten Strecken! Die Längenangaben sind in cm.

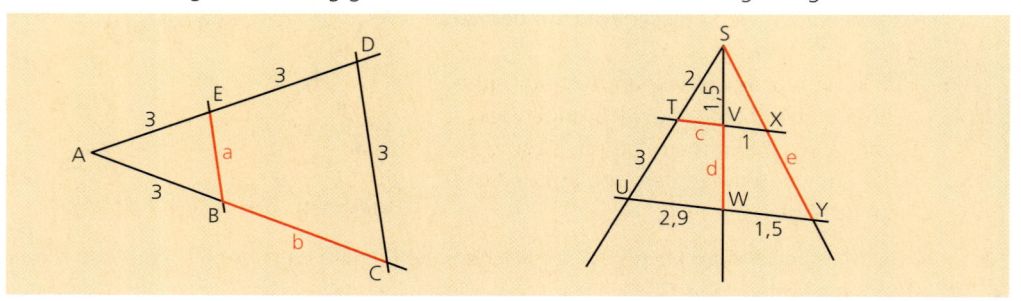

2. a) Berechne die Länge der senkrechten Streben des Dachbinders!
   b) Ermittle die Länge der schrägen Streben!

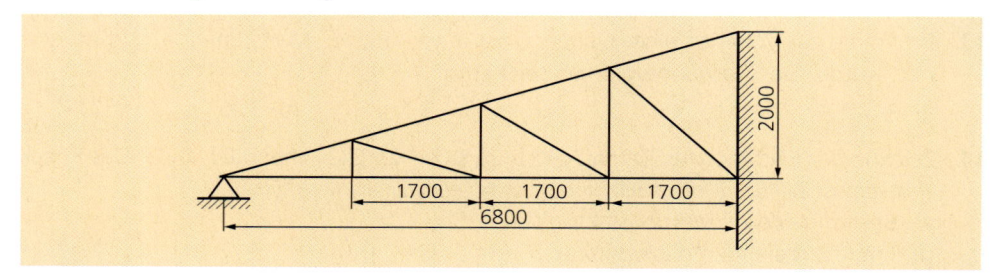

3. An Land wurden folgende Strecken gemessen:
   $\overline{DE}$ = 48,6 m; $\overline{BC}$ = 61 m; $\overline{DB}$ = 33 m
   Berechne die annähernde Flussbreite x!

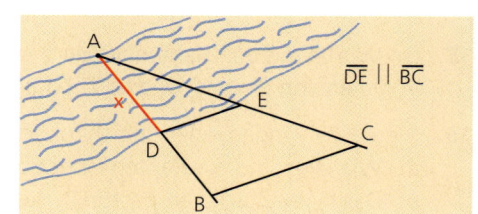

   $\overline{DE} \parallel \overline{BC}$

4. Um die Entfernung zweier Punkte A und B zu bestimmen, die durch unwegsames Gelände voneinander getrennt sind, hat man von einem Punkt C aus die Entfernungen zu A und B gemessen. Anschließend hat man auf $\overline{AC}$ den Punkt A' und auf $\overline{BC}$ den Punkt B' so bestimmt, dass $\overline{CA'}$ = 0,1 · $\overline{CA}$ und $\overline{CB'}$ = 0,1 · $\overline{CB}$ gilt. Anschließend wird die Strecke $\overline{A'B'}$ gemessen. 
   Berechne die Länge der Strecke $\overline{AB}$ für $\overline{AC}$ = 400 m, $\overline{BC}$ = 560 m und $\overline{A'B'}$ = 150 m!

5. Die Entfernung des Mondes von der Erde beträgt etwa 60 Erdradien (r = 6 370 km). Erläutere, wie man mithilfe einer Glaskugel (d = 1,5 cm) näherungsweise den Monddurchmesser bestimmen kann! Führe die Berechnung durch!

Gemischte Aufgaben

6. Ermittle die Flussbreite, wenn $\overline{BE}$ = 29 m, $\overline{BC}$ = 11 m und $\overline{CA}$ = 14 m sind!

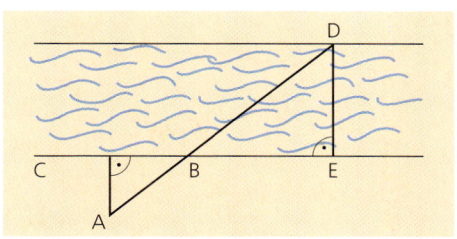

7. Ermittle rechnerisch und zeichnerisch den Durchmesser des Kreises!
   $\overline{SA}$ = 3,5 cm
   $\overline{AB}$ = 2 cm
   $\overline{AC}$ = 1,3 cm

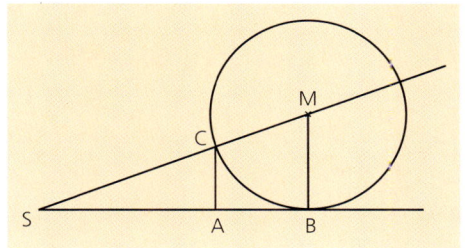

8. Waldarbeiter benutzen zur Ermittlung von Baumhöhen das „Försterdreieck". Dies besteht aus zwei rechtwinklig zueinander verschiebbaren Stäben. Zur berechneten Baumhöhe muss nur noch die Augenhöhe addiert werden.
   Berechne die Baumhöhe, wenn folgende Maße gegeben sind:
   c = 30 cm,   b = 20 cm,
   e = 25 m,   a = 1,70 m!

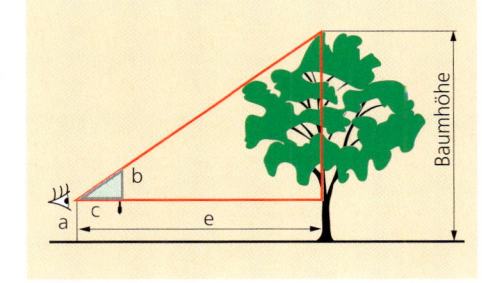

9. In den Figuren werden die Strahlen von parallelen Geraden geschnitten. Nenne jeweils 5 gleiche Streckenverhältnisse!

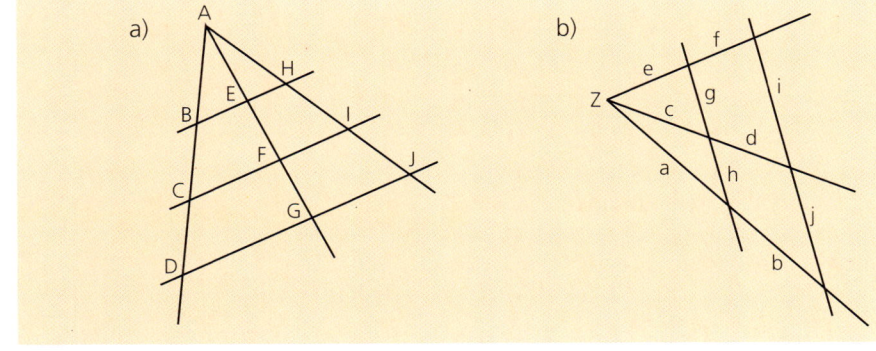

10. Zeichne eine Strecke AB mit $\overline{AB}$ = 13 cm! Teile sie zeichnerisch in folgende Streckenverhältnisse:
    a) 3 : 4   b) 4 : 7   c) 8 : 5   d) 1 : 3   e) 6 : 5!

11. Zeichne zum Dreieck ABC mit b = 5 cm, c = 3,5 cm und α = 52° ein ähnliches Dreieck DEF, sodass die Seitenlängen das Verhältnis k = 2,4 bilden!

Strahlensätze und Ähnlichkeit

12. Gegeben ist das Dreieck ABC. Begründe, dass das Dreieck ABC zu einem Dreieck EFC immer ähnlich ist! Das Dreieck EFC entsteht, wenn man zu $\overline{AB}$ eine Parallele zeichnet, die die Seiten $\overline{AC}$ und $\overline{BC}$ schneidet.

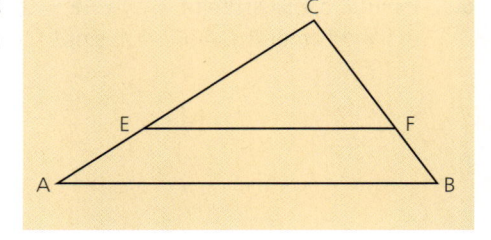

13. Zeichne zum Rechteck ABCD mit a = 2 cm und b = 1,5 cm ein ähnliches Rechteck EFGH, sodass die Flächeninhalte das Verhältnis 1 : 9 bilden!

14. Zeige allgemein, dass für den Umfang von Original- und Bildfigur eines Dreieckes gilt: u' = k · u !

15. Ein Quadrat hat einen Umfang von 86,4 cm. Das Bild des Quadrates hat eine Seitenlänge von a = 4,8 cm. In welchem Verhältnis stehen Original- und Bildseiten?

16. Gegeben sind zwei rechtwinklige Dreiecke ABC und DEF mit dem rechten Winkel bei C bzw. E. Im Dreieck ABC ist a = 8,1 cm und b = 7,5 cm, im Dreieck DEF ist d = 2,7 cm.
    Wie lang muss die Seite f sein, damit die beiden Dreiecke einander ähnlich sind?
    Berechne die Länge der jeweils fehlenden Seite!

17. Begründe, dass zwei Quadrate stets zueinander ähnlich sind!

18. Welche Bedingungen müssen zwei Rechtecke erfüllen, damit sie zueinander ähnlich sind? Überlege an einem konkreten Beispiel!

19. Übertrage die Figuren in dein Heft und strecke sie mit dem angegebenen Faktor!

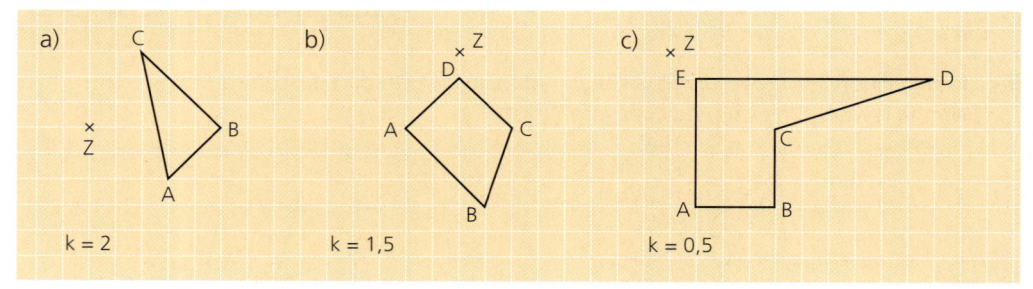

    a) k = 2   b) k = 1,5   c) k = 0,5

20. Sind das Bild ohne Rahmen und mit Bilderrahmen zueinander ähnlich, wenn um das Bild eine gleichmäßig breite Kante von 4 cm vorhanden ist und die äußeren Abmessungen 30 cm x 40 cm betragen?

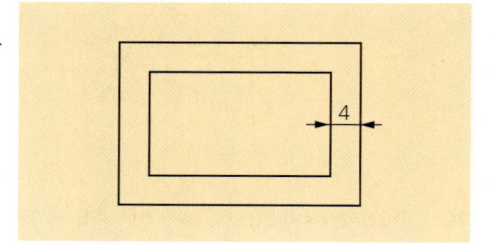

21. Zeichne das Dreieck ABC mit b = 4,5 cm, β = 62° und γ = 75°!
    a) Lege einen Punkt Z außerhalb des Dreiecks fest und zeichne die Bildfigur bei der zentrischen Streckung (Z; $\frac{4}{3}$)!
    b) Bestimme die Länge der Höhe h und berechne den Flächeninhalt des Dreiecks ABC!
    c) Wie groß ist der Flächeninhalt des Bilddreiecks?

Gemischte Aufgaben

22. Zeichne einen Kreis mit d = 6,2 cm! Lege ein Streckungszentrum außerhalb des Kreises fest und ermittle die Bildfiguren bei der zentrischen Streckung!
   a) (Z; 0,5)   b) (Z; 1,5)

23. Zeichne das Dreieck ABC mit a = 3cm, b = 2cm, c = 3 cm und lege ein Streckungszentrum Z außerhalb des Dreiecks fest!
Ermittle das Bild A'B'C' bei der zentrischen Streckung (Z; 2)!
Ermittle das Bild A''B''C'' bei der zentrischen Streckung (Z; 2) des Dreiecks A'B'C'!
Durch welche zentrische Streckung ist das Bild A''B''C'' aus ABC entstanden?

24. Vom Rechteck ABCD sind die Seiten a = 1,6 cm und b = 2,2 cm bekannt. Ermittle das Bild des Rechtecks beim zweimaligen Strecken mit (Z; 5) und (Z; $\frac{1}{2}$), wobei Z außerhalb des Rechtecks liegt! Durch welche zentrische Streckung kann das zweimalige Strecken ersetzt werden?

25. Das Modell eines Lkws mit Trailer wird im Maßstab H0 (1 : 87) dargestellt. Der Truck ist 16,5 m lang. Wie lang ist das Modell?

26. Welche zentrische Streckung erzeugt das gleiche Bild wie die zweimalige Streckung?
   a) (Z; 2) und (Z; 3)   b) (Z; $\frac{2}{3}$) und (Z; 6)
   c) (Z; 4) und (Z; $\frac{5}{4}$)   d) (Z; 7) und (Z; $\frac{1}{7}$)

27. Stelle die Entfernungen in unserem Planetensystem im Maßstab 1 : 20 Billionen dar!
Folgende Entfernungen von der Sonne sind bekannt:

Planet	Merkur	Venus	Erde	Mars	Jupiter	Saturn	Uranus	Neptun	Pluto
Entfernung in Mio. km	57,9	108,2	149,6	227,9	778,3	1 428	2 872	4 498	5 910

28. Die Seiten a und a' sind einander entsprechende Seiten in zwei zueinander ähnlichen Figuren. Übernimm die Tabelle in dein Heft und ergänze sie!

	a	a'	u	u'	A	A'
a)	2 cm	6 cm	16 cm		12 cm²	
b)		3,5 cm	42 cm	21 cm		24,5 cm²
c)	12 mm	1,8 cm	50 mm			234 mm²
d)	8 dm			110 dm	24 dm²	600 dm²

29. Ein Straußenei ist ein mit dem Streckungsfaktor 3 gestrecktes Hühnerei. Wie viele Personen können zum Frühstück davon essen, wenn sie sonst je ein Hühnerei essen?

30. Wie ändert sich der Flächeninhalt eines Rechtecks, wenn seine Seiten
   a) verdreifacht   b) verdoppelt   c) halbiert   d) gedrittelt werden?

31. Um eine Wohnung neu einzurichten, stellt man sich häufig Schablonen mit den Grundrissen der in der Wohnung aufzustellenden Möbel her. So kann der vorhandene Platz optimal genutzt werden, ohne stundenlang die Möbel umstellen zu müssen.
Suche dir einen geeigneten Maßstab, fertige einen Grundriss deines Zimmers (oder des Wohnzimmers) an, schneide entsprechende Schablonen aus und probiere diese Art des Wohnungseinrichtens!

32. Zeichne das Dreieck ABC mit A(−3|1), B(2|−1) und C(1|3)! Wähle Z(0|1) als Streckungszentrum und strecke das Dreieck mit k = 1,5!

33. Zeichne das Rechteck ABCD mit a = 5,2 cm und b = 3,1 cm. Der Schnittpunkt der Diagonalen ist das Streckungszentrum Z. Ermittle das Bild bei der zentrischen Streckung (Z; 1,5)!
Wie lang sind die Bildseiten?

34. Zeichne das Dreieck ABC mit a = 4 cm, b = 3,5 cm und c = 3 cm! Zeichne den Schnittpunkt Z der Mittelsenkrechten der Seiten ein! Ermittle das Bild des Dreiecks bei der zentrischen Streckung (Z; 2,5)!

35. Zeichne ein Quadrat mit a = 6,4 cm. Zeichne den Mittelpunkt Z der Seite $\overline{BC}$ ein! Ermittle das Bild des Quadrates bei der zentrischen Streckung (Z; $\frac{1}{2}$)!

36. Zeichne das Dreieck ABC mit c = 4 cm, b = 5 cm und β = 140°! Lege einen Punkt Z außerhalb des Dreiecks als Streckungszentrum fest und ermittle das Bild bei der zentrischen Streckung (Z; 1,6)!

37. Zeichne das Parallelogramm ABCD mit c = 9 cm, d = 6 cm und δ = 120°! Lege einen Punkt Z innerhalb des Parallelogramms als Streckungszentrum fest und ermittle das Bild bei der zentrischen Streckung (Z; $\frac{2}{3}$)!

38. Zeichne die angegebenen Figuren und vergrößere und verkleinere sie mit dem Maßstab k!
   a) Dreieck ABC: a = 4,5 cm, b = 6 cm, γ = 75°   mit k = $\frac{2}{3}$
   b) Parallelogramm ABCD: a = 2,5 cm, b = 3 cm, α = 70°   mit k = 3
   c) Trapez ABCD: a = 9 cm, d = 10 cm, α = 53°, β = 90°   mit k = 0,4

Teste dich selbst!

1. Bestimme rechnerisch a, b, c und d!

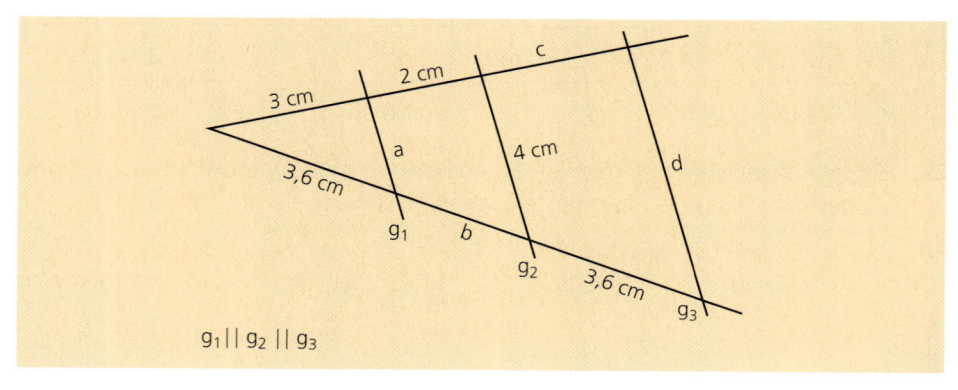

$g_1 \parallel g_2 \parallel g_3$

Gemischte Aufgaben

2. Welche Standweite hat eine 3,10 m lange Klappleiter, deren gespannte Sicherungskette 1 m lang ist und die jeweils in einer Höhe von 53 cm vom Fußpunkt der Leiter angebracht ist?

3. Susanne ist 1,65 m groß und wirft einen 1,10 m langen Schatten. Wie hoch ist ein Kirchturm, der zur gleichen Zeit einen Schatten von 26 m wirft? Fertige zuerst eine Zeichnung an!

4. Sind die Dreiecke ABC und DEF zueinander ähnlich? Begründe!
   a) $\triangle ABC$: a = 3 cm   b = 2,2 cm   c = 4 cm
      $\triangle DEF$: d = 3,3 cm   e = 4,5 cm   f = 6 cm
   b) $\triangle ABC$: $\alpha = 50°$ $\beta = 90°$
      $\triangle DEF$: $\alpha_1 = 90°$ $\gamma_1 = 40°$
   c) $\triangle ABC$: b = 5 cm   c = 7,8 cm $\alpha = 42°$
      $\triangle DEF$: e = 3,6 cm   f = 2,5 cm $\gamma_1 = 42°$
   d) $\triangle ABC$: c = 9 cm $\alpha = 52°$ $\gamma = 58°$
      $\triangle DEF$: e = 3 cm $\gamma_1 = 58°$ $\alpha_1 = 70°$
   e) $\triangle ABC$: a = 3,1 cm   c = 4 cm $\beta = 68°$
      $\triangle DEF$: e = 16,4 cm   f = 12,4 cm $\alpha_1 = 68°$

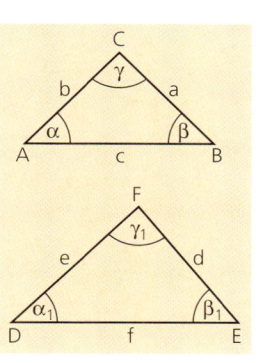

5. Zeichne zum Dreieck ABC mit a = 2,3 cm, $\beta = 70°$, $\gamma = 75°$ ein ähnliches Dreieck DEF mit k = 2! Bestimme die Seitenlängen des Dreiecks DEF!

6. Zeichne ein Rechteck ABCD mit a = 3,8 cm und b = 2,6 cm! Der Schnittpunkt der Diagonalen ist das Streckungszentrum Z.
   a) Strecke das Rechteck mit (Z; 1,5)!
   b) Wie lang sind die Diagonalen der Bildfigur?

7. Die folgenden Figuren werden mit k = 2 gestreckt. Wie groß ist danach jeweils der Umfang und der Flächeninhalt der Bildfiguren?
   a) Dreieck: a = 2,5 cm, b = 3 cm, c = 4 cm, h_c = 2 cm
   b) Quadrat: a = 36 mm
   c) Parallelogramm: a = 5 cm, b = 2,7 cm, h_a = 2,5 cm

8. Ein Quadrat hat den Flächeninhalt 25 cm². Wie groß ist k, wenn das Bild einen Flächeninhalt von 400 cm² hat?

9. Auf einer Karte ist ein Maßstab von 1 : 25 000 angegeben.
   a) Wie lang ist eine auf der Karte 3,8 cm lange Strecke in Wirklichkeit?
   b) Wie lang ist eine in Wirklichkeit 10,5 km lange Strecke auf der Karte?

10. Eine Lokomotive soll in verschiedenen Maßstäben originalgetreu gebaut werden. Ihre Länge ist 19,2 m. Wie lang ist sie im
    a) Maßstab N (1 : 160)   b) Maßstab TT (1 : 120)   c) Maßstab S (1 : 64)?

5.5 Projekt

Der goldene Schnitt

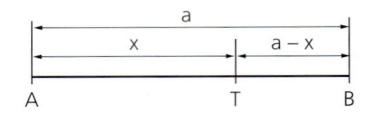

Der goldene Schnitt ist ein spezielles Teilungsverhältnis einer Strecke, das seit der Antike bis in die Neuzeit in Kunst und Architektur angewandt wird. Die „Goldene-Schnitt-Teilung" wird als besonders schön empfunden.
Eine Strecke $\overline{AB}$ ist im goldenen Schnitt geteilt, wenn sich der größere Abschnitt zum kleineren Abschnitt verhält wie die gesamte Strecke zum größeren Abschnitt. Es gilt also: $x : (a - x) = a : x$

Man kann zeigen, dass das Teilungsverhältnis für alle Strecken gleich ist.
Es ist: $a : x = x : (a - x) = 1{,}618 \ldots$ und $x : a = (a - x) : x = 0{,}618 \ldots$

Mit folgendem Konstruktionsplan kannst du eine Strecke $\overline{AB} = a$ im goldenen Schnitt teilen.
- Punkt C liegt auf der Senkrechten zu $\overline{AB}$ in B im Abstand $\frac{a}{2}$ von B.
- Punkt D liegt auf $\overline{AC}$ im Abstand $\frac{a}{2}$ von C.
- T liegt auf $\overline{AB}$ im Abstand $\overline{AD}$ von A.

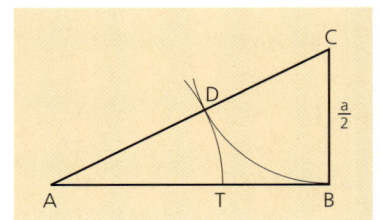

1. Ermittle die Teilungsverhältnisse des goldenen Schnittes, indem du mit der Gleichung $x : (a - x) = a : x$ die Länge x und dann $a : x$ und $x : a$ berechnest!

2. Teile die Strecke $\overline{AB} = 6$ cm im goldenen Schnitt rechnerisch! Konstruiere dann den Teilungspunkt nach dem beschriebenen Verfahren!

3. Rechtecke, deren Seiten im Verhältnis des goldenen Schnittes stehen, heißen goldene Rechtecke. Suche in deiner Umgebung nach goldenen Rechtecken!
Untersuche z. B. Bilder, Bilderrahmen, Hefte und Bücher!

4. Auch in der Natur kommt der goldenen Schnitt vor. Miss die Länge deines Unterarmes und teile sie nach dem goldenen Schnitt! Vergleiche diese Teilung mit der Länge deiner Hand, von den Handwurzelknochen bis zur Spitze des Mittelfingers! Suche nach weiteren solchen Verhältnissen an deinem Körper!

5. Im regelmäßigen Fünfeck, dem Pentagon, findet man den goldenen Schnitt gleich zweimal, im Verhältnis der Diagonalenlänge zur Seite und der Diagonalenabschnitte.
Dem fünfzackigen Stern aus den Diagonalen, dem Pentagramm, wird eine magische Bedeutung beigemessen. Suche Beispiele für das Pentagon oder Pentagramm!

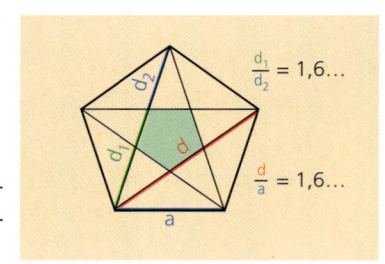

$\frac{d_1}{d_2} = 1{,}6\ldots$

$\frac{d}{a} = 1{,}6\ldots$

6. Besonders in der Architektur wird oft der goldene Schnitt verwendet.
Suche an historischen Gebäuden in deiner Heimatstadt nach diesem Verhältnis! Erkundige dich auch bei der Fachlehrerin oder dem Fachlehrer für Bildende Kunst!

5.6 Zusammenfassung

1. Strahlensatz

Werden zwei Strahlen mit einem gemeinsamen Anfangspunkt von Parallelen geschnitten, so verhalten sich die Strecken auf dem einen Strahl wie die entsprechenden Strecken auf dem anderen Strahl.

Für die nebenstehende Figur gilt:

(1) $\dfrac{\overline{SA}}{\overline{SB}} = \dfrac{\overline{SC}}{\overline{SD}}$ (2) $\dfrac{\overline{SA}}{\overline{AB}} = \dfrac{\overline{SC}}{\overline{CD}}$

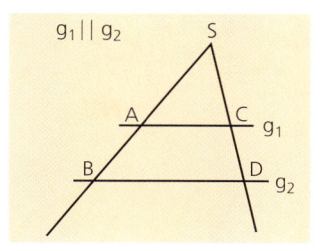

2. Strahlensatz

Werden zwei Strahlen mit einem gemeinsamen Anfangspunkt von Parallelen geschnitten, so verhalten sich die Strecken auf den Parallelen zueinaner wie die entsprechenden Strecken auf ein und demselben Strahl.

Für die nebenstehende Figur gilt:

(1) $\dfrac{\overline{SA}}{\overline{SB}} = \dfrac{\overline{AC}}{\overline{BD}}$ (2) $\dfrac{\overline{SC}}{\overline{SD}} = \dfrac{\overline{AC}}{\overline{BD}}$

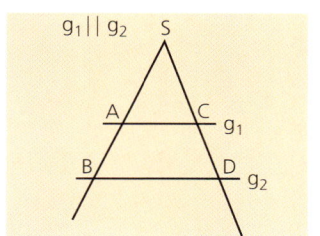

Ähnlichkeitssätze für Dreiecke

Dreiecke sind zueinander ähnlich, wenn sie übereinstimmen in

WW	zwei Winkeln (Hauptähnlichkeitssatz)
SSS	Streckenverhältnisse aller entsprechenden Seiten
SWS	den Streckenverhältnissen zweier Seiten und dem jeweils eingeschlossenen Winkel
SSW$_g$	den Streckenverhältnissen zweier Seiten und dem Winkel, der jeweils der größeren Seite gegenüberliegt

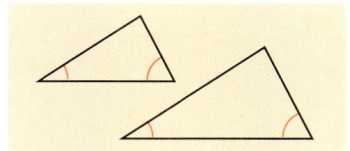

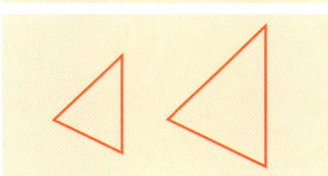

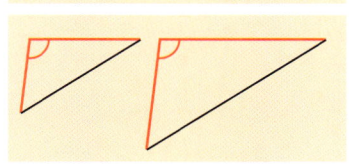

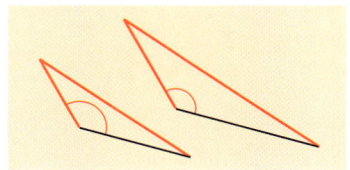

Die Kongruenz ist ein Sonderfall der Ähnlichkeit für k = 1.

Strahlensätze und Ähnlichkeit

Kongruenz und Ähnlichkeit von Dreiecken

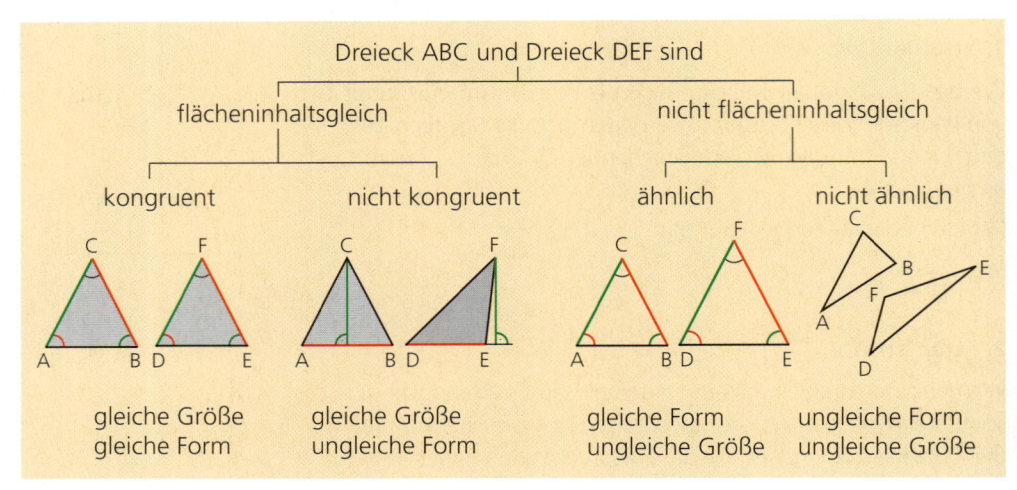

Dreieck ABC und Dreieck DEF sind

- flächeninhaltsgleich
  - kongruent — gleiche Größe, gleiche Form
  - nicht kongruent — gleiche Größe, ungleiche Form
- nicht flächeninhaltsgleich
  - ähnlich — gleiche Form, ungleiche Größe
  - nicht ähnlich — ungleiche Form, ungleiche Größe

Zentrische Streckung

Streckungszentrum Z und Streckungsfaktor k

Dreieck A'B'C' ist das Bild des Dreiecks ABC bei der zentrischen Streckung von Z mit dem Streckungsfaktor k.

Es gilt:

$\overline{ZA'} = k \cdot \overline{ZA}$

$\overline{ZB'} = k \cdot \overline{ZB}$

$\overline{ZC'} = k \cdot \overline{ZC}$

$\alpha = \alpha'$

$\beta = \beta'$

$\gamma = \gamma'$

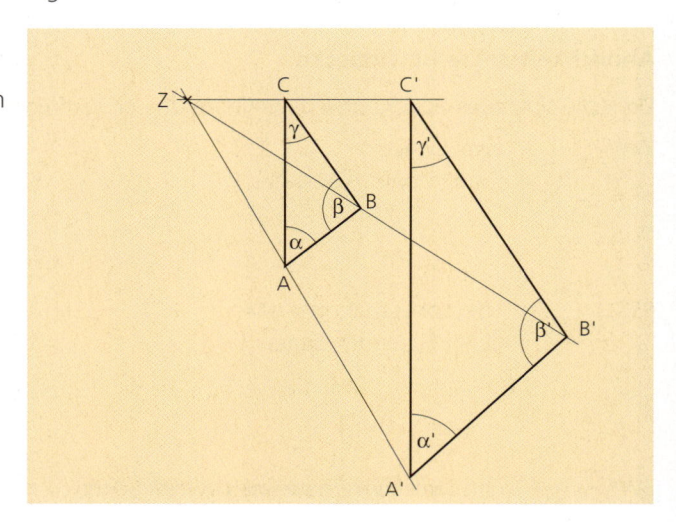

Maßstab

Der Maßstab k gibt das Verhältnis der Bildstreckenlänge zur Originalstreckenlänge an.

$$k = \frac{\text{Bildstreckenlänge}}{\text{Originalstreckenlänge}}$$

$0 < k < 1$ Verkleinerung
$k = 1$ identische Abbildung
$k > 1$ Vergrößerung

Für den Umfang und den Flächeninhalt von Figuren bzw. das Volumen von Körpern gilt:

$u' = k \cdot u,$ $\qquad A' = k^2 \cdot A,$ $\qquad V' = k^3 \cdot V$

6 Flächen- und Körperberechnung

Kreise und Zylinder sind geometrische Figuren bzw. Körper, die aus unserem Leben nicht mehr wegzudenken sind.

Beetumrandung

Ein Blumenbeet mit einem Durchmesser von 12 m soll durch Kantensteine begrenzt werden. Wie lang ist diese Umrandung?

Litfaßsäule

Die Litfaßsäule auf dem Alexanderplatz hat einen Durchmesser von 120 cm.
Wie viel Quadratmeter Plakatfläche kann man nutzen, wenn die Klebefläche 2,80 m hoch ist?

Wasserturm

Wie viel Wasser kann gespeichert werden, wenn der Wasserbehälter im Turm innen einen Durchmesser von 15 m und eine Höhe bis zur Kuppelunterkante von 35 m hat?

Rückblick

Flächeninhalt von Dreiecken

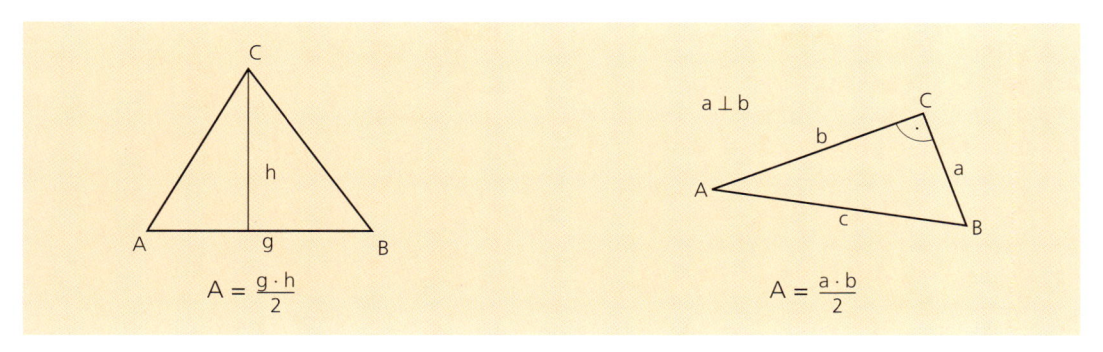

$$A = \frac{g \cdot h}{2}$$

$a \perp b$

$$A = \frac{a \cdot b}{2}$$

Flächeninhalt von Vierecken

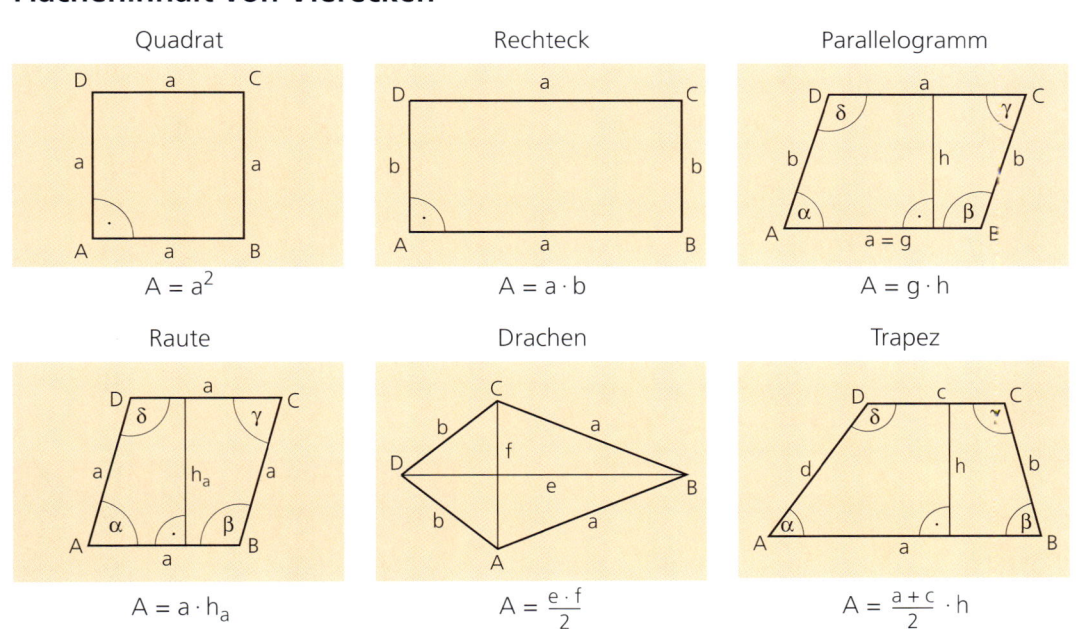

Quadrat

$$A = a^2$$

Rechteck

$$A = a \cdot b$$

Parallelogramm

$$A = g \cdot h$$

Raute

$$A = a \cdot h_a$$

Drachen

$$A = \frac{e \cdot f}{2}$$

Trapez

$$A = \frac{a + c}{2} \cdot h$$

Volumen und Oberflächeninhalt von senkrechten Prismen

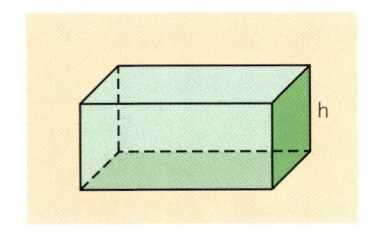

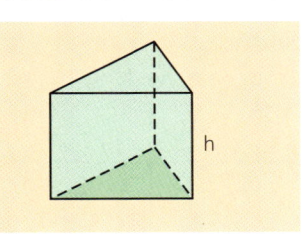

Volumen: $V = G \cdot h$

Oberfläche: $O = 2 \cdot G + M$

6.1 Der Kreis

Alle Punkte des Kreises haben vom **Mittelpunkt** M den gleichen Abstand. Diesen Abstand nennt man **Radius** und bezeichnet ihn mit r.
Jede Strecke, die durch den Mittelpunkt des Kreises geht und deren Endpunkte auf dem Kreis liegen, heißt **Durchmesser** und wird mit d bezeichnet.
Als Radien bzw. Durchmesser werden sowohl die so erklärten Strecken als auch die Längen dieser Strecken bezeichnet. Man spricht deshalb von „dem Radius", obwohl ein Kreis unendlich viele Radien besitzt.

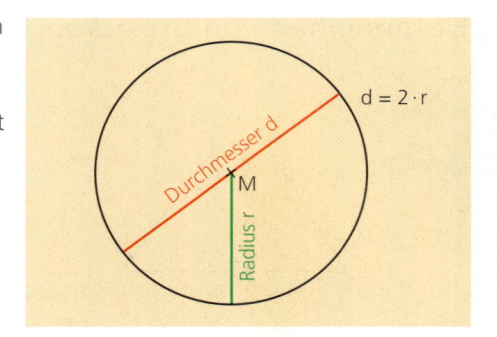

Kreis und Gerade

Geraden und Kreise können verschiedene Lagen zueinander haben.
- Eine Gerade, die den Kreis in *zwei* Punkten schneidet, heißt **Sekante** (Schneidende).
- Die Strecke zwischen den Punkten A und B ist eine **Sehne** des Kreises. Die längste Sehne im Kreis ist der Durchmesser d.
- Eine Gerade, die den Kreis in *einem* Punkt berührt, heißt **Tangente** (Berührende). Sie bildet mit dem Berührungsradius einen rechten Winkel.
- Eine Gerade, die den Kreis in *keinem* Punkt berührt, heißt **Passante** (Vorbeigehende).

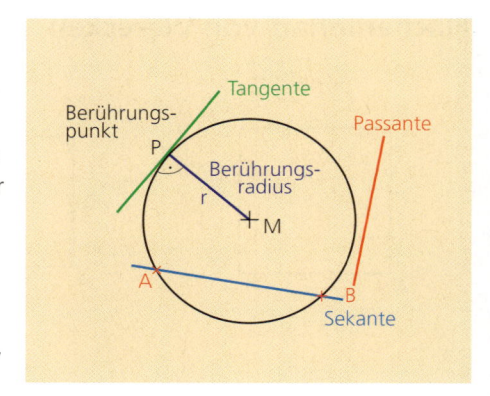

Umfang des Kreises – die Kreiszahl π

Der Kilometerzähler bei einem Fahrrad zählt eigentlich nur die Anzahl der Umdrehungen eines Rades. Dennoch ist es mit diesem einfachen „Zählgerät" möglich, die mit dem Fahrrad zurückgelegte Entfernung zu ermitteln. Dabei ist allerdings die Größe des Rades zu beachten. Die Strecke, die ein Fahrrad bei einer Umdrehung seines Vorderrades zurücklegt, entspricht der Länge des äußeren Randes des Vorderrades, also seinem Umfang. Je größer das Rad ist, desto größer ist der zurückgelegte Weg bei einer Umdrehung. Es besteht also vermutlich ein Zusammenhang zwischen dem Durchmesser des Rades und seinem Umfang. Eine Messung ergibt:

Art des Rades	Durchmesser d	Umfang u	$\frac{u}{d}$
18er	45,5 cm	143 cm	3,142
24er	61,0 cm	192 cm	3,148
28er	71,1 cm	223 cm	3,136

Der Kreis

Der Umfang eines Kreises ist proportional zu seinem Durchmesser. Der Proportionalitätsfaktor heißt **Kreiszahl** (Kreiskonstante) und wird mit dem griechischen Buchstaben π (sprich: pi) bezeichnet.

Für den Umfang eines Kreises gilt: $\quad u = \pi \cdot d \quad$ bzw. $\quad u = 2\pi \cdot r$
Die Zahl π ist irrational, sie ist
unendlich und nicht periodisch. $\quad\quad \pi = 3{,}141\,592\,653\ldots$

Für Überschlagsrechnungen verwende folgende Näherungsformeln:
$u \approx 3d \quad$ oder $\quad u \approx 6r!$

Zur Geschichte der Kreiszahl π

Die Bestimmung der Kreiszahl π hat eine viertausendjährige Geschichte. Die Babylonier gaben den Wert mit 3 an, den auch die Bibel enthält. Die Ägypter rechneten 1900 v. Chr. mit dem Wert $(\frac{16}{9})^2 = 3{,}1604\ldots$ Archimedes (um 287 bis 212 v. Chr.) hatte als Erster die Idee, den Umfang eines Kreises schrittweise durch regelmäßige Vielecke anzunähern. Er begann seine Rechnungen mit einem einbeschriebenen und einem umbeschriebenen Sechseck. Durch Verdopplung der Eckenanzahl konnte er den Umfang immer genauer einschränken und erhielt beim 96-Eck als Schranken $3\frac{10}{71} < \pi < 3\frac{1}{7}$. Er rechnete mit $\pi = \frac{22}{7}$.

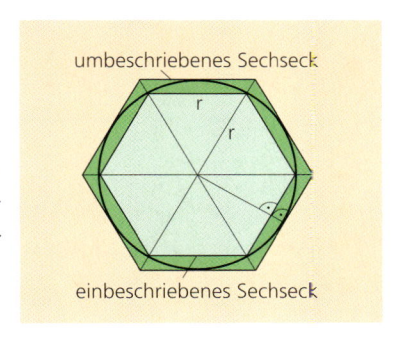

Bei schriftlichen Rechnungen richtet sich die Genauigkeit von π nach der Genauigkeit der übrigen Näherungswerte. Oft ist der Wert $\pi = 3{,}14$ ausreichend.

Beispiel:
Berechne den Umfang eines kreisförmigen Blumenbeetes, das einen Durchmesser von 25 m hat!
Gegeben: $\quad$ d = 25 m $\quad\quad$ *Gesucht:* u
Lösung: $\quad\quad u = \pi \cdot d$
$\quad\quad\quad\quad\quad u = \pi \cdot 25$ m
$\quad\quad\quad\quad\quad u = 79$ m
Antwort: $\quad$ Das Beet hat einen Umfang von 79 m.

Kreisbogen

Der Teil einer Kreislinie, der zwischen zwei Punkten A und B eines Kreises liegt, wird als **Kreisbogen AB** bezeichnet. Ist $\overline{CD}$ ein Durchmesser, so heißt der Kreisbogen CD **Halbkreis**.

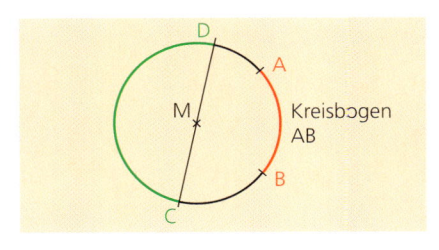

Flächen- und Körperberechnung

Länge eines Kreisbogens

Bei einem Kreis mit dem Radius r ist die Länge b eines Kreisbogens proportional zum dazugehörigen Mittelpunktswinkel (Zentriwinkel) α, da sich bei Verdopplung von α auch die Länge von b verdoppelt.

α	90°	180°	360°
b	$\frac{u}{4}$	$\frac{u}{2}$	u

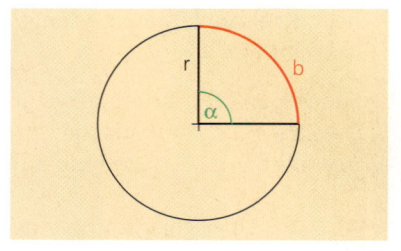

Der Anteil des Bogens am Umfang entspricht dem Anteil des Mittelpunktswinkels am Vollwinkel von 360°. Es gilt also $\frac{b}{u} = \frac{\alpha}{360°}$. Daraus ergibt sich:

In einem Kreis mit dem Radius r gilt für die Länge b eines Kreisbogens mit dem dazugehörigen Mittelpunktswinkel α: $b = u \cdot \frac{\alpha}{360°}$ wegen $u = 2\pi r$:
$$b = 2\pi r \cdot \frac{\alpha}{360°} = \frac{\pi r \alpha}{180°}$$

Beispiel:

Das Ischtar-Tor schließt oben mit einem Kreisbogen (r = 2,5 m; α = 180°) ab, der mit einer Schmuckkante verziert ist. Berechne die Länge der Schmuckkante!

Gegeben: r = 2,5 m   Gesucht: b
α = 180°

Lösung: $b = 2\pi r \cdot \frac{\alpha}{360°}$

$b = 2\pi \cdot 2,5 \text{ m} \cdot \frac{180°}{360°}$

b = 7,9 m

Antwort: Die Länge der Schmuckkante beträgt 7,9 m.

Flächeninhalt eines Kreises

Wenn man um und in einen Kreis jeweils ein Quadrat zeichnet, kann man mithilfe dieser Quadrate den Flächeninhalt eines Kreises einschachteln.

$A_i = \frac{2r \cdot r}{2} \cdot 2$ $A_ä = 2r \cdot 2r$

$A_i = 2r^2$ $A_ä = 4r^2$

$A_i < A_{Kreis} < A_ä$

$2r^2 < A_{Kreis} < 4r^2$

Der Flächeninhalt eines Kreises liegt also zwischen $2r^2$ und $4r^2$.

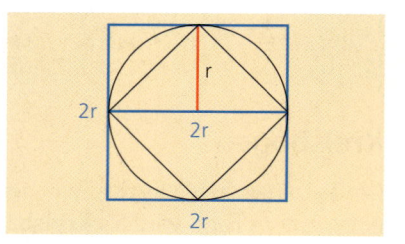

Eine weitere Möglichkeit, den Flächeninhalt des Kreises zu bestimmen, ist die Zerlegung in Teilflächen, die sich annähernd zu einem Parallelogramm mit der Grundseite $\frac{u}{2}$ und der Höhe r umlegen lassen.

Der Kreis

Bei Vergrößerung der Anzahl der Teilflächen wird die Annäherung an ein Parallelogramm immer besser.

Für den Flächeninhalt A eines Kreises gilt dann: $A = \frac{u}{2} \cdot r$.

Für $u = 2\pi r$ eingesetzt ergibt sich: $A = \frac{2\pi r}{2} \cdot r = \pi r^2$.

> Der **Flächeninhalt eines Kreises** ist das Produkt aus der Kreiszahl π und dem Quadrat seines Radius r. Es gilt:
> $$A = \pi \cdot r^2 \qquad \text{bzw.} \qquad A = \pi \cdot \frac{d^2}{4}$$

Beispiel:
Ein rundes Dachfenster hat einen Radius von 0,62 m. Wie groß ist die Glasfläche der Fensterscheibe ohne aufgesetzte Leisten?

Gegeben: r = 0,62 m   Gesucht: A

Lösung: $A = \pi \cdot r^2$
          $A = \pi \cdot (0{,}62 \text{ m})^2$
          $A = 1{,}21 \text{ m}^2$

Antwort: Die Fensterscheibe hat eine Fläche von 1,21 m².

Flächeninhalt eines Kreissektors

Der Teil einer Kreisfläche, der von zwei Radien r und einem Kreisbogen b begrenzt wird, heißt **Kreissektor**.
Der Flächeninhalt A eines Kreissektors ist proportional zu dem zugehörigen Mittelpunktswinkel α, da sich bei Verdopplung von α auch A verdoppelt. Der Anteil des Flächeninhalts des Kreissektors A am Flächeninhalt des Kreises $\pi \cdot r^2$ entspricht dem Anteil des Mittelpunktswinkels α am Vollwinkel 360°.

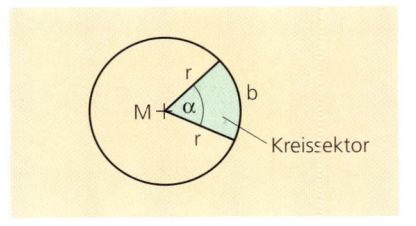

> In einem Kreis mit dem Radius r gilt für den Flächeninhalt A eines Kreissektors mit dem dazugehörigen Mittelpunktswinkel α:
> $$A = \pi \cdot r^2 \cdot \frac{\alpha}{360°}$$

Flächen- und Körperberechnung

Beispiel:

Ein Werkstück aus Blech hat die Form eines Kreissektors mit r = 7 cm und α = 310°.
Berechne den Materialbedarf (ohne Abfall)!

Gegeben: r = 7 m   Gesucht: A
          α = 310°

Lösung: $A = \pi \cdot r^2 \cdot \frac{\alpha}{360°}$

          $A = \pi \cdot (7 \text{ cm})^2 \cdot \frac{310°}{360°}$

          $A = 133 \text{ cm}^2$

Antwort: Man benötigt für das Werkstück 133 cm² Blech.

Aufgaben

Rückblick

1. Berechne jeweils den Flächeninhalt des Dreiecks! (Angaben in mm)

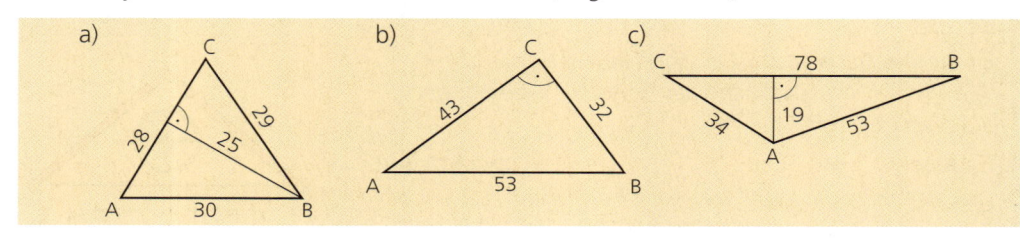

2. Berechne die fehlenden Seitenlängen, Umfänge und Flächeninhalte! Konstruiere die Figuren!
   a) Rechteck: a = 3,5 cm;   b = 5 cm
   b) Quadrat: a = 1,1 cm
   c) Rechteck: a = 6 cm;   b = 70 mm
   d) Rechteck: a = 3,8 cm;   A = 7,22 cm²
   e) Parallelogramm: a = 5 cm;   α = 60°;   A = 30 cm²

3. Ein Trapez hat die folgenden Maße: a = 7 cm; c = 21 mm und h = 3,8 cm.
Berechne den Flächeninhalt des Trapezes!

4. Berechne den Oberflächeninhalt und das Volumen des Prismas mit trapezförmiger Grundfläche! (Angaben in cm)

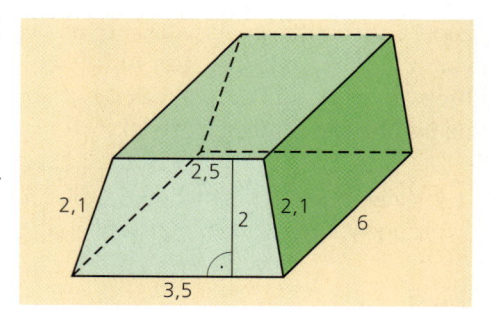

5. Eine Teedose mit quadratischer Grundfläche hat eine Höhe von 14,5 cm und eine Breite von 11 cm.
   a) Wie viel Quadratzentimeter Blech wird zur Herstellung einer Dose mit Deckel benötigt?
   b) Welches Fassungsvermögen besitzt die Dose?

Umfang eines Kreises

6. Von Kreisen ist der Radius bekannt. Gib den Durchmesser an!
  a) 17 cm b) 39,5 m c) 0,75 km d) $\frac{1}{4}$ m e) 1,17 cm f) 4,5 mm

7. Von Kreisen ist der Durchmesser bekannt. Gib den Radius an!
  a) 17 cm b) 39,4 m c) 0,36 km d) 0,1 km e) $\frac{1}{3}$ m f) 12760 km

8. Tina joggt im Park. Die runde Rasenfläche in der Mitte des Parks hat einen Durchmesser von 45 m. Wie lang ist eine Runde um diese Rasenfläche?

9. Berechne jeweils den Umfang der Kreise mit folgenden Durchmessern!
  a) 10 cm b) 31,8 cm c) 106 cm d) 2,5 m e) 0,87 km f) $\frac{1}{3}$ m

10. Wie groß ist jeweils der Umfang des Kreises mit folgendem Radius?
  a) 5 cm b) 31,8 cm c) 53 cm d) 5,5 m e) 0,123 cm f) $\frac{1}{6}$ m

11. Wie lang sind Durchmesser und Radius eines Kreises mit folgendem Umfang?
  a) 1 m b) 6,28 cm c) 4,5 cm d) 17,5 cm e) 22 mm f) 9π m

12. Der Durchmesser der Erde beträgt am Äquator etwa 12757 km. Berechne den Erdumfang am Äquator!

13. Wenn ein Mensch mit einer Körpergröße von 1,70 m die Erdkugel am Äquator einmal umlaufen würde, hätte sein Kopf einen längeren Weg zurückzulegen als seine Füße. Um wie viel Meter wäre der Weg länger?

14. Erik rollt von einer Papierrolle 25 m ab. Bei einer Umdrehung schafft er gerade 1 m. Er dreht die Rolle 25-mal, um die geforderte Länge zu erhalten. Was meinst du dazu?

15. Eine 1200 Jahre alte Eiche ist 23 m hoch und hat einen Durchmesser von 4,25 m.
  a) Ermittle den Umfang der Eiche!
  b) Wie viel Personen mit einer Armweite von 1,60 m sind zum Umspannen nötig?

Kreisbogen

16. Berechne jeweils die Länge des Kreisbogens!
  a) d = 8 cm; α = 45° b) r = 4,2 cm; α = 270° c) d = 6,5 cm; α = 72°
  d) r = 90 cm; α = 20° e) d = 16 cm; α = 35° f) r = 3,39 m; α = 46,2°

17. Wie groß ist der Mittelpunktswinkel, der zu einem Kreis mit dem Radius 5 cm und zu einem Bogen folgender Länge gehört?
  a) 5 cm b) 21 cm c) 15,7 cm d) 157 cm e) π cm f) 2π cm g) 4π cm

Flächeninhalt eines Kreises

18. Berechne jeweils den Flächeninhalt der Kreise mit folgenden Radien!
  a) 7,5 cm b) 15 cm c) 75 cm d) 0,62 m e) $\frac{1}{3}$ m
  f) 3,5 m g) 5,64 cm h) 2,7 dm i) 1 km j) 0,5 cm

Flächen- und Körperberechnung

19. Berechne jeweils den Flächeninhalt der Kreise mit folgenden Durchmessern!
   a) 15 cm   b) 20 cm   c) 0,8 cm   d) 3,76 m   e) $\frac{1}{6}$ m

20. Ein sich drehender Rasensprenger hat eine Reichweite von 3,5 m. Wie groß ist die von ihm beregnete Fläche?

21. Berechne für die gegebenen Flächeninhalte von Kreisen jeweils Radius und Durchmesser der zugehörigen Kreise!
   a) 6,28 cm²   b) 12,56 cm²   c) 628 mm²   d) 12,2 cm²
   e) 1 m²   f) 2 m²   g) 3 m²   h) 4 m²

22. Berechne für die gegebenen Kreisumfänge jeweils die Flächeninhalte der Kreise!
   a) 4,5 cm   b) 9,0 cm   c) 0,72 m   d) 6,28 m   e) π m

23. Berechne für die gegebenen Kreisflächeninhalte jeweils die Umfänge der Kreise!
   a) 10 m²   b) 25,2 m²   c) 0,4π m²   d) 15 255 m²   e) 25π m²

24. Berechne die Seitenlänge eines Quadrates, das den gleichen Flächeninhalt wie ein Kreis mit dem Radius 1 cm hat!

25. Max hat einen runden Spiegel im Flur zerschlagen. Der Spiegel hat einen Durchmesser von 80 cm. Max muss sich an den Kosten für einen neuen Spiegel beteiligen: 1 Cent pro 10 cm² Spiegelfläche. Wie teuer kommt Max sein Übermut zu stehen?

Flächeninhalt eines Kreissektors

26. Welche der grünen Flächen ist ein Kreissektor? Begründe!

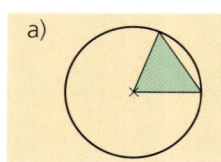

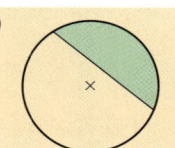

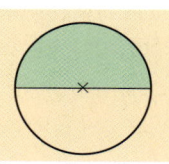

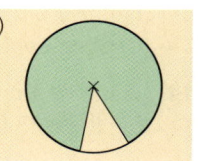

27. Berechne den Flächeninhalt des Kreissektors!
   a) r = 15 cm; α = 72°
   b) d = 0,36 m; α = 225°
   c) r = 12,5 cm; α = 18°
   d) d = 15 m; α = 204°

28. Berechne jeweils den Flächeninhalt der grünen Figuren!
   a) r = 12,5 cm   b) r = 1,2 cm   c) r = 2,74 m   d) r = 4,5 cm
   a = 8 cm   a = 2,74 m   α = 300°

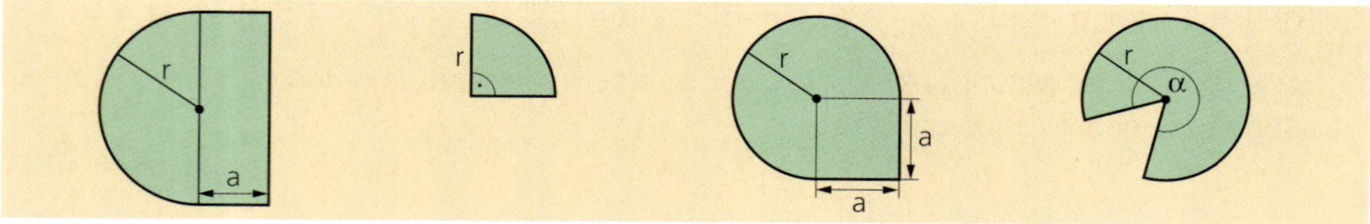

29. Stelle die Ergebnisse der Klassenarbeit im Kreisdiagramm dar! Berechne dazu zunächst die Mittelpunktswinkel der Kreissektoren!

Zensur	1	2	3	4	5	6
Schülerzahl	2	6	9	7	5	1

6.2 Zylinder

Begriff Zylinder

Ein Körper, der begrenzt wird von
- zwei zueinander parallelen und kongruenten Kreisflächen (Grund- und Deckfläche) und
- einer gekrümmten Mantelfläche, die abgerollt ein Rechteck ergibt,

heißt **senkrechter Kreiszylinder.**

Der Abstand zwischen Grund- und Deckfläche heißt **Höhe des Kreiszylinders.**

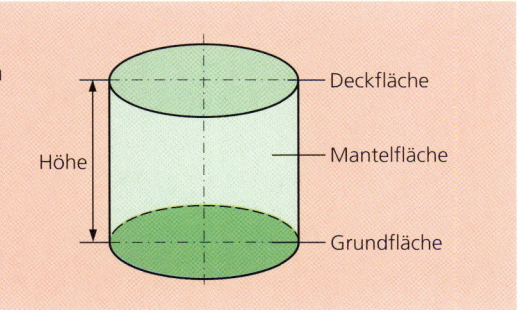

Ein gerader Kreiszylinder entsteht, wenn ein Rechteck um eine seiner Seiten rotiert. Die Gerade durch die Mittelpunkte der Grund- und Deckfläche heißt deshalb auch **Achse des Kreiszylinders.**

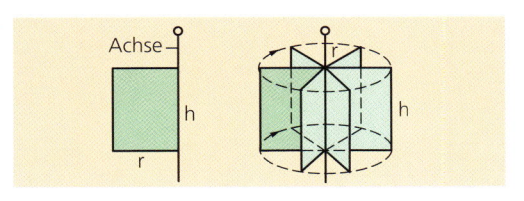

Volumen von Kreiszylindern

Wenn du bei einem Prisma mit einem regelmäßigen n-Eck als Grundfläche die Anzahl der Seiten immer größer werden lässt, nähert es sich immer mehr der Form eines Zylinders an.

Das Volumen von Kreiszylindern kannst du also mit der Formel zur Bestimmung des Volumens von Prismen berechnen: $V = G \cdot h$

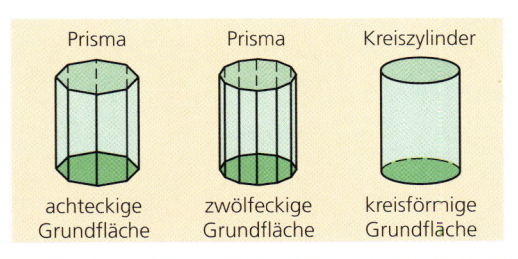

Das **Volumen eines senkrechten Kreiszylinders** ist das Produkt aus der Grundfläche und der Höhe des Zylinders.
$$V = G \cdot h$$
$$V = \pi r^2 \cdot h \quad \text{bzw.} \quad V = \pi \cdot \frac{d^2}{4} \cdot h$$

Beispiel:
Berechne das Volumen eines Eisenstabes, der einen Durchmesser von 40 mm und eine Länge von 120,0 cm hat!

Gegeben: $d = 40$ mm $= 4{,}0$ cm   Gesucht: V
 $h = 120{,}0$ cm

Lösung: $V = \pi \cdot \frac{d^2}{4} \cdot h$

 $V = \pi \cdot \frac{(4 \text{ cm})^2}{4} \cdot 120{,}0$ cm

 $V = 1508$ cm^3

Antwort: Der Eisenstab hat ein Volumen von 1508 cm^3.

Oberflächeninhalt von Kreiszylindern

Du kannst den Oberflächeninhalt von Kreiszylindern mit der gleichen Grundformel wie beim Prisma berechnen:

$O = 2G + M$

Für die Mantelfläche eines Kreiszylinders gilt:

$M = u \cdot h = 2\pi r h$

Für die Grundfläche eines Kreiszylinders gilt:

$G = \pi r^2$

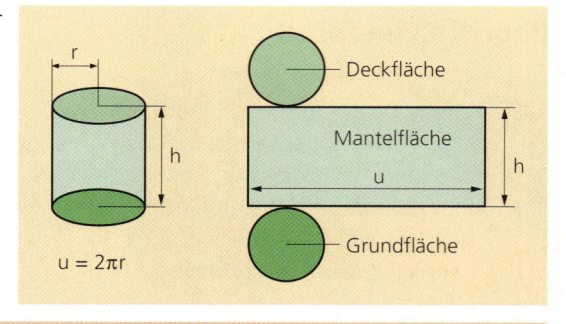

Der Oberflächeninhalt eines senkrechten Kreiszylinders ist gleich der Summe aus dem doppelten Grundflächeninhalt und dem Mantelflächeninhalt.

$$O = 2\pi r^2 + 2\pi r h$$
$$O = 2\pi r \cdot (r + h)$$

Beispiel:

Berechne den Oberflächeninhalt einer zylindrischen Dose, deren Höhe 5 cm und deren Durchmesser 12 cm beträgt.

Gegeben: d = 12 cm   Gesucht: O
                h = 5 cm

Lösung: $O = 2\pi r(r + h)$ $r = \frac{d}{2} = 6$ cm

              $O = 2\pi \, 6$ cm $(6$ cm $+ 5$ cm$)$
              $O = 415$ cm^2

Antwort: Die Dose hat einen Oberflächeninhalt von 415 cm^2.

Aufgaben

1. Viele Gegenstände, mit denen wir täglich umgehen, haben die Form eines Zylinders.
   Nenne solche Gegenstände!

2. Nenne Gemeinsamkeiten und Unterschiede von Prismen und Zylindern!

3. Berechne das Volumen folgender Kreiszylinder!
   a) r = 9,2 cm; h = 3,7 cm   b) r = 3,7 cm; h = 9,2 cm   c) r = h = 15,0 cm
   d) d = 4,6 cm; h = 20,0 cm   e) d = 7,0 cm; h = 5,0 cm   f) d = 15,0 cm; h = 5,0 mm

Zylinder

4. Ein zylindrischer Brunnen mit 1,50 m Durchmesser wird bis zu einer Tiefe von 12 m ausgeschachtet. Wie viel Kubikmeter Erdreich sind zu bewegen?

5. Berechne den Mantelflächeninhalt der Kreiszylinder!
   a) r = 2,5 cm; h = 2,2 cm
   b) r = 18 cm; h = 5,9 cm
   c) d = 3,3 cm; h = 6 cm
   d) d = h = 31,6 cm

6. Berechne den Oberflächeninhalt der Kreiszylinder!
   a) r = 18 cm; h = 5,9 cm
   b) d = 2,3 cm; h = 7,5 cm
   c) r = 3,5 cm; h = 6,5 cm
   d) d = 0,2 m; h = 35 cm

7. Berechne die fehlenden Werte folgender Zylinder!

	r	h	V	G	M	O
a)	2,5 cm	3,1 cm				
b)		4 dm	1 600 dm³			
c)				25 cm²	125 cm²	
d)		7,8 cm		12,3 cm²		

8. Gib den Radius und die Höhe eines Kreiszylinders an, dessen Grundfläche genauso groß ist wie seine Mantelfläche!

9. Wie viel Quadratzentimeter Blech benötigt man mindestens für eine Konservendose mit folgenden Maßen?
   a) d = 7,0 cm; h = 3,5 cm
   b) d = 8,0 cm; h = 7,0 cm

10. Konservendosen mit 8,0 cm Durchmesser und 10,5 cm Höhe sollen mit einem geschlossenen Etikett, das sich nicht überlappt, rundum beklebt werden. Wie viel Quadratmeter Papier werden für 10 000 Dosen benötigt?

11. Eine Litfaßsäule mit dem Durchmesser von 1,40 m lässt sich in einer Höhe von 80 cm bis zu 3,0 m bekleben. Welche Größe hat die zum Bekleben bestimmte Fläche?

12. Wie schwer ist ein zylindrisches Wägestück aus Messing mit einer Dichte von 8,4 $\frac{g}{cm^3}$, einem Durchmesser von 4,5 cm und einer Höhe von 1,41 cm?

13. Wie schwer sind 50 m Kupferdraht mit einem Durchmesser von 2 mm und einer Dichte von 8,9 $\frac{g}{cm^3}$?

14. Aus dem abgebildeten Stahlblock soll 25 mm dicker Rundstahl gewalzt werden. Wie viel laufende Meter Rundstahl ergeben sich unter der Annahme, dass kein Abfall entsteht?

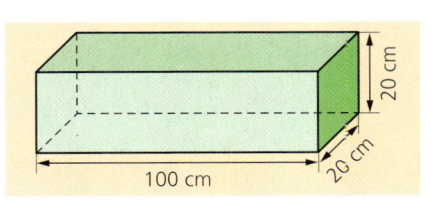

6.3 Gemischte Aufgaben

1. Wie groß ist der Durchmesser eines Kreises, der den doppelten Flächeninhalt wie ein Kreis mit dem Durchmesser 10 m hat?

2. Berechne jeweils den Umfang der angegebenen Figuren!

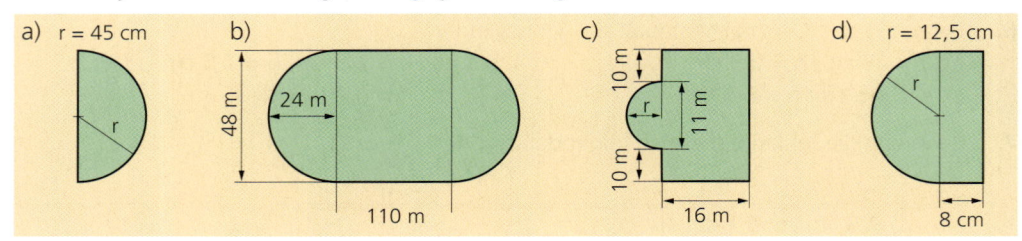

   a) r = 45 cm
   b) 48 m, 24 m, 110 m
   c) 10 m, r, 11 m, 10 m, 16 m
   d) r = 12,5 cm, 8 cm

3. Zeichne folgende Figuren und berechne jeweils ihren Flächeninhalt! Schätze zunächst, in welchem Verhältnis A_I und A_{II} zueinander stehen!

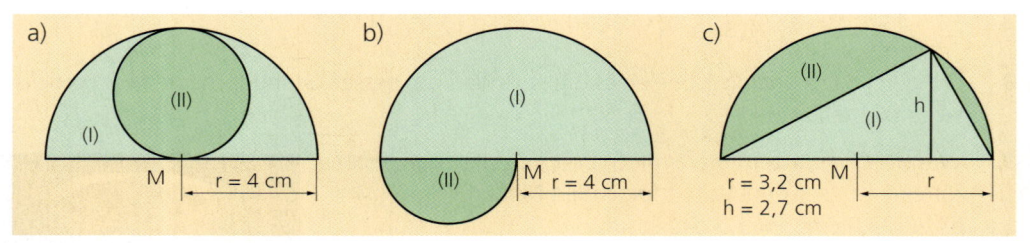

   a) r = 4 cm
   b) r = 4 cm
   c) r = 3,2 cm, h = 2,7 cm

4. Der Hubraum ist ein wichtiges Merkmal eines Verbrennungsmotors, dessen Größe bei vielen PKW sogar am Heck zu lesen ist. Aus der Bohrung (dem inneren Durchmesser), dem Hub (Kolbenweg) und der Zylinderanzahl lässt sich der Gesamthubraum berechnen.
   Überprüfe aus den Daten den angegebenen Hubraum!

Zylinderanzahl	Bohrung	Hub	Hubraum
4	74,0 mm	75,5 mm	1,3 Liter
4	82,5 mm	82,0 mm	1,8 Liter
9	78,0 mm	69,6 mm	2,0 Liter

5. Aus einem rechteckigen Blech mit den Seitenlängen a = 3 m und b = 1,50 m sollen 6 möglichst große Kreise ausgeschnitten werden. Berechne, wie viel Prozent Verschnitt anfallen!

6. Berechne den Umfang und den Flächeninhalt der folgenden Figuren!

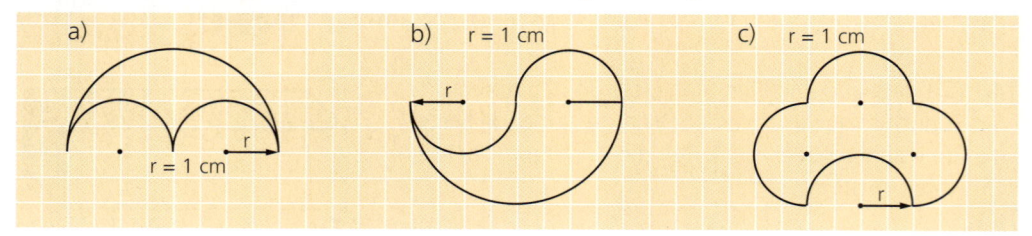

   a) r = 1 cm
   b) r = 1 cm
   c) r = 1 cm

Gemischte Aufgaben

7. Berechne das Volumen der Körper! Die Maßangaben sind in Millimeter.

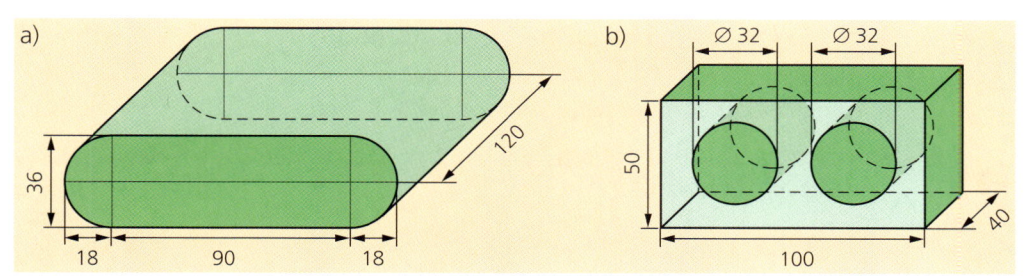

a) [Abbildung mit Maßen 36, 18, 90, 18, 120]

b) [Abbildung mit Maßen Ø 32, Ø 32, 50, 100, 40]

8. Aus einer quadratischen Platte mit der Seitenlänge a wird der größtmögliche Kreis herausgeschnitten. Berechne den jeweiligen Abfall in Prozent!
    a) a = 60 cm   b) a = 1,05 m   c) a = 23,5 cm

9. Auch für das Volumen eines Hohlzylinders gilt die Grundformel V = G · h.
Leite die Volumenformel des Hohlzylinders her!

10. Berechne das Volumen folgender Hohlzylinder!
    a) r_1 = 3,5 cm; r_2 = 4,5 cm; h = 13,5 cm
    b) d_1 = 75 mm; d_2 = 80 mm; h = 1200 mm

11. Ergänze die Tabelle für folgende Zylinder!

	a)	b)	c)	d)	e)
r	4,5 cm		14 cm	5,7 cm	76 mm
h	11,7 dm	6 cm	7 cm		31,5 cm
O					
V		114 cm³		1 059 cm³	

12. Bestimme das Volumen folgender Körper! Die Maßangaben sind in Millimeter.

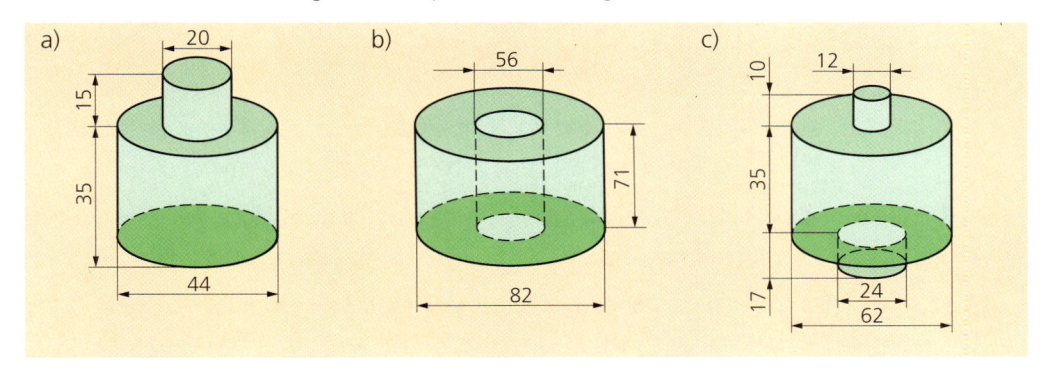

a) [Abbildung mit Maßen 20, 15, 35, 44]

b) [Abbildung mit Maßen 56, 71, 82]

c) [Abbildung mit Maßen 12, 10, 35, 17, 24, 62]

13. Aus einer quadratischen Säule mit einer Grundkantenlänge von 30 cm und einer Höhe von 60 cm soll ein Zylinder von größtmöglichem Volumen ausgeschnitten weden.
    a) Wie groß ist das Volumen des Zylinders?
    b) Wie groß ist der Abfall?

Flächen- und Körperberechnung

Teste dich selbst!

1. Bestimme jeweils den Umfang des Kreises, mit dem
   a) Radius: 33 mm, 2,4 cm, 6,1 dm
   b) Durchmesser: 42 cm, 9,2 mm, 24,7 m!

2. Berechne den Durchmesser eines Baumes 1 m über dem Erdboden, wenn er dort einen Umfang von 74,5 cm hat!

3. Berechne jeweils den Flächeninhalt des Kreises mit dem
   a) Radius: 14 mm, 3,8 cm, 4,2 dm
   b) Durchmesser: 36 cm, 3,5 dm, 7,2 m!

4. Bestimme den Radius und den Umfang eines Kreises mit einem Flächeninhalt von 742 mm²!

5. Ein kreisförmiges Beet mit einem Durchmesser von 3 m soll vollständig umzäunt und bepflanzt werden!
   a) Berechne die Länge des Zaunes!
   b) Wie viele Pflanzen werden benötigt, wenn pro Quadratmeter Beetfläche 35 Pflanzen gesetzt werden?

6. Berechne den Flächeninhalt der folgenden Figuren!

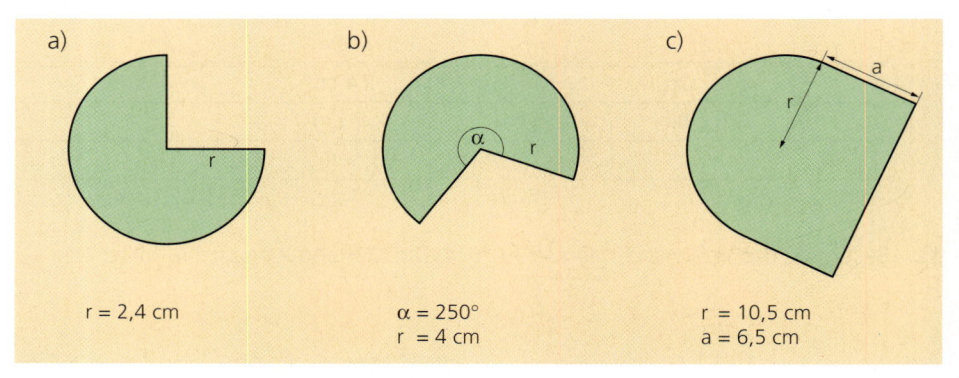

   a) r = 2,4 cm
   b) α = 250°; r = 4 cm
   c) r = 10,5 cm; a = 6,5 cm

7. Berechne den Kreisbogen und den Flächeninhalt des zugehörigen Kreissektors!
   a) α = 126°; r = 34 cm
   b) α = 55°; d = 5 cm

8. Berechne die Grundfläche, die Mantelfläche und die Oberfläche des Kreiszylinders!
   a) r = 3,5 cm; h = 5,1 cm
   b) d = 13 mm; h = 0,47 dm

9. Berechne das Volumen eines Zylinders, dessen Durchmesser 82 cm beträgt! Welche Masse besitzt er, wenn seine Höhe 150 cm ist und er aus Glas (Dichte = 2,5 $\frac{g}{cm^3}$) besteht?

Projekt

6.4 Projekt

Fahrrad

Moderne Fahrräder haben häufig mehr als 21 Gänge, um das Fahren in unterschiedlichem Gelände zu erleichtern. Mit einem niedrigen Gang am Berg und einem höheren Gang auf ebener Straße fährt es sich bequemer als umgekehrt.

1. Vergleicht Reifengrößen, Reifenbreiten, Anzahl der Gänge, Gewicht und Rahmenhöhe von Trekkingrädern, Mountainbikes, Leichtlaufrädern, Citybikes, Rennrädern und von eurem eigenen Rad! Informiert euch bei Bekannten und in Fahrradläden!

2. Bei der Gangschaltung eines Fahrrades bewegt sich eine Kette über mehrere Räder.
   a) Skizziert eine maßstabsgerechte Zeichnung einer Gangschaltung!
   b) Ergänzt die „Kettenführung" und erläutert die Wirkungsweise der Gangschaltung!

3. Zahnräder an Tretlagern werden *Kettenblätter* und Zahnräder an Hinterrädern werden *Ritzel* genannt. Der Quotient aus der Zahnzahl (k) des Kettenblattes und der Zahnzahl (r) des Ritzels heißt Übersetzung. Mit der Übersetzung kann ermittelt werden, wie oft sich das Hinterrad bei einer Pedalumdrehung dreht. So legt ein Rad mit einem Radumfang von 2,10 m und einer Übersetzung von $\frac{36}{12}$ eine Strecke von 6,30 m zurück.

   a) Berechnet alle Übersetzungsverhältnisse bei einem Fahrrad mit einer 21-Gang-Schaltung, die drei Kettenblätter mit 24; 36 und 46 Zähnen und sieben Ritzel mit 12; 14; 16; 18; 21; 24 und 28 Zähnen hat! 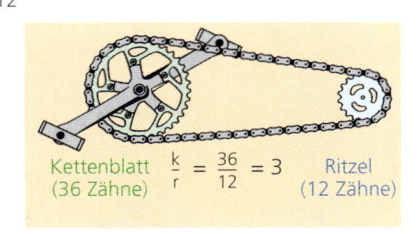
   b) Berechnet für jedes Übersetzungsverhältnis die Strecke, die ein Hinterrad mit einem Radumfang von 2,10 m zurücklegt!
   c) Welche Übersetzungsverhältnisse haben eure Fahrräder? Welche davon treten doppelt auf? Welche Übersetzungen verwendet ihr kaum? Begründet!

   Kettenblatt (36 Zähne) $\frac{k}{r} = \frac{36}{12} = 3$ Ritzel (12 Zähne)

4. Beim Fahren sollten immer Gänge eingelegt werden, die einen zu starken Schräglauf der Kette vermeiden, aber trotzdem einen spürbaren Übersetzungsunterschied erlauben.
   Ermittelt eine sinnvolle Folge von Gängen beim Anfahren auf einer ebenen Strecke! Die Übersetzungsverhältnisse sollten dabei immer größer werden.

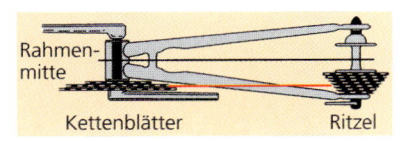

6.5 Zusammenfassung

Eine Gerade, die den Kreis in *zwei* Punkten schneidet, heißt **Sekante.**
Die Strecke zwischen den Punkten A und B ist eine **Sehne** des Kreises.
Eine Gerade, die den Kreis in *einem* Punkt berührt, heißt **Tangente.**
Eine Gerade, die den Kreis in *keinem* Punkt berührt, heißt **Passante.**

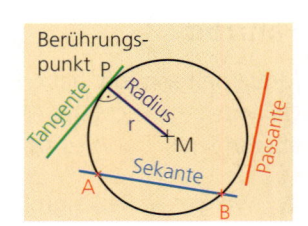

Kreis
Durchmesser $\quad d = 2r$
Umfang $\quad u = 2\pi r = \pi d$
Kreisflächeninhalt $\quad A = \pi r^2 = \pi \dfrac{d^2}{4}$

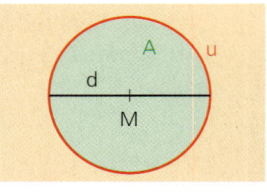

Kreisbogen
Kreisbogen $\quad \dfrac{b}{u} = \dfrac{\alpha}{360°}$
$b = 2\pi r \dfrac{\alpha}{360°} = \dfrac{\pi \cdot r \cdot \alpha}{180°}$

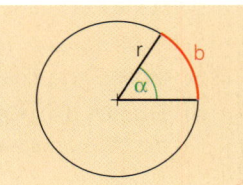

Kreissektor
Flächeninhalt $\quad A = \pi r^2 \cdot \dfrac{\alpha}{360°}$

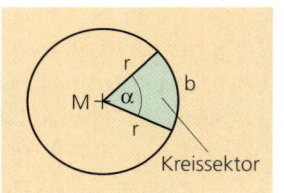

Kreiszylinder
Grundfläche $\quad G = \pi r^2$
Volumen $\quad V = G \cdot h$
$V = \pi r^2 h = \pi \dfrac{d^2}{4} h$

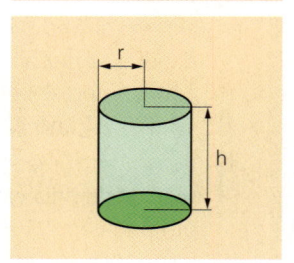

Mantelflächeninhalt $\quad M = u \cdot h = 2\pi r h$
Oberflächeninhalt $\quad O = 2G + M$
$O = 2\pi r^2 + 2\pi r h$
$O = 2\pi r(r + h)$

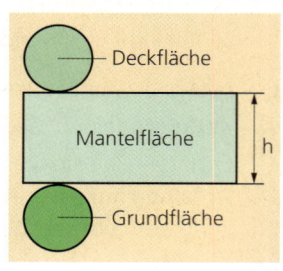

7 Sachrechnen

Jede menschliche Gemeinschaft gründet auf *Geben* und *Nehmen*. Seit jeher steht deshalb der Handel in ihrem Mittelpunkt.
In hochentwickelten Gesellschaften mit Geldwirtschaft wird das weitgehend anonyme *Geben* und *Nehmen* mithilfe von Prozentsätzen reguliert. Banken *geben* z.B. Darlehen und *nehmen* dafür einen gewissen Prozentsatz Zinseszinsen. Die Stadt Berlin stellt u. a. Schulgebäude zur Verfügung und nimmt dafür Steuern in unterschiedlichen Prozentsätzen der Einkommen ihrer Bürger ein. Geschäfte *geben* Prozente und *nehmen* dafür Gewinne an Waren, die sie ohne diesen Anreiz nicht verkaufen können.

Bruttolohn

Kathrin hat bereits einen Ausbildungsvertrag unterschrieben. In ihm ist der Bruttolohn folgendermaßen festgelegt: 1. Lehrjahr 365 €, 2. Lehrjahr 419 €, 3. Lehrjahr 472 €.
Erkundige dich über die entsprechenden Abzüge (Steuerklasse 1, nicht kirchensteuerpflichtig, Krankenversicherung 13,8 %) und berechne den Lohn, der Kathrin ausgezahlt wird!

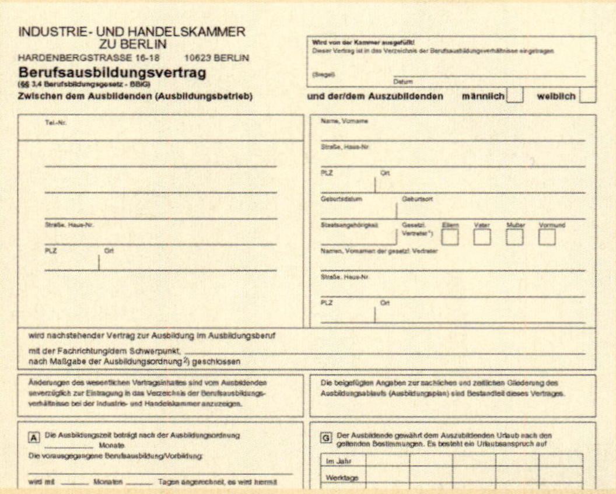

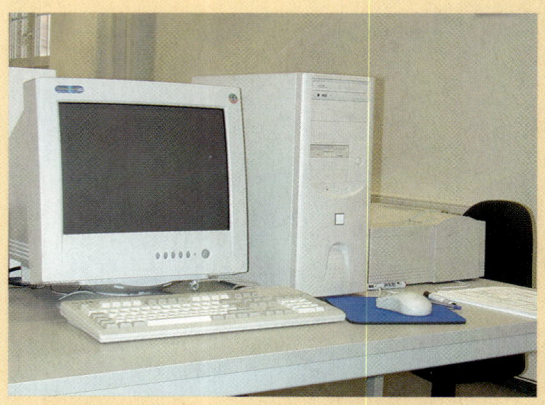

Verkaufspreis

André will sich einen Computer kaufen. Der Geschäftsführer des Computerladens kauft im Großhandel die entsprechenden Hardwareteile für insgesamt 530 €. Er kalkuliert den Nettopreis mit 30 % Geschäftskosten und 25 % Gewinn. Berechne den Verkaufspreis!

Kreditvertrag

Tobias möchte sich ein neues Keyboard kaufen. Die notwendigen 499 € möchte er in monatlichen Raten im Laufe eines Jahres zurückzahlen. Er muss für den Abschluss des Kreditvertrages eine Bearbeitungsgebühr von 1 % zahlen. Der vereinbarte Zinssatz beträgt 0,59 % p.m. Berechne die monatliche Rate, die Tobias aufbringen muss!

Rückblick

Proportionale Zuordnungen – Quotientengleichung

Eine Zuordnung ist **proportional,** wenn sich die beiden einander zugeordneten Größen im **gleichen** Verhältnis ändern (kurz: je mehr – desto mehr).

Beispiel:

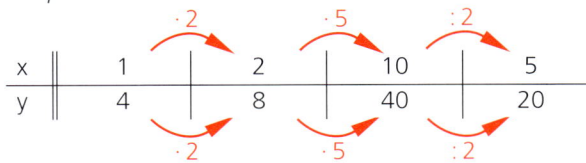

x	1	2	10	5
y	4	8	40	20

Alle Quotienten aus den zugeordneten Wertepaaren sind gleich.

$$\frac{1}{4} = \frac{2}{8} = \frac{10}{40} = \frac{5}{20}$$

Die **Quotientengleichheit** kann zur Berechnung fehlender Werte benutzt werden.

Beispiel:

Anzahl der Flaschen	6	15
Preis in Euro	x	24

Gleichung: $\frac{x}{6} = \frac{24}{15}$ $\quad | \cdot 6$

$x = 9{,}60$

Der Graph einer proportionalen Zuordnung ist eine Gerade durch den Koordinatenursprung.

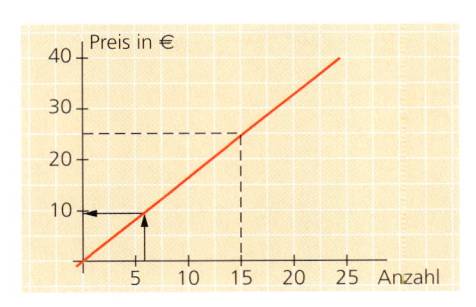

Antiproportionale Zuordnungen – Produktgleichung

Eine Zuordnung ist **antiproportional**, wenn sich die beiden einander zugeordneten Größen im **umgekehrten** Verhältnis ändern (kurz: je mehr – desto weniger).

Beispiel:

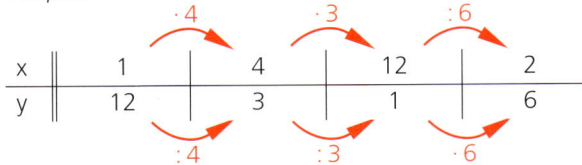

x	1	4	12	2
y	12	3	1	6

Alle Produkte aus den zugeordneten Wertepaaren sind gleich.

$1 \cdot 12 = 4 \cdot 3 = 12 \cdot 1 = 2 \cdot 6$

Die **Produktgleichheit** kann zur Berechnung fehlender Werte benutzt werden.

Beispiel:

Anzahl der Pumpen	4	7
Zeit in h	x	6

Gleichung: $4 \cdot x = 7 \cdot 6$ $\quad | : 4$

$x = 10{,}5$

Der Graph einer antiproportionalen Zuordnung ist ein Hyperbelast im I. Quadranten.

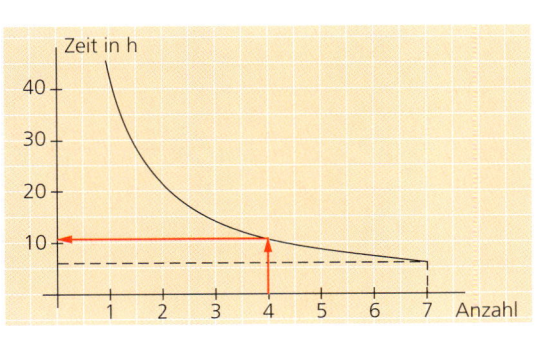

Sachrechnen

Umrechnungszahlen

Zeit:

1 s — ·60 → 1 min — ·60 → 1 h — ·24 → 1 Tag — ·365 (366) → 1 Jahr

Masse:

1 g — ·1000 → 1 kg — ·1000 → 1 t

1 min = 60 s	24 h = 1 d
60 min = 1 h	3 600 s = 1 h

1000 g = 1 kg	10 dt = 1 t
1000 kg = 1 t	100 kg = 1 dt

Länge:

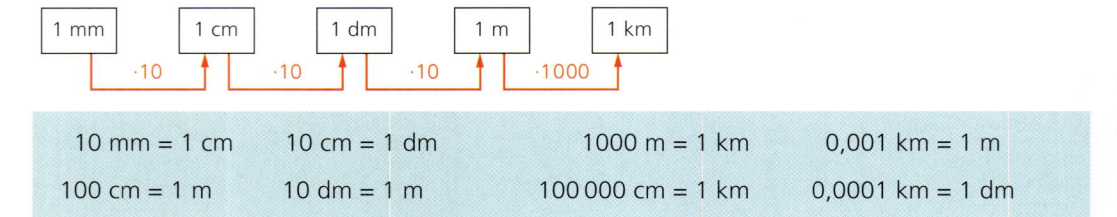

1 mm — ·10 → 1 cm — ·10 → 1 dm — ·10 → 1 m — ·1000 → 1 km

10 mm = 1 cm	10 cm = 1 dm	1000 m = 1 km	0,001 km = 1 m
100 cm = 1 m	10 dm = 1 m	100 000 cm = 1 km	0,0001 km = 1 dm

Zwischen den **Flächeneinheiten** gelten folgende Beziehungen:

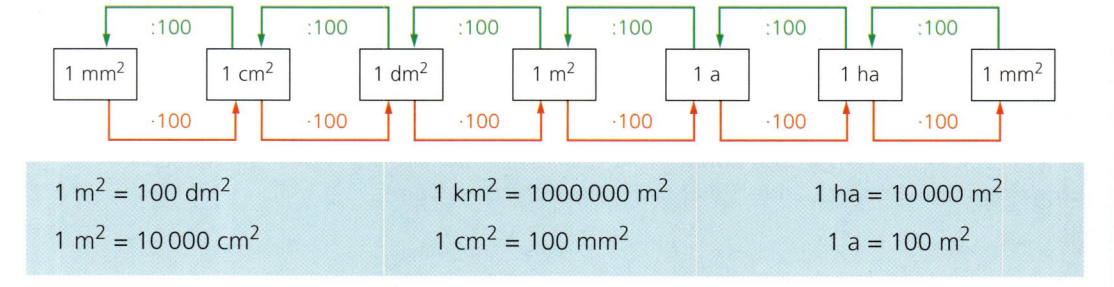

$1\ mm^2$ — :100/·100 — $1\ cm^2$ — :100/·100 — $1\ dm^2$ — :100/·100 — $1\ m^2$ — :100/·100 — $1\ a$ — :100/·100 — $1\ ha$ — :100/·100 — $1\ mm^2$

$1\ m^2 = 100\ dm^2$	$1\ km^2 = 1\ 000\ 000\ m^2$	$1\ ha = 10\ 000\ m^2$
$1\ m^2 = 10\ 000\ cm^2$	$1\ cm^2 = 100\ mm^2$	$1\ a = 100\ m^2$

Zwischen den **Volumeneinheiten** gelten folgende Beziehungen:

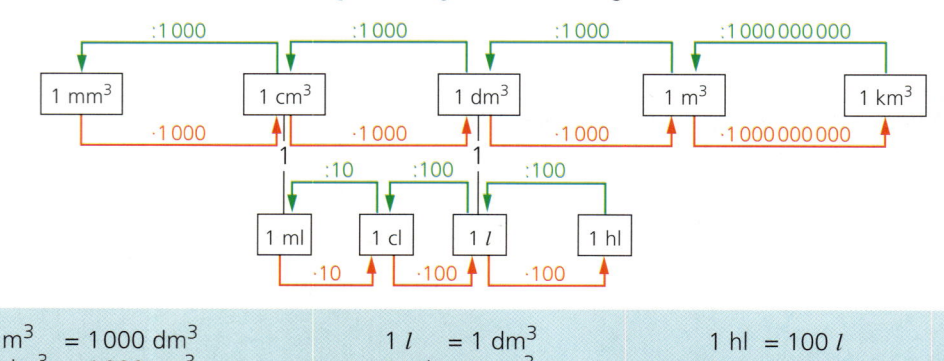

$1\ mm^3$ — :1000/·1000 — $1\ cm^3$ — :1000/·1000 — $1\ dm^3$ — :1000/·1000 — $1\ m^3$ — :1 000 000 000/·1 000 000 000 — $1\ km^3$

1 ml — :10/·10 — 1 cl — :100/·100 — 1 l — :100/·100 — 1 hl

$1\ m^3 = 1000\ dm^3$	$1\ l = 1\ dm^3$	$1\ hl = 100\ l$
$1\ dm^3 = 1000\ cm^3$	$1\ ml = 1\ cm^3$	$1\ l = 100\ cl$
$1\ cm^3 = 1000\ mm^3$		$1\ cl = 10\ ml$

Rückblick

Prozentrechnung

Prozentangaben sind nur in Verbindung mit einer Bezugsgröße sinnvoll.

Die verwendete Bezugsgröße wird auch **Grundwert** (Gesamtwert, Ganzes) genannt und mit **G** abgekürzt. Sie entspricht immer einem **Prozentsatz** von 100 %.
Der Prozentsatz **p %** beschreibt den Anteil vom Ganzen in Prozent; $1\% = \frac{p}{100}$. p nennt man Prozentzahl.
Der Wert, der dem Prozentsatz entspricht, wird **Prozentwert** genannt und mit **W** abgekürzt.
Die Gleichung $\frac{p}{100} = \frac{W}{G}$ nennt man die Grundgleichung der Prozentrechnung.

Berechnung von Prozentsätzen

Prozentsätze werden nach folgender Gleichung berechnet:

$\frac{p}{100} = \frac{W}{G} \quad |\cdot 100 \qquad p = \frac{W \cdot 100}{G}$

Beispiel:
Im April 2001 hat es in Berlin an 12 Tagen geregnet. Berechne, wie viel Prozent das sind!

Gegeben: G = 30 Tage   Gesucht: p %
           W = 12 Tage

Lösung: $p = \frac{W \cdot 100}{G}$

           $p = \frac{12 \text{ Tage} \cdot 100}{30 \text{ Tage}}$

           $p = 40$

Antwort: Im April 2001 regnete es in Berlin an 40 % der Tage.

Berechnung von Prozentwerten

$\frac{p}{100} = \frac{W}{G} \quad |\cdot G \qquad W = \frac{p \cdot G}{100}$

Beispiel:
Von 120 Schülern der Klassenstufe 9 haben 37,5 % ein Handy. Berechne, wie viel das sind!

Gegeben: G = 120 Schüler   Gesucht: W
           p % = 37,5 %, d.h. p = 37,5

Lösung: $W = \frac{p \cdot G}{100}$

           $W = \frac{37,5 \cdot 120 \text{ Schüler}}{100}$

           W = 45 Schüler

Antwort: Von 120 Schülern der Klassenstufe 9 haben 45 Schüler ein Handy.

Berechnung von Grundwerten

Grundwerte werden nach folgender Gleichung berechnet.

$$\frac{p}{100} = \frac{W}{G} \qquad | \cdot G$$

$$\frac{p \cdot G}{100} = W \qquad | \cdot 100$$

$$p \cdot G = W \cdot 100 \qquad | : p$$

$$G = \frac{W \cdot 100}{p}$$

Beispiel:
In der Klassenstufe 9 sind 17 Schüler zum Zeitpunkt der Osterferien versetzungsgefährdet. Das sind 20 %. Berechne, wie viel Schüler in der Klassenstufe 9 beschult werden!

Gegeben: W = 17 Schüler   Gesucht: G
                p % = 20 %, d.h. p = 20

Lösung: $G = \frac{W \cdot 100}{p}$

                $G = \frac{17 \text{ Schüler} \cdot 100}{20}$

                G = 85 Schüler

Antwort: 85 Schüler werden in der Klassenstufe 9 beschult.

Grafische Darstellung von Prozentangaben

Anteile und Veränderungen können mithilfe von Diagrammen anschaulich dargestellt werden. Häufig verwendet man das Streifendiagramm, das Säulendiagramm und das Kreisdiagramm.

Beispiel:
Im Mathematikvergleichstest der Klasse 8 wurden von 100 Schülern folgende Ergebnisse erzielt:

Zensur	1	2	3	4	5	6
Anzahl	8	13	39	26	9	5

Streifendiagramm:

Zur Darstellung wählen wir z.B. eine Streifenlänge von 10 cm = 100 mm als Ganzes (100 %). Daraus ergibt sich, dass 1 % der Längeneinheit 1 mm entspricht.
Die Breite des Diagramms ist beliebig.

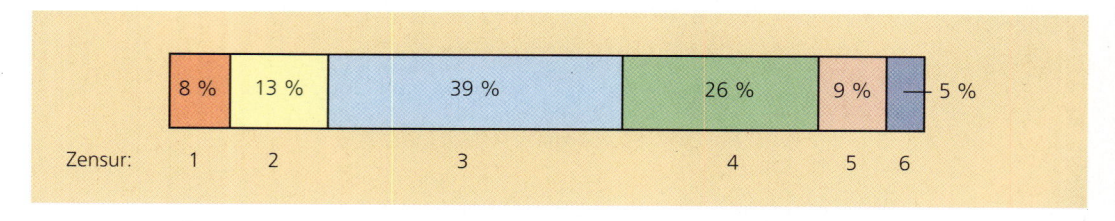

Rückblick

Säulendiagramm

In einem Säulendiagramm werden die Abschnitte des Streifendiagramms als Säulen nebeneinander gestellt.

Kreisdiagramm

In einem Kreisdiagramm wird als Ganzes der gesamte Kreis betrachtet. Anteile vom Ganzen ergeben sich dann als entsprechende Anteile vom Kreis, z.B. 50 % ≙ 180°, 25 % ≙ 90°, 10 % ≙ 36°, 1 % ≙ 3,6°.

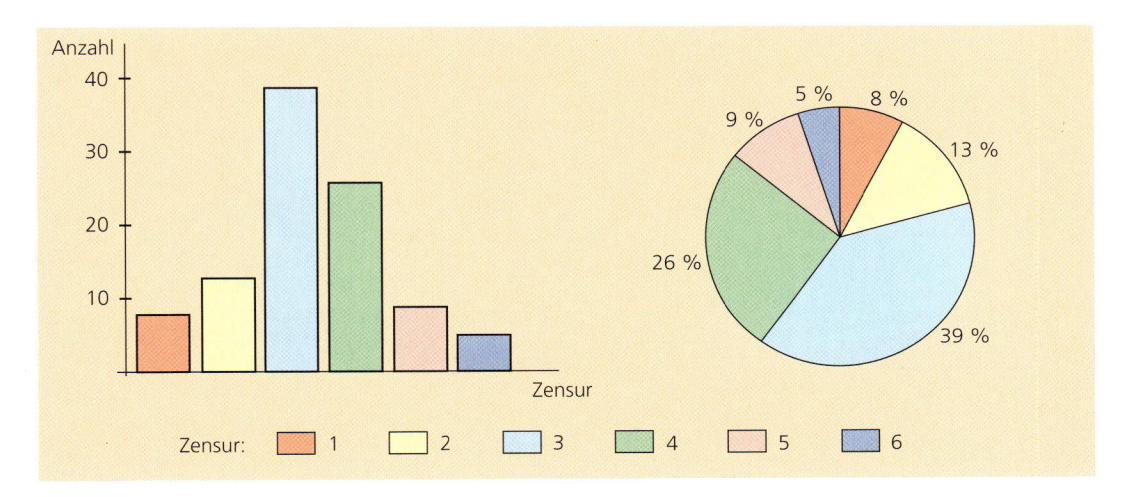

Zinsrechnung

Prozentwert = Prozentsatz · Grundwert $\qquad$ $W = \frac{p}{100} \cdot G$

Zinsen = Zinssatz · Kapital $\qquad$ $Z = \frac{p}{100} \cdot K$

Zinsen für ein Jahr

Für die Berechnung der Zinsen für ein Jahr gilt die Gleichung $\quad Z = \frac{p}{100} \cdot K$.

Beispiel:
Anna hat 750 € für ein Jahr angelegt. Wie viel Zinsen erhält sie bei einem Zinssatz von 5 %?

Gegeben: $\quad$ p % = 5 %, d.h. p = 5 $\qquad$ Gesucht: Z
$\qquad\qquad$ K = 750 €

Lösung: $\qquad Z = \frac{p}{100} \cdot K$

$\qquad\qquad Z = \frac{5}{100} \cdot 750$ €

$\qquad\qquad Z = 37{,}50$ €

Antwort: $\qquad$ Anna erhält nach einem Jahr 37,50 € Zinsen.

Sachrechnen

Berechnung von Zinssatz und Kapital

$$\text{Prozentsatz} = \frac{\text{Prozentwert}}{\text{Grundwert}} \qquad p = \frac{W \cdot 100}{G}; \qquad \text{Grundwert} = \frac{\text{Prozentwert}}{\text{Prozentsatz}} \qquad G = \frac{W \cdot 100}{p}$$

$$\text{Zinssatz} = \frac{\text{Zinsen}}{\text{Kapital}} \qquad p = \frac{Z \cdot 100}{K}; \qquad \text{Kapital} = \frac{\text{Zinsen}}{\text{Zinssatz}} \qquad K = \frac{Z \cdot 100}{p};$$

Beispiel:
Frau Stich hat für ihre 1 690 € nach einem Jahr von der Bank 59,15 € Zinsen erhalten. Berechne, welchen Zinssatz Frau Stich vereinbart hatte!

Geg.: K = 1690 €   Ges.: p %
Z = 59,15 €

Lösung:
$p = \frac{Z \cdot 100}{K}$

$p = \frac{59{,}15\ \text{€} \cdot 100}{1690\ \text{€}}$

p = 3,5

Antwort:
Frau Stich hat einen Zinssatz von 3,5 % p.a. vereinbart.

Beispiel:
Lucas erhält bei einem Zinssatz von 2,75 % p.a. am Jahresende 8,80 € Zinsen. Berechne, wie viel Euro er auf seinem Sparbuch hat!

Geg.: p % = 2,75 %, d.h. p = 2,75   Ges.: K
Z = 8,80 €

Lösung:
$K = \frac{Z \cdot 100}{p}$

$K = \frac{8{,}80\ \text{€} \cdot 100}{2{,}75}$

K = 320 €

Antwort:
Lucas hat 320 € auf seinem Sparbuch.

Zinsen für weniger als ein Jahr

Im Bankwesen werden ein Jahr mit 360 Tagen und ein Monat mit 30 Tagen gerechnet. Daraus ergeben sich folgende Gleichungen:

Monatszinsen (Zinsen für die Anzahl der Monate m) $Z = \frac{p \cdot K \cdot m}{100 \cdot 12}$

Tageszinsen (Zinsen für die Anzahl der Tage t) $Z = \frac{p \cdot K \cdot t}{100 \cdot 360}$

Beispiel:
Justin hat 240 € für 9 Monate auf seinem Sparbuch mit 3,25 % p.a. angelegt. Berechne, wie viel Zinsen Justin für diesen Zeitraum erhält!

Geg.:   p % = 3,25 %, d.h. p = 3,25   Ges.: Z
K = 240 €
m = 9

Lösung: $Z = \frac{p \cdot K \cdot m}{100 \cdot 12}$

$Z = \frac{3{,}25 \cdot 240\ \text{€} \cdot 9}{100 \cdot 12}$

Z = 5,85 €

Antwort: Justin erhält 5,85 € Zinsen.

Anwendungsaufgaben zur Proportionalität und Antiproportionalität

7.1 Anwendungsaufgaben zur Proportionalität und Antiproportionalität

Dreisatz

Bei proportionalen bzw. antiproportionalen Zuordnungen kann man mithilfe der Quotienten- bzw. Produktgleichung aus drei bekannten Größen eine vierte Größe berechnen. Das Verfahren **Dreisatz** bietet uns die gleiche Möglichkeit. Dazu müssen wir folgende Schritte durchführen:

1. Angabe der gegebenen Größen und Bestimmung der Zuordnung
2. Wahl einer zweckmäßigen Einheit (die, welche zweimal in der Aufgabenstellung angegeben wurde) und Schlussfolgerung auf die Einheit, die Grundlage der Zuordnung ist
3. Übertragen dieses Schlusses auf die gesuchte Größe

Quotientengleichung und Dreisatz bei proportionaler Zuordnung

Beispiel:
Ein Mofa benötigt für 300 km 12 *l* Benzin. Berechne, wie viel Liter Benzin das Mofa für 550 km braucht!

Quotientengleichung

Anzahl der km	300	550
Menge in Liter	12	x

Gleichung: $\frac{x}{550 \text{ km}} = \frac{12\ l}{300 \text{ km}} \quad | \cdot 550 \text{ km}$

$x = \frac{12\ l \cdot 550 \text{ km}}{300 \text{ km}}$

$x = 22\ l$

Antwort: Das Mofa benötigt für 550 km 22 *l* Benzin.

Dreisatz

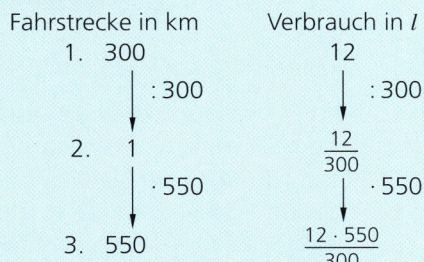

Fahrstrecke in km   Verbrauch in *l*
1. 300   12
   ↓ :300   ↓ :300
2. 1 $\frac{12}{300}$
   ↓ ·550   ↓ ·550
3. 550 $\frac{12 \cdot 550}{300}$

Produktgleichung und Dreisatz bei antiproportionaler Zuordnung

Beispiel:
Für die Ernte von Kartoffeln benötigen 4 Maschinen 9 h. Berechne, welche Zeit eingeplant werden müsste, wenn nur 3 Maschinen zur Verfügung stehen würden!

Produktgleichung

Anzahl der Maschinen	4	3
Zeit in Stunden	9	x

Gleichung: $3\text{ M} \cdot x = 4\text{ M} \cdot 9\text{ h} \quad | :3\text{ M}$

$x = \frac{4\text{ M} \cdot 9\text{ h}}{3\text{ M}}$

$x = 12\text{ h}$

Antwort: Mit 3 Maschinen würde die Ernte 12 Stunden dauern.

Dreisatz

Anzahl der Maschinen   Dauer in h
1. 4   9
   ↓ :4   ↓ ·4
2. 1   9·4
   ↓ ·3   ↓ :3
3. 3 $\frac{9 \cdot 4}{3}$

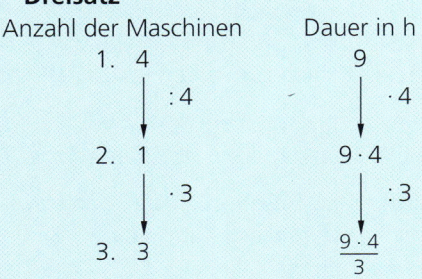

Bei der Benutzung des Dreisatzes ist auf Folgendes zu achten:
1. Ist die Zuordnung **proportional**, so sind die für die Schlussfolgerungen anzuwendenden Rechenoperationen in einem Schritt jeweils **gleich**.
2. Ist die Zuordnung **antiproportional**, so sind die für die Schlussfolgerungen anzuwendenden Rechenoperationen in einem Schritt jeweils **entgegengesetzt** (umgekehrt).

Antiproportionale Zuordnungen werden auch umgekehrt proportionale Zuordnungen genannt.

Aufgaben

Rückblick

1. Gib an, welche der folgenden Zuordnungen proportional sind! Begründe!
   a) Je länger der Mensch schläft, desto mehr Hunger hat er danach.
   b) Ein Ei kostet 15 ct und 5 Eier kosten 75 ct.
   c) Je mehr Geld man verdient, desto mehr kann man sich kaufen.
   d) 5 Zeitschriften kosten 3 €. Dann kostet eine Zeitschrift 60 ct.
   e) 3 Wasserpumpen brauchen 6 Stunden und 6 Wasserpumpen brauchen dann nur 3 Stunden.
   f) Der Regionalexpress benötigt für 96 km nur 56 min. In 28 min fährt er 48 km.

2. Die Schüler der Klasse 9c wollen am Wandertag im Juni baden gehen. In Vorbereitung dieses Wandertages wollen sie das Eintrittsgeld einsammeln. Jeder Schüler muss 2,20 € bezahlen.
   a) Stelle eine Tabelle für die Zuordnung „Anzahl der Schüler → Eintrittspreis der Gruppe" auf!
   b) Trage die Wertepaare in ein geeignetes Koordinatensystem ein!
   c) Zeichne den Graphen dieser Zuordnung!
   d) Beschreibe den Verlauf des Graphen und entscheide, um welche Zuordnung es sich handelt!

3. Frau Groll kauft 8 Flaschen Apfelsaft für 5,60 €. Berechne, wie viel Euro 9 Flaschen Apfelsaft kosten!

4. Ein Auto fährt auf der Autobahn mit konstanter Geschwindigkeit von 100 $\frac{km}{h}$ in 12 min vom Parkplatz A zum Parkplatz B. Welche Zeit benötigt ein LKW für dieselbe Strecke, wenn er mit gleichbleibender Geschwindigkeit von 80 $\frac{km}{h}$ fährt?

5. René feiert mit seinen Freunden eine Party. Er hat errechnet, dass jedem seiner 7 Freunde sowie ihm selbst zum Tanzen eine Fläche von 3,30 m² zur Verfügung steht. Einer seiner Freunde hat noch 3 Mädchen zur Party mitgebracht. Wie viel Tanzfläche steht nun jedem zur Verfügung?

6. Martin springt bei einem Anlauf von 25 m 4,20 m weit. Berechne, welche Sprungweite er bei einem Anlauf von 30 m erreichen würde! Bei welchem Anlauf springt er Weltrekord?

7. Mit einer 5-kg-Dose Farbe kann man etwa 40 m² Fläche bestreichen. Herr Weber möchte sein Wohnzimmer mit insgesamt 64 m² Wand- und Deckenfläche streichen. Wie viel Kilogramm Farbe benötigt er?

Anwendungsaufgaben zur Proportionalität und Antiproportionalität

8. Gib an, welche der folgenden Zuordnungen antiproportional sind! Begründe!
   a) 6 Schüler brauchen zum Streichen ihres Klassenraumes 5 Stunden. 3 Schüler brauchen 10 Stunden.
   b) Je länger das Streichholz ist, desto länger brennt es.
   c) Je mehr Schüler bei der Klassenarbeit fehlen, desto schneller hat der Fachlehrer die Arbeit kontrolliert.
   d) Anja gibt pro Tag 3 € ihres Taschengeldes aus. Es reicht für 10 Tage. Wenn sie täglich nur 2 € ausgibt, kann sie auch noch am 15. Tag etwas kaufen.
   e) Ein LKW fährt mit 60 $\frac{km}{h}$ bis zum Zielort 5 h. Bei einer Geschwindigkeit von 80 $\frac{km}{h}$ benötigt er nur 3 h 45 min.
   f) Je mehr Kühe auf der Weide stehen, desto schneller ist das Gras abgefressen.

9. Die Schüler der Klassenstufe 9 planen eine Busfahrt zum Musical „Das Phantom der Oper" nach Hamburg. Der Bus, der maximal 52 Plätze hat, kostet 490 €.
   a) Stelle eine Tabelle für die Zuordnung „Anzahl der Personen → Preis pro Person" auf!
   b) Trage die Wertepaare in ein geeignetes Koordinatensystem ein!
   c) Zeichne den Graphen dieser Zuordnung!
   d) Beschreibe den Verlauf des Graphen und entscheide, um welche Zuordnung es sich handelt!

10. Zum Spargelstechen benötigen 8 Arbeiter 4 Sunden. Wie lange brauchen 5 Arbeiter?

11. Ein Hundezüchter hat für seine 12 Hunde für 28 Tage Futter. Berechne, wie lange das Futter reichen würde, wenn er sich noch zwei Hunde kauft!

12. Die Gemeinde Hullerbusch stellt für die Errichtung von 45 Eigenheimen jeweils Grundstücke mit einer Fläche von 360 m² zur Verfügung. Aufgrund der hohen Nachfrage muss die vorhandene Fläche für 50 Eigenheime gleichmäßig aufgeteilt werden. Berechne, welche Fläche nun ein Interessent erwerben kann!

13. Bei der Vorbereitung des Baus eines Bootsstegs wird geschätzt, dass 9 Mitglieder des Rudervereins jeweils 8 Stunden benötigen. Berechne, wie viel Helfer gebraucht werden, wenn jeder Helfer nur 6 Stunden arbeiten soll!

14. Ein Heißluftballon legt eine bestimmte Entfernung in 12 Tagen zurück und fliegt dabei 260 km pro Tag. Berechne, welche Strecke er pro Tag zurück legen muss, wenn er für die gleiche Entfernung nur 10 Tage unterwegs sein soll!

15. Wandle in die nächstkleinere Einheit um!
    a) 2 h   b) 6 t   c) 6 m   d) 8,3 kg   e) 15 min   f) 1,5 cm²
    g) 0,69 km²   h) 330 cm²   i) 4,2 cm   j) 0,04 m²   k) 4,15 kg   l) 7 Tage

16. Wandle in die nächstgrößere Einheit um!
    a) 5000 g   b) 430 cm   c) 600 min   d) 250 mm   e) 36 kg   f) 430 cm²
    g) 7300 dm²   h) 56 m   i) 7140 s   j) 89 mm²   k) 790 dm   l) 6 h

17. Wandle in die in Klammern angegebene Einheit um!
    a) 70 mm (cm)   b) 900 m (km)   c) 530 g (kg)   d) 7,3 m (dm)
    e) 8,2 t (kg)   f) 45 cm² (dm²)   g) 8,5 min (s)   h) 3640 mm² (cm²)
    i) 840 cm² (mm²)   j) 12 Tage (min)   k) 457 dm (km)   l) 530 cm (m)

Anwendungsaufgaben zur Proportionalität und Antiproportionalität

18. In einem Getränkeladen kosten 7 Flaschen Apfelsaft 5,53 €. Berechne, wie viel Euro 4 Flaschen kosten!

19. Franziska kauft 3 Kugeln Eis für 1,20 €. Berechne, wie viel ihre Freundin Julia für 5 Kugeln Eis bezahlen muss!

20. Zum Bau eines Weges benötigen 4 Arbeiter 6 Stunden. Ein Arbeiter fällt wegen Krankheit aus. Berechne, wie lange die drei Arbeiter für den Bau des Weges benötigen!

21. 20 l Benzin kosten 22 €. Berechne, wie viel Euro eine Tankfüllung mit 65 l kostet!

22. Fünf Arbeiter beladen einen LKW in 6 Stunden. Gib an, welche Zeit 3 Arbeiter benötigen!

23. Drei Bagger heben eine Grube in 9 Stunden aus. Wie lange benötigen fünf Bagger dafür?

24. Für den Wandertag hat die Klasse 9b einen Bus gemietet. Bei 32 Personen muss jeder 10,50 € bezahlen. Berechne, wie viel jeder bezahlen muss, wenn nur 24 Personen mitfahren!

25. 1,5 kg Pfirsiche kosten 1,80 €. Berechne, wie viel Euro 2,5 kg Pfirsiche der gleichen Sorte kosten!

26. Frau Mopp bezahlt beim Schuhmacher für die Reparatur von 5 Paar Schuhen 8,75 €. Wie viel Euro muss Frau Happel bezahlen, wenn sie 7 Paar Schuhe zur Reparatur gibt!

27. In einer Realschule sind am Nachmittag 4 Reinigungskräfte jeweils 6 h mit der Säuberung der Schule beschäftigt. Wie viele Arbeitskräfte werden benötigt, wenn die Schule in 4 h gereinigt werden soll!

28. 200 Senkkopfschrauben wiegen 250 g. Berechne die Masse von 850 Schrauben in Kilogramm!

29. Die Klasse 9c hat während ihrer letzten Schülerfahrt viel fotografiert. Für die 78 nachbestellten Fotoabzüge hat sie 14,82 € bezahlt. Nun möchte sie noch einmal 24 Abzüge nachbestellen. Berechne, wie viel Euro diese Abzüge kosten werden!

30. Beim Fleischer Frisch kosten 1,25 kg Schnitzelfleisch 7,75 €. Berechne, wie viel Euro 500 g kosten!

31. Frank benötigt für seinen 3 km langen Schulweg mit dem Fahrrad 21 min. Gib an, wie lange er dafür zu Fuß benötigt!

32. Eine Tippgemeinschaft mit 6 Spielern hat insgesamt 31 920 € gewonnen. Nun möchten sich zwei weitere Bekannte dieser Tippgemeinschaft anschließen. Berechne, wie viel Euro jeder erhalten würde, wenn sie dann noch einmal den gleichen Betrag gewinnen würden!

33. In einer Schwimmhalle werden zum Einlassen von frischem Wasser 3 Pumpen benutzt. Das Füllen dauert 7,5 Stunden. Berechne, wie lange das Füllen des Schwimmbeckens dauert, wenn eine Pumpe gleich zu Beginn ausfällt!

7.2 Anwendungsaufgaben zur Prozent- und Zinsrechnung

Mehrwertsteuer

Die Mehrwertsteuer ist die ergiebigste Steuer für den Staat. Im Jahre 2001 beträgt der Normalsteuersatz 16 % vom Nettopreis der gelieferten Ware oder der Dienstleistung. Der ermäßigte Steuersatz von 7 % gilt für Nahrungsmittel, landwirtschaftliche Erzeugnisse und Umsätze aus freiberuflicher Tätigkeit.

Die Höhe der Steuern wird vom Staat festgelegt. So betrug die Mehrwertsteuer bis 1992 noch 14 % und ab 1993 15 %. 1998 wurde sie auf 16 % erhöht.

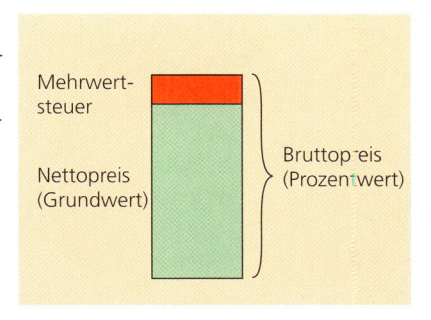

Die **Mehrwertsteuer** wird zum **Nettopreis** addiert. Man erhält den **Bruttopreis,** der meist nur als Preis bezeichnet wird.   kurz: Nettopreis + Mehrwertsteuer = Bruttopreis

Beispiel 1:
Der Nettopreis eines Fahrrades beträgt 375 €.
Berechne den Bruttopreis, wenn die Mehrwertsteuer 16 % beträgt!

Gegeben: G = 375 €   Gesucht: W
           p % = 16 %, d.h. p = 16

Lösung: $W = \frac{p \cdot G}{100}$ Bruttopreis = Nettopreis + Mehrwertsteuer

           $W = \frac{16 \cdot 375 \, €}{100}$ Bruttopreis = 375 € + 60 €

           W = 60 €   Bruttopreis = 435 €

Antwort: Das Fahrrad kostet inklusive der Mehrwertsteuer 435 €.

Beispiel 2:
Der Pfannkuchen kostet bei Bäcker Süß 0,99 € inklusive 7 % Mehrwertsteuer.
Berechne den Nettopreis!

Gegeben: W = 0,99 €   Gesucht: G
           p % = 100 % + 7 % = 107 %, d.h. p = 107 (prozentualer Zuschlag)

Lösung: $G = \frac{W \cdot 100}{p}$

           $G = \frac{0,99 \, € \cdot 100}{107}$

           G = 0,93 €

Antwort: Der Nettopreis des Pfannkuchens beträgt 0,93 €.

Rabatt und Skonto

In Geschäften und Kaufhäusern sieht man oft Preisschilder mit der Aufschrift „Rabatt...". Der Verkäufer versucht so, das Kaufinteresse des Käufers für einen bestimmten Artikel zu wecken oder zu verstärken. Rabatte werden aus unterschiedlichen Gründen gegeben. Die Erteilung eines Rabatts und deren Begründung liegt im Ermessen des Verkäufers oder wird gewährt, wenn die Bedingungen für den Rabatt erfüllt werden. Man unterscheidet zwischen Mengenrabatt, Rabatt wegen Geschäftsaufgabe, Treuerabatt, Personalrabatt und anderen. Durch ihn wird der ursprüngliche Preis vermindert.
Das trifft auch für das Skonto zu. Skonto wird bei Zahlung innerhalb einer bestimmten Frist eingeräumt.

Rabatt oder Skonto (Prozentwert)
neuer Preis (Prozentwert)
ursprünglicher Preis (Grundwert)

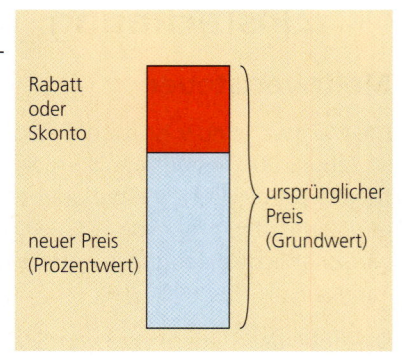

Durch **Rabatt** oder **Skonto** wird der ursprüngliche Preis verrringert.

Beispiel 1:
Die Firma Stroh & Heu erhält beim Kauf von fünf Erntemaschinen einen Mengenrabatt von 15 %. Berechne, wie viel eine Maschine kostet, wenn die Firma Stroh & Heu das Angebot annimmt, d.h. mindestens fünf Maschinen kauft und eine Maschine inklusive Mehrwertsteuer 11 580 € kostet!

Gegeben: G = 11 580 €   Gesucht: W
            p % = 15 %, d.h. p = 15

Lösung: $W = \frac{p \cdot G}{100}$ neuer Preis = ursprünglicher Preis – Rabatt

            $W = \frac{15 \cdot 11\,580\,€}{100}$ neuer Preis = 11 580 € – 1 737 €

            W = 1 737 €   neuer Preis = 9 843 €

Antwort: Eine Maschine kostet mit Rabatt 9 843 €.

Beispiel 2:
Die Hemingway-Oberschule will beim Kauf von Lehrbüchern sparen. Sie erhält 2 % Skonto, wenn sie den Rechnungsbetrag bis spätestens zwei Wochen nach Rechnungsausstellung an die Buchhandlung überweist. Wie viel Euro spart die Schule, wenn sie innerhalb der Frist einen Betrag von 20 394,44 € überweist?

Gegeben: W = 20 394,44 €   Gesucht: G (prozentualer Abschlag)
            p % = 100 % – 2 % = 98 %, d.h. p = 98

Lösung: $G = \frac{W \cdot 100}{p}$ Ersparnis = G – W

            $G = \frac{20\,394{,}44\,€ \cdot 100}{98}$ Ersparnis = 20 810,65 € – 20 394,44 €

            G = 20 810,65 €   Ersparnis = 416,21 €

Antwort: Die Schule spart durch das Skonto 416,21 €.

Anwendungsaufgaben zur Prozent- und Zinsrechnung

Brutto- und Nettolohn

Für seine Arbeitsleistung bei einem Arbeitgeber (z.B. Firma, öffentlicher Dienst) erhält der Arbeitnehmer Lohn, den **Bruttolohn**. Von diesem Bruttolohn werden die Sozialversicherungsbeiträge, die Lohnsteuer und bei Kirchenzugehörigkeit die Kirchensteuer sofort abgezogen und an die entsprechenden Institutionen weitergeleitet. Der Lohn, der nun noch übrig bleibt, wird als **Nettolohn** bezeichnet und dem Arbeitnehmer ausgezahlt.

Im Jahr 2001 betrugen die Sozialversicherungsbeiträge max. 42,5 % des Bruttolohns. Sie werden je zur Hälfte vom Arbeitgeber und Arbeitnehmer bezahlt. Zu ihnen gehören die Krankenversicherung (12 % bis ca. 15 %), die Pflegeversicherung (1,7 %), die Rentenversicherung (19,3 %) und die Arbeitslosenversicherung (6,5 %).
Die Kirchensteuer beträgt in Berlin 9 % der Lohnsteuer.
Die Lohnsteuer richtet sich nach der Höhe des Bruttolohnes und der Steuerklasse. Sie wird aus der Lohnsteuertabelle bestimmt.

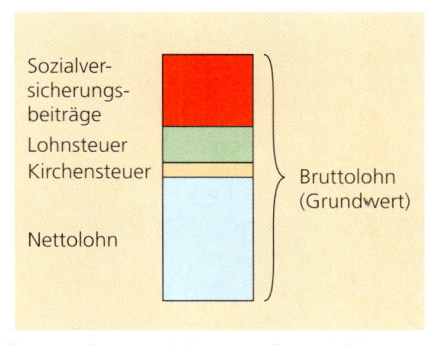

Hinweis: Seit 1991 wird dem Arbeitnehmer von seinem Bruttolohn auch noch der Solidaritätszuschlag abgezogen. Da dieser Abzug nur zeitlich begrenzt sein soll, werden wir ihn bei unseren Berechnungen nicht weiter berücksichtigen.

Bruttolohn – Abzüge = Nettolohn

Beispiel:
Eine Verkäuferin (Steuerklasse 1) verdient im Monat 1370 € Brutto. Berechne den Nettolohn! (Nutze die Prozentsätze aus dem Jahr 2001!)

Berechnung der Abzüge:

Sozialversicherungsbeiträge:
- Krankenversicherung: (13,5 %)   184,95 €   (13,5 % von 1370,00 €)
- Pflegeversicherung: (1,7 %)   23,29 €   (1,7 % von 1370,00 €)
- Rentenversicherung: (19,3 %)   264,41 €   (19,3 % von 1370,00 €)
- Arbeitslosenversicherung: (6,5 %)   89,05 €   (6,5 % von 1370,00 €)

                          Summe: 561,70 €
  Hälfte davon bezahlt Arbeitnehmer: – 280,85 €
Lohnsteuer: – 153,53 €   (aus der Lohnsteuertabelle)
Kirchensteuer: – 13,82 €   (9 % von 153,53 € – Lohnsteuer)
                                        – 448,20 €

Bruttolohn: 1370,00 €
Abzüge: – 448,20 €
Nettolohn: 921,80 €

Antwort: Die Verkäuferin erhält 921,80 € als Nettolohn ausgezahlt.

Kredite und Tilgung

Kredit bedeutet die leihweise Überlassung von Geld, das man vom Kreditgeber erhält. Dieser leiht dem Kreditnehmer eine bestimmte Geldsumme und vertraut ihm, dass er diese und einen dafür festgesetzten Preis, den Kreditzins, zu einem bestimmten vereinbarten Termin zurückzahlen wird.

Eine wichtige Kreditform ist der Konsumentenkredit, der zur persönlichen Verfügung des Kreditnehmers vergeben wird. Zum Konsumentenkredit gehört der Dispositionskredit, der auch Verfügungs- oder Überziehungskredit genannt wird. Bei ihm hat der private Kunde die Möglichkeit, ohne vorherige Rückfrage auf seinem Konto über einen bestimmten, abgesprochenen Dispositionsrahmen individuell zu verfügen.

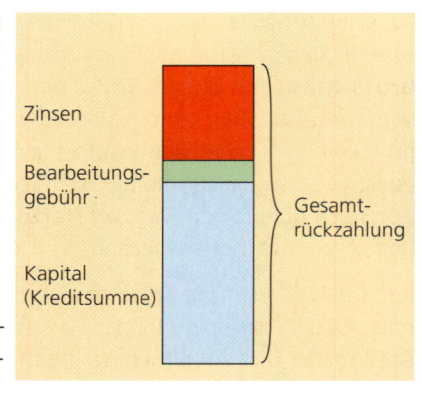

Ein in Anspruch genommener Kredit muss zuzüglich der anfallenden Zinsen und Bearbeitungsgebühren an den Kreditgeber in einer vereinbarten Zeit, der sogenannten Laufzeit des Kredits zurückgezahlt werden. Diese Zahlungen werden meistens in monatlichen Raten geleistet.

Beispiel:

Franziska möchte sich ein Fahrrad für 675 € kaufen. Der Fahrradhändler macht ihr folgendes Finanzierungsangebot:

Zinssatz = 0,71 % p.m. (pro Monat)
Bearbeitungsgebühr = 1 % der Kreditsumme
Laufzeit = 36 Monate

Berechne die Höhe der monatlichen Rate R!

Gegeben: K = 675 €   Gesucht: R
p % = 0,71, d.h. p = 0,71
Bearbeitungsgebühr = 1 % der Kreditsumme
Laufzeit = 36 Monate

Lösung:
Kapital K = 675,00 €
Bearbeitungsgebühr: 1 % von 675,00 € = 6,75 €
Zinsen (1 Monat): $Z = \frac{p \cdot K}{100} = \frac{0{,}71 \cdot 675{,}00\ €}{100} = 4{,}80\ €$
Zinsen (36 Monate): 36 · 4,80 € = 172,80 €
Gesamtrückzahlung: 854,55 €
Monatliche Rate R: 854,55 € : 36 = 23,74 €

Antwort: Franziska muss monatlich 23,74 € zahlen.

Anwendungsaufgaben zur Prozent- und Zinsrechnung

Kostenkalkulation

Die Bestimmung des Verkaufspreises einer Ware durch den Geschäftsführer einer Firma ist eine Preiskalkulation, die vom Einkaufspreis der Ware ausgeht. Durch die Berücksichtigung von Frachtkosten und eventuell von Rabatt und Skonto beim Einkauf der Ware ermittelt er den sogenannten Bezugspreis.

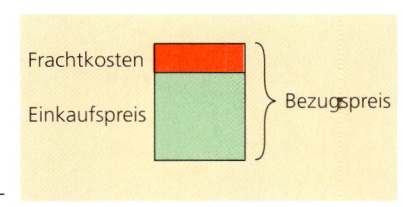

Die Addition der Geschäftskosten zum Bezugspreis der eingekauften Ware ermöglicht es ihm, das Geschäft oder die Firma zum sogenannten Selbstkosterpreis zu führen. Der darauf aufgeschlagene Gewinn (Bezahlung seiner Arbeit) ergibt den Nettopreis, der zuzüglich der gesetzlichen Mehrwertsteuer den endgültigen Verkaufspreis (Bruttopreis) bestimmt.

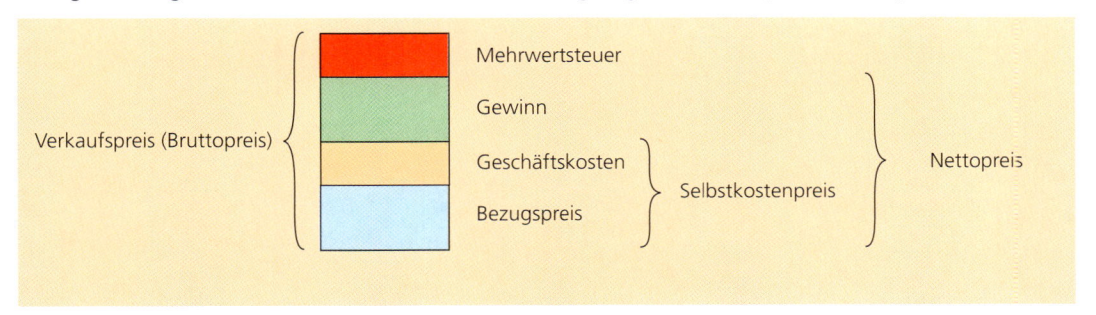

Beispiel 1:
Der Besitzer eines Sportgeschäfts kalkuliert seine Ware mit 40 % Geschäftskosten und 60 % Gewinn.
Berechne den Verkaufspreis der Inline-Skates, wenn der Bezugspreis 29,90 € und die Mehrwertsteuer 16 % betragen!

Bezugspreis:	29,90 €	
+ 40 % Geschäftskosten:	+ 11,96 €	40 % von 29,90 € (Einkaufspreis)
Selbstkostenpreis:	41,86 €	
+ 60 % Gewinn:	+ 25,12 €	60 % von 41,86 € (Selbstkostenpreis)
Nettopreis:	66,98 €	
+ 16 % Mehrwertsteuer:	+ 10,72 €	16 % von 66,98 € (Nettopreis)
Verkaufspreis:	77,70 €	

Antwort: Die Rollerblades werden im Geschäft zu einem Preis von 77,70 € angeboten.

Beispiel 2:
Der Geschäftsführer des Elektrofachgeschäfts „Elektrosuper" berücksichtigt beim Bestimmen des Bruttopreises 45 % Geschäftskosten und 20 % Gewinn. Berechne den Bruttopreis, wenn auf den ursprünglichen Einkaufspreis von 179,50 € ein Mengenrabatt von 20% gegeben wird, die Frachtkosten 12,50 € betragen und die Mehrwertsteuer 16 % beträgt!

Einkaufspreis:	179,50 €	
− 20 % Mengenrabatt:	− 35,90 €	20 % von 179,50 € (Einkaufspreis)
	143,60 €	
+ Frachtkosten:	+ 12,50 €	
Bezugspreis:	156,10 €	
+ 45 % Geschäftskosten:	+ 70,25 €	45% von 156,10 € (Bezugspreis)
Selbstkostenpreis:	226,35 €	
+ 20 % Gewinn:	+ 45,27 €	20% von 226,35 € (Selbstkostenpreis)
Nettopreis:	271,62 €	
+ 16 % Mehrwertsteuer:	+ 43,46 €	16% von 271,62 € (Nettopreis)
Verkaufspreis:	315,08 €	

Antwort: Der Verkaufspreis der Ware beträgt 315,08 €.

Aufgaben

Rückblick

1. Gib jeweils in Prozent an!
   a) $\frac{5}{100}$ b) 0,12   c) 0,45   d) $\frac{1}{20}$ e) 1,5   f) $\frac{15}{25}$ g) 0,125   h) $\frac{240}{600}$

2. Verwandle in eine Dezimalzahl!
   a) 50 %   b) 76 %   c) 45 %   d) 8 %   e) 230 %   f) 7,9 %

3. Übernimm die Tabelle in dein Heft und ergänze!

Bruch	$\frac{3}{10}$				$\frac{4}{5}$	$\frac{2}{3}$	
Dezimalzahl		0,28	1,26				0,005	0,33
Prozentsatz		59 %		4,8 %			13,2 %	

4. Bestimme den Prozentsatz! Rechne im Kopf!
   a) 20 € von 100 €   b) 23 kg von 46 kg   c) 0,7 m von 7 m   d) 8 l von 2 l
   e) 16 ct von 1 €   f) 18 g von 72 g   g) 1 mm von 1 cm   h) 300 g von 1,2 kg

5. Bestimme den Prozentwert! Rechne im Kopf!
   a) 10 % von 40 €   b) $33\frac{1}{3}$ % von 6,9 km   c) 40 % von 8,2 m²   d) 3 % von 7 m
   e) 250 % von 35 t   f) 0,5 % von 6 €   g) 60 % von 83 cm   h) 20 % von 3,1 s

Anwendungsaufgaben zur Prozent- und Zinsrechnung

6. Bestimme den Grundwert! Rechne im Kopf!
   a) 50 % sind 7 €
   b) 25 % sind 8,2 mm^2
   c) 4 % sind 9 m
   d) 80 % sind 240 h
   e) 0,5 % sind 0,9 g
   f) 300 % sind 21,9 dm

7. Übernimm die Tabelle in dein Heft und ergänze!

Prozentsatz	25 %		15 %	9 %		7 %		18 %
Prozentwert		55			82	4,9	4	108
Grundwert	36	165	9,5	81	61,5		800	

8. Messing ist eine Legierung, die hauptsächlich aus Kupfer und Zink sowie einigen speziellen Zusätzen (z. B. Blei) besteht.
   Eine Messinggussmasse von 3,5 t besteht zu 64 % aus Kupfer, 34 % aus Zink und enthält 1,8 % Blei. Berechne die einzelnen Massen!

9. Familie Kahler gibt im Monat 2200 € aus, davon sind 25 % für Miete, 30 % für Nahrungsmittel, 10 % für Fahrkosten, 8 % für Körperpflege, 6 % für Energie, 3,5 % für Theater/Kino.
   a) Berechne, wie viel Euro für die einzelnen Positionen ausgegeben werden!
   b) Der Rest des Geldes wird für Reisen, Anschaffungen usw. gespart. Wie viel Euro sind dies? Wie viel Prozent beträgt der Sparanteil?
   c) Stelle die Aufteilung der Ausgaben in einem Säulendiagramm dar!

10. Eine Brotsorte enthält 53 % Kohlenhydrate, 6 % Eiweiß, 1 % Fett und 39 % Wasser. Der Rest sind andere Stoffe.
    a) Ein Brot dieser Sorte wiegt 1500 g. Berechne die Mengen der einzelnen Stoffe!
    b) Stelle die Verteilung in einem Kreisdiagramm dar!

11. Berechne die jeweiligen Jahreszinsen!

Kapital in €	2 500	5 450	3 650	178	54 500	148 360
Zinssatz p. a.	2 %	9 %	7,5 %	2,3 %	6,25 %	4 %

12. Übernimm die Tabelle in dein Heft und ergänze!

Zinssatz p. a.	25 %		15 %	9 %		7 %		18 %
Kapital in €		55			820	49	800	108
Zinsen in €	36	165	97,5	81	61,5		4	

13. Berechne die Zinsen!

Zinssatz p. a.	5 %	3 %	7 %	6,5 %	4,9 %	10 %	8 %
Kapital in €	300	1200	5 100	240	840	780	4860
Anzahl der Monate	6	4	8	5	1	3	10

14. Bettina bringt 345 € für ein Jahr auf ihr Sparbuch. Berechne, wie viel Zinsen sie erhält, wenn das Kapital mit 3,25 % p. a. verzinst wird!

Sachrechnen

15. Berechne die Zinsen, wenn das Kapital für den angegebenen Zeitraum verzinst wird!

Zinssatz p.a.	4 %	7 %	5,5 %	4,2 %
Kapital in €	2000	3500	78500	990
Zeitraum innerhalb eines Jahres	1. 4.–10. 7.	14. 6.–23. 12.	3. 2.–14. 6.	6. 5.–18. 11.

16. Frau Huber benötigt kurzfristig 4500 €. Sie leiht sich das Geld zu einem Zinssatz von 14,5 % p.a. Berechne, wie viel Zinsen sie zahlen muss, wenn sie nach 145 Tagen das geliehene Geld wieder zurückzahlt!

17. Falko hat auf seinem Sparbuch 650 €. Er erhält nach Ablauf eines Jahres 29,25 € Zinsen. Berechne, wie viel Prozent der vereinbarte Zinssatz ist!

18. Berechne das Kapital, das Herr Müller angelegt hat, wenn er bei einem Zinssatz von 6,75 % p.a. nach 9 Monaten 617,62 € Zinsen bekommt!

19. Frau Klotz bringt am 23. April 1250 € auf ihr neu eröffnetes Sparbuch. Aufgrund einer kurzfristig notwendigen Autoreparatur hebt sie den gesamten Betrag am 31. Juli desselben Jahres wieder ab. Berechne die Zinsen, die sie für diesen Zeitraum erhält, wenn der Zinssatz 2,75 % p.a. betrug!

Mehrwertsteuer

20. Übernimm die Tabelle in dein Heft und berechne den Bruttopreis!

Nettopreis in €	3,00	8,50	153,50	584,00	1905,35	2500,00	13080,00	65000,00
Mehrwertsteuer	16 %	7 %	16 %	16 %	7 %	7 %	16 %	16 %
Bruttopreis in €								

21. Ein Buch ist mit 7,30 € zuzüglich 7 % Mehrwertsteuer ausgepreist. Berechne den Verkaufspreis des Buches!

22. Ein CD-Player kostet netto 99 €. Berechne den Verkaufspreis, wenn die Mehrwertsteuer 16 % beträgt!

23. Julia beabsichtigt, sich eine Computerstation für 765 € zu kaufen. Sie hat 850 € gespart. Entscheide, ob ihr Geld reicht, wenn zum angegebenen Preis die Mehrwertsteuer von 16 % dazu kommt!

24. 1 kg Äpfel kostet ohne Mehrwertsteuer 1,30 €. Berechne, wie viel 7,5 kg Äpfel kosten, wenn die Mehrwertsteuer für Lebensmittel 7 % beträgt!

25. Familie Schneller kauft sich einen PKW, der mit einem Nettopreis von 11999 € ausgewiesen wird. „Prima", sagt sich Familie Schneller, „dann haben wir ja von unseren gesparten 14000 € so viel übrig, dass wir mit unserem neuen Auto einen Wochenendurlaub machen können." Ist das wirklich möglich, wenn die Mehrwertsteuer beim Autokauf 16 % beträgt?

26. Eine Waschmaschine kostet brutto 491,26 €. Berechne den Nettopreis, wenn die Mehrwertsteuer 16 % beträgt!

Anwendungsaufgaben zur Prozent- und Zinsrechnung

27. Übernimm die Tabelle in dein Heft und vervollständige sie!

Nettopreis in €	100,00	50,00			812,00		250,00	29,99
Mehrwertsteuer			16 %	7 %	7 %	16 %		
Bruttopreis in € (Verkaufspreis)	116,00	53,50	605,52	93,09		2,31	290,00	32,09

28. Die Autowerkstatt „Rosa & Weiß" erhält die Rechnung für die Lieferung von Ersatzteilen. Auf dieser ist der Nettopreis mit 216,80 € und der Bruttopreis mit 251,49 € angegeben. Berechne den Prozentsatz der im Bruttopreis berücksichtigten Mehrwertsteuer!

Rabatt und Skonto

29. Übernimm die Tabelle in dein Heft und berechne den neuen Preis!

alter Preis in €	65	138,50	12 699	5 285	0,99	999	3 520,40
Rabatt oder Skonto	15 %	3 %	13 %	8 %	2 %	11 %	22,5 %
neuer Preis in €							

30. Im Lederfachgeschäft „Lederjockel" gibt es 70 % Rabatt wegen Geschäftsaufgabe. Berechne den neuen Preis für eine Jacke, wenn sie ursprünglich 279,50 € kosten sollte!

31. Frau Wangel erhält für ihren Einkauf in Höhe von 72,15 € einen Personalrabatt von 12 %. Berechne den Preis, den sie nun für ihren Einkauf bezahlen muss!

32. Herr Meister bezahlt sein Motorrad im Wert von 4 799 € bar und erhält dafür 3 % Skonto. Berechne den Preis, den er nun zahlen muss!

33. Für seine Geburtstagsfeier kauft Benno mit seinem Vater Getränke für 50,40 € ein. Auf seine Kundenkarte erhält er 5 % Rabatt. Berechne, wie viel Euro er nun tatsächlich bezahlt!

34. Das Elektrogeschäft „Blitz und Donner" gibt wegen Geschäftsaufgabe auf alle Artikel an der Kasse 65 % Rabatt. Berechne den reduzierten Preis eines Staubsaugers, der für 89 € im Regal liegt!

35. Frau Lade kauft beim Großhandel für ihren Blumenladen Pflanzen für 346,80 €. Sie erhält 7 % Mengenrabatt und 2 % Skonto. Berechne den Rechnungsbetrag, den sie innerhalb der vorgegebenen Frist überweisen muss!

36. Frau Molte bekommt beim Kauf von Schuhen für 238,50 € einen Mengenrabatt von 8 % und 3 % Rabatt auf ihre Kundenkarte. Berechne, wie viel Euro sie bezahlen muss!

37. Familie Taler kauft sich ein Auto für 12 799,00 €. Bei sofortiger Bezahlung erhält sie 12 % Rabatt, beim Zahlen innerhalb von 14 Tagen 3 % Skonto. Berechne die entsprechenden Preise und die Ersparnis bei sofortiger Zahlung!

38. Ein Werbeplakat wirbt mit „Alle Waren radikal um mindestens 40 % reduziert!". Stimmt dieser Ausspruch auch für einen Teppich, der von 489,00 € auf 317,85 € gesenkt wurde! Begründe!

39. Auf ein Ausstellungsstück wird 30 % Rabatt gewährt. Es kostet jetzt nur noch 279,30 €. Berechne den ursprünglichen Preis!

Brutto- und Nettolohn

40. Herr Mayer verdient 2 089,70 € brutto im Monat. Berechne, wie viel Lohn ihm ausgezahlt wird, wenn die Summe aller Abzüge 40,9 % beträgt!

41. Susanne erhält im 1. Lehrjahr einen Bruttolohn von 520,50 €. Ihr wird davon 31,5 % abgezogen. Berechne, wie viel Euro Susanne ausgezahlt werden!

42. Frank möchte im nächsten halben Jahr monatlich 20 % seines Nettolohnes für eine Urlaubsreise im Wert von 1 200 € sparen. Finde heraus, ob es ihm gelingen kann, das nötige Geld von seinem Bruttolohn in Höhe von 1 550 € „abzuzweigen", wenn die Summe seiner Abzüge 41 % beträgt! Berechne dazu den Anteil, der ihm monatlich zur Lebenshaltung zur Verfügung stehen würde!

43. Herr Fuchs erhielt im April einen Bruttolohn von 1 928,30 €. Berechne jeweils die entsprechenden Abzüge (Krankenversicherung 12,6 %) und den sich daraus ergebenden Nettolohn, wenn Herr Fuchs 316,88 € Lohnsteuer und keine Kirchensteuer zahlen muss!

44. Frau Sahlo verdiente im Januar 1 675,80 € brutto. Berechne den Nettolohn! Gib auch die Höhe der einzelnen Abzüge an (Krankenversicherung 14,2 %), wenn Frau Sahlo 243,93 € Lohnsteuer zahlen muss und kirchensteuerpflichtig ist!

45. Franziska beginnt am 1. September ihre Berufsausbildung. Im Ausbildungsvertrag wurde der Bruttolohn folgendermaßen festgelegt: 1. Lehrjahr – 335,00 €; 2. Lehrjahr – 415,00 €; 3. Lehrjahr – 505,00 €. Berechne den jeweiligen Nettolohn, wenn wir im Moment davon ausgehen, dass der Krankenversicherungsbeitrag 13,0 % beträgt, sich alle Abzüge prozentual bis zum Ende der Ausbildung nicht verändern werden und Franziska keine Lohn- und Kirchensteuer zu zahlen braucht!

46. Nach Beendigung der Probezeit steigt der Bruttolohn von Frau Sonntag von 975,80 € (69,25 € Lohnsteuer) auf 1 054,40 € (81,74 € Lohnsteuer). Berechne jeweils den Nettolohn, wenn der Krankenversicherungsbeitrag 14,3 % beträgt und Kirchensteuer zu zahlen ist! Gib an, um wie viel Prozent der Brutto- und der Nettolohn gestiegen ist!

47. Berechne, wie viel Prozent bei einem Bruttolohn von 1 385,50 € jeweils als Lohnsteuer abgezogen werden! Berücksichtige dabei die verschiedenen Steuerklassen! (Steuerklasse 1 und 4: 159,60 €; Steuerklasse 2: 94,14 €; Steuerklasse 3: keine)

Kredite und Tilgung

48. Familie Schwarz überzieht ihr Konto vom 23.03. bis 25.06. desselben Jahres um 2 359,80 €. Der Zinssatz für ihren Dispositionskredit beträgt 12,5 %. Berechne die fälligen Zinsen!

Anwendungsaufgaben zur Prozent- und Zinsrechnung

49. Anne kauft einen Computer für 999 € und will die Summe über 24 Monate finanzieren. Die Bearbeitungsgebühr beträgt 1 % und der Zinssatz 0,62 % p.m. Berechne die monatliche Rate!

50. In der Tabelle sind verschiedene Finanzierungsbeispiele mit Zinssätzen p.m. angegeben. Übernimm die Tabelle in dein Heft und ergänze!

Zinssatz p % pro Monat	0,65 %	0,59 %	0,7 %	0,49 %
Laufzeit in Monaten	24	18	9	42
Kapital K	4 700,00 €	480,00 €	8 600,00 €	1 800,00 €
Bearbeitungsgebühr	keine	2 %	1 %	2 %
Zinsen für 1 Monat				
Zinsen für die Laufzeit				
Gesamtrückzahlung				
monatliche Rate				

51. Der Geschäftsführer des Copyshops „fast and bigger" muss neue Kopierer im Wert von 8 900 € kaufen. Dazu nimmt er einen Kredit mit einem Zinssatz von 0,54 p.m. und 48 Monaten Laufzeit auf. Die Bearbeitungsgebühr wird ihm erlassen. Berechne die monatliche Rate, die er zur Tilgung des Kredits zahlen muss!

52. Ein Sonnenstudio kauft über ihre Hausbank fünf neue Sonnenbänke für 18 200 €. Die Hausbank finanziert über 36 Monate mit einem Zinssatz von 0,61 % p.m. und verlangt eine Bearbeitungsgebühr von 2 %. Berechne die monatliche Rate!

53. Durch eine nicht erwartete Ausgabe hat Frau Hauser ihr Konto um 2 550 € überzogen. Da der Zinssatz des Überziehungskredits sehr hoch ist, beabsichtigt sie, für 9 Monate einen Kredit zu einem Zinssatz von 0,64 % p.m. aufzunehmen. Berechne die monatliche Rate, die Frau Hauser zahlen muss, wenn das Geldinstitut 1 % Bearbeitungsgebühr berechnet!

54. Familie Panz möchte sich eine neue Küche kaufen. Für die benötigten 12 300 € stehen zwei Finanzierungsangebote zur Auswahl.
Angebot 1: Zinssatz: 0,57 % p.m., Bearbeitungsgebühr: 2 %
Angebot 2: Zinssatz: 0,55 % p.m., Bearbeitungsgebühr: 3 %
Für welches Angebot würdest du dich entscheiden, wenn die Laufzeit 24 Monate beträgt? Begründe deine Entscheidung!

Kostenkalkulation

55. Im griechischen Restaurant „Pythagoras" werden beim Einkauf der Zutaten für das Hauptmenü (3 Gänge) 5,70 € bezahlt. Berechne den Preis für das Essen, wenn der Besitzer dieses mit 70 % Geschäftskosten und 80 % Gewinn kalkuliert! Berücksichtige auch die Mehrwertsteuer von 7 %!

56. Beim „Radprofi" wird das Fahrrad des Monats für 209,00 € eingekauft. Bestimme den Verkaufspreis, wenn die Geschäftskosten mit 45 % veranschlagt werden, 90 % Gewinn erzielt werden sollen und die Mehrwertsteuer 16 % beträgt!

Sachrechnen

57. Die Handelskette „Leicht einkaufen" kauft eine Fernsehempfangsanlage für 85,00 €. Berechne bei 35 % Geschäftskosten, 30 % Gewinn und 16 % Mehrwertsteuer den Netto- und den Bruttopreis!

58. Beim Friseur „Schnipp Schnapp" werden die Preise mit 80 % Geschäftskosten und 60 % Gewinn kalkuliert. Berechne den Preis für die Frisur „Trend", wenn von einem Pauschalpreis von 22,50 € ausgegangen wird und 16 % Mehrwertsteuer an das Finanzamt abgeführt werden müssen!

59. Der Hifisupermarkt kauft 85 Fernseher für je 349,90 € ein und erhält 12 % Mengenrabatt. Der Geschäftsführer bestimmt den Verkaufspreis, indem er mit 45 % Geschäftskosten, 75 % Gewinn und 16 % Mehrwertsteuer rechnet. Wie viel Euro kostet ein Fernseher?

60. Ein Lebensmittelgroßhandel bezieht seine Kartoffeln direkt vom Hersteller. Ein Sack kostet 0,39 €. Beim Kauf von 1000 Säcken je Woche erhält er 7 % Mengenrabatt.
   a) Bestimme den Preis für einen Sack Kartoffeln beim Kauf von 500 bzw. 1000 Säcken, wenn bei dessen Berechnung 55 % Geschäftskosten, 65 % Gewinn und 7 % Mehrwertsteuer berücksichtigt werden!
   b) Gib den Unterschiedsbetrag für den Verbraucher an!

61. Ein Computerladen kauft 15 Rechner für je 489 € ein und erhält 8 % Rabatt. Für die Zusendung der Ware muss er 75 € bezahlen. Der Nettopreis wird mit 35 % Geschäftskosten und 60 % Gewinn berechnet. Wie teuer wird der Rechner für den Käufer, wenn dieser auch noch die Mehrwertsteuer zahlen muss?

62. Ein Möbelkaufhaus kauft für die Bestellung einer Firma 12 Tische zu je 23,50 € und 48 Stühle zu je 15,50 €. Sie erhält vom Hersteller 12 % Mengenrabatt und 2 % Skonto.
   a) Berechne den Verkaufspreis für einen Tisch bzw. Stuhl, wenn mit 30 % Geschäftskosten und 55 % Gewinn kalkuliert wird!
   b) Berechne den Preis, den die Firma für ihre gesamte Bestellung bezahlen muss!

63. Für die Reinigung eines Anzuges werden Materialen für 1,65 € verbraucht. Bei der Bestimmung des Endpreises werden 40 % Geschäftskosten und 60 % Gewinn berücksichtigt. Berechne, wie viel Euro die Reinigung von 17 Anzügen kostet, wenn die Mehrwertsteuer 7 % beträgt und der Kunde 20 % Mengenrabatt erhält!

64. Ein Motorradhändler kauft vom Hersteller 5 Motorräder für insgesamt 19 750 € und erhält dafür 13 % Rabatt. In einer Sonderaktion bietet er diese Maschinen für „nur 6 999 €" an. Überprüfe, ob das wirklich ein „besonderer Preis" ist, wenn der Händler gewöhnlich mit 35 % Geschäftskosten und 45 % Gewinn den Bruttopreis bestimmt!

7.3 Gemischte Aufgaben

1. Berechne das am Ende zur Verfügung stehende Kapital, wenn Familie Sander am 1.1.2001 15 000 € bei einem Zinssatz von 6,25 % p.a. für 4 Jahre fest angelegt hat und die Zinsen jährlich wieder mitverzinst werden!

2. Anna bekommt zu ihrem 15. Geburtstag am 1.7. von ihren Großeltern 1500 € geschenkt. Dieses Geld legen sie bis zu ihrem 18. Geburtstag zu einem Zinssatz von 3,75 % p.a. bei einer Bank fest an. Anna möchte sich nach Ablauf dieser Zeit einen Gebrauchtwagen kaufen. Berechne den höchstmöglichen Preis, den sie für diesen Gebrauchtwagen zahlen kann, wenn Anna ihn nur von dem angelegten Kapital und den erzielten Zinsen bezahlen möchte! Beachte dabei, dass im zweiten und im dritten Jahr die Zinsen aus dem Vorjahr mitverzinst werden!

3. Herr Kaisers Waschmaschine ist defekt und eine Reparatur würde zu teuer werden. Deshalb überzieht er sein Konto bei einem Überziehungszinssatz von 11,5 % für 20 Tage um 440 €. Für genau diesen Betrag kauft er sich eine neue Waschmaschine und erhält aufgrund der Barzahlung 2% Skonto. Überprüfe, ob Herr Kaiser bei seiner Verfahrensweise gespart hat!

4. Herr Knoll zahlt nach 7 Monaten einen Kredit über 4500 € mit 4783,50 € zurück. Berechne den Zinssatz des Kredits!

5. Zum Renovieren ihres Hauses will Familie Günther ein Darlehen von 2 000 € für ein Jahr aufnehmen. Ihr liegen verschiedene Angebote vor:
   Angebot: Rückzahlung von 2 280 €
   Angebot: Zinssatz von 9,5 % und eine Bearbeitungsgebühr von 100 €
   Angebot: Zinssatz von 10,25 %
   Entscheide und begründe, für welches Angebot sich Familie Günther entscheiden wird!

6. Herr Schulze möchte mit seiner Frau und seinen beiden Kindern im Alter von 5 und 13 Jahren in die Türkei fliegen. Für Erwachsene kostet die Reise 635 €. Für Kinder bis zu sechs Jahren gibt es 70 % Ermäßigung, für ältere Kinder 30 %. Berechne, wie viel Euro Herr Schulze für sich und seine Familie für die Urlaubsfahrt einplanen muss!

7. Bei der Klassensprecherwahl erhielt Michaela 32 % der Stimmen, Linda 8 von 28 Stimmen. Die restlichen Stimmen fielen auf Henri.
   Entscheide, wer zum Klassensprecher gewählt wurde, und begründe!

8. In einem Copyshop ist der Preis für DIN-A4 Kopien von der Anzahl abhängig. Eine DIN-A4 Kopie kostet 5 Cent. Für 100 DIN-A4 Kopien bezahlt man 4,50 € und für 1 000 DIN-A4 Kopien nur noch 39,90 €. Berechne jeweils den Rabatt in Euro und in Prozent!

Sachrechnen

9. Weil der alte Fernseher nicht mehr repariert werden kann, will sich Frau Minge einen neuen Fernseher für 649 € kaufen. Sie soll bei sofortiger Bezahlung 3 % Skonto erhalten. Zahlt sie jedoch erst innerhalb von 14 Tagen, verringert sich das Skonto auf 2 %. Da Frau Minge dieses Geld nicht aus dem Dispositionskredit nehmen möchte, entscheidet sie sich dafür, den Fernseher erst nach 13 Tagen zu bezahlen. Berechne, wie viel Euro Frau Minge dadurch verloren gehen!

10. Bei einer Befragung von 342 Schülern zu den Gewohnheiten und Vorlieben beim Essen durch einen Reporter der Schülerzeitung „Schoolquake" wurde ermittelt, dass 45,6 % der Befragten am liebsten italienisch essen, von denen 38 % Pizza als ihr Lieblingsgericht angaben. 29 % der Schüler bevorzugen die deutsche Küche und 61 % davon mögen am liebsten Schnitzel mit Kartoffeln und Gemüse. Gib an, ob von den Befragten mehr Pizza oder mehr Schnitzel am liebsten essen, und begründe!

11. Die Tageslänge (Zeit vom Sonnenaufgang bis zum Sonnenuntergang) verändert sich jeden Tag. So ist der 21. Dezember mit 7:54 h der kürzeste Tag und mit 16:41 h der 21. Juni der längste Tag im Jahr.
    a) Berechne die tägliche Zunahme vom 21. Dezember bis 21. Juni, wenn wir davon ausgehen, dass die Tageslänge jeden Tag gleich viel zu nimmt!
    b) Entscheide, ob es sich um eine proportionale oder antiproportionale Zuordnung handelt, wenn die Tageslänge am 28. Februar 10:41 h beträgt! Begründe deine Entscheidung!

12. In einem Getränkeladen finden wir das Angebot „natürliches Mineralwasser: 12 x 0,7 l für 7,05 €". Im Preis enthalten sind 3,30 € für Kasten- und Flaschenpfand. Entscheide, ob dieses Angebot günstiger ist als der Kauf von 12 Flaschen Mineralwasser zu je 0,32 €! Begründe deine Entscheidung!

13. Die Firma „Fenster ok" macht in einem Inserat folgendes Angebot: „Wintergärten – Terrassendächer 5 m x 3 m nur 8 900 € inklusive Komplettmontage!"
    Berechne den Quadratmeterpreis für das Material, wenn für die Montage 650 € berechnet werden!

14. Im Winterschlussverkauf wird Biberbettwäsche von 14,95 € auf 9,95 € gesenkt. Berechne den Rabatt in Prozent!

15. Eine Möbelfirma wirbt um Kunden. Dazu veröffentlicht sie dieses Angebot: „Eckcouch mit einem Sessel – früher 333 € jetzt nur noch 199 €! Preisvorteil 40 %!" Überprüfe, ob der Preisvorteil richtig angegeben wurde!

16. Mit 11 Milliarden € im Jahr 2000 ist die Tabaksteuer nach der Mineralölsteuer für den Bund die ertragsreichste Verbrauchersteuer. Mit rund 96 % des daraus aufkommenden Anteils sind vor allem die Zigarettenraucher beteiligt.
    a) Berechne die Anzahl der gekauften Schachteln Zigaretten, wenn im Schnitt 19 Zigaretten in einer Schachtel enthalten sind und der Staat pro Zigarette ca. 10 Cent erhält!
    b) Berechne die Ersparnis eines Rauchers in einem Jahr, der pro Tag eine Schachtel Zigaretten im Wert von 2,90 € raucht!

Gemischte Aufgaben

17. Familie Haller beabsichtigt, einen Sonnenschutz auf ihrem Balkon anzubringen. Sie entdeckt in der Zeitung folgende Anzeige: „Gelenkarm-Markise Modell Aura für 387,50 € inklusive Mehrwertsteuer; einfache Finanzierung: 4 % Jahreszins bei 12 Monaten Laufzeit".
    Berechne den Preisunterschied gegenüber der sofortigen Bezahlung, wenn sich Familie Haller für die Finanzierung entscheiden würde!

18. Frau Waller legt ihren Lottogewinn von 45 612 € bei einem Zinssatz von 5,5 % für ein Jahr fest an. Von den Zinsen will sie in Urlaub fahren, der 2 610 € kostet. Überprüfe, ob die Zinsen für die Finanzierung des Urlaubs reichen!

19. Frau Kapp hat für 2 500 € 78 € Zinsen gezahlt. Bestimme die Anzahl der Tage, die das Geld geliehen wurde, wenn der Zinssatz 10,4 % betrug!

20. Die nachfolgenden Angaben aus dem Jahr 1998 geben uns Auskunft über die Größen, Einwohner und Schüler ausgewählter Bundesländer und der Bundesrepublik.

Land	Fläche in km²	Einwohner in 1 000	Schüler in 1 000
Berlin	883	3 426	426
Brandenburg	29 059	2 573	394
Nordrhein-Westfalen	34 070	17 974	2 258
Bayern	70 554	12 066	1 404
Bundesrepublik	356 953	82 057	10 146

    a) Berechne auf Zehntel genau die prozentualen Anteile von Fläche, Einwohner und Schüler der einzelnen Länder bezüglich der Bundesrepublik!
    b) Zeichne geeignete Diagramme für die Schüler- und Einwohnerzahlen!
    c) Berechne für die einzelnen Länder und der Bundesrepublik die Einwohneranzahl pro km² und die Schüleranzahl pro 1 000 Einwohner!

21. Es gibt große und kleine Vögel, fliegen können sie alle. Der kleinste lebende Vogel, die Bienenelfe, wiegt nur 1,6 g und ist kleiner als viele Schmetterlinge in ihrer Heimat, dem Regenwald. Der größte Vogel, der nordafrikanische Strauß, wiegt bis zu 125 kg.
    Berechne in Kilogramm und Prozent, um wie viel mal schwerer der nordafrikanischen Strauß im Vergleich zur Bienenelfe ist!

22. Im Gebiet des tropischen Regenwaldes von Indonesien gibt es mit ungefähr 45 000 verschiedenen Samenpflanzenarten die meisten in einem bestimmten geographischen Gebiet.
    a) Berechne die jeweilige Anzahl der verschiedenen Samenpflanzenarten, wenn davon im tropischen Regenwald des Amazonasbeckens $\frac{8}{9}$, in Japan $\frac{1}{8}$, in Mitteleuropa $\frac{1}{20}$, in Grönland $\frac{9}{1000}$ und in der Antarktis nur $\frac{11}{2500}$ zu finden sind!
    b) Gib die entsprechenden Anteile in Prozent an!
    c) Zeichne ein Säulendiagramm!

Sachrechnen

23. Kinder im Alter von 9 bis 12 Jahren sollen am Tag Nahrungsmittel mit ca 2 500 kcal Nährwert zu sich nehmen. Im Alter von 13 bis 14 Jahren benötigen sie 3 050 kcal.
Berechne, um wie viel Prozent der Bedarf steigt!

24. Das menschliche Herz schlägt im Laufe eines Lebens ungefähr 2 Milliarden mal. Die Mittelwerte der Anzahl der Herzschläge je Minute sind beim Neugeborenen 134, beim Dreijährigen 108, beim Vierzehnjährigen 87 und beim Erwachsenen 70.
  a) Die Dauer eines Herzschlages von 0,83 s teilt sich in zwei Phasen auf: der eigentlichen Zusammenziehung des Herzmuskels, die 0,50 s andauert und der Ruhephase. Berechne, wie viel Prozent die Ruhephase an der Gesamtdauer eines Herzschlages ausmacht!
  b) Berechne, wie viel Liter Blut beim Erwachsenen in 70 Jahren durch das Herz gepumpt werden, wenn es bei einem Schlag 0,07 l sind! Gib an, wie viel Tanklaster (Volumen 20 000 l) dieser Menge entsprechen würden!

25. Die Körpergröße von Tieren umfasst einen außerordentlich großen Bereich von mikroskopisch kleinen Einzellern bis zum Blauwal, dem größten lebenden Wassersäugetier mit einer Länge von ca. 30 m und einer Körpermasse von 170 t. Die Länge (Körperhöhe) des größten lebenden Landsäugetiers, des Elefanten, entspricht etwa 13 % des Blauwals, die Masse des Elefanten sogar nur 4,1 % des Blauwals. Berechne die Länge und die Masse eines Elefanten!

26. Es gibt auf der Erde zehntausend Inseln mit einer Gesamtfläche von 9 700 000 km². Die größte Insel ist Grönland, die 2 130 800 km² groß ist. Neuguinea als zweitgrößte Insel hat 36,2 % der Fläche Grönlands, die drittgrößte Insel Kalinante 96,2 % der Fläche Neuguineas und die viertgrößte Insel Madagaskar 79,1 % der Fläche Kalinantes.
  a) Berechne den prozentualen Anteil von Grönland an der Gesamtfläche aller Inseln!
  b) Berechne die Größen der anderen Inseln!
  c) Großbritannien hat eine Größe von 229 884 km². Berechne, wie oft es flächenmäßig in Grönland hineinpassen würde!
  d) Vergleiche die Fläche der vier größten Inseln mit der Fläche von Deutschland! Gib dazu Vergleichszahlen an!

27. Bei der Atmung handelt es sich um einen Gasaustausch von Sauerstoff gegen Kohlendioxid. Die eingeatmete Luft besteht aus 21,0 % Sauerstoff, 0,03 % Kohlendioxid, 78,07 % Stickstoff und 0,9 % Edelgasen.
  a) Zeichne zur Zusammensetzung der Luft ein Kreisdiagramm!
  b) Berechne den prozentualen Anteil von Sauerstoff an der ausgeatmeten Luft, wenn der Sauerstoff nur zu etwa $\frac{1}{5}$ verbraucht wird!
  c) Berechne den Anteil von Kohlendioxid, wenn er sich beim Ausatmen um 137 mal vergrößert!
  d) Innerhalb einer Minute atmet eine Frau 20 mal ein und aus. Ohne körperliche Belastung werden dabei 8 l Luft am Gasaustausch beteiligt. Berechne die Menge des an einem Tag ausgeatmeten Kohlendioxids! Berechne die Masse dieser Menge Kohlendioxid (Dichte = 1,98 $\frac{kg}{m^3}$) im Vergleich zur Masse des eingeatmeten Kohlendioxids!

Gemischte Aufgaben

28. Tiere, die keine natürlichen Feinde haben, können sich lange Schlafpausen erlauben. So schläft ein Gorilla 13 h am Tag, ein Igel 18 h, dagegen ein Elefant nur 4 h und eine Giraffe nur 20 min am Tag.
    a) Berechne, wie viel Prozent des Tages die vier angegebenen Tiere nicht schlafen!
    b) Vergleiche die jeweiligen Schlafzeiten mit der Schlafzeit eines Menschen, wenn dieser im Durchschnitt 7 Stunden am Tag schläft!

29. Der Nettopreis einer Ware beträgt 16,00 €. Berechne den Bruttopreis, wenn die zurzeit gültige Mehrwertsteuer 16 % beträgt!

30. Eine Lederjacke kostet nach einer Preissenkung von 15 % nur noch 160,65 €. Berechne den ursprünglichen Preis!

31. Der Einkaufspreis eines Bildbandes über Australien beträgt 32,50 €. Berechne den Verkaufspreis, wenn der Händler 35 % Gewinn und 7 % Mehrwertsteuer auf den Einkaufspreis aufschlägt!

32. Man schätzt die Anzahl der verschiedenen Tierarten auf 950 000.
    a) 96 % davon sind wirbellose Tiere, 94 % davon Insekten. Berechne die Anzahl der Insektenarten!
    b) Biologisch gehören Menschen zu den Wirbeltieren, genauer gesagt zu den Säugetieren, von denen es insgesamt 4 000 verschiedene Arten gibt. Ebenso viele Arten unterscheidet man bei den Amphibien (z. B. Fröschen). Bei den Reptilien gibt es 5 200, bei Vögeln 8 600 und bei Fischen 23 000 Arten. Berechne die prozentualen Anteile der verschiedenen Tierklassen und stelle sie in einem Säulendiagramm dar! Berücksichtige dabei auch die Insekten!

33. Ein 30 m langer Blauwal nimmt täglich bis zu 11 t Plankton zu sich. Damit verspeist er etwa 6,5 % seiner eigenen Körpermasse. Ein Elefant frisst dagegen nur 300 kg, das entspricht 4,3 % seiner Körpermasse. Einige kleinere Tiere fressen verhältnismäßig mehr als größere. Das wohl gefräßigste Säugetier ist die Zwergspitzmaus. Sie muss täglich das Dreifache ihrer Körpermasse verzehren, um nicht zu verhungern. Die Stechmücke von der Gattung Culex saugt sich täglich bis zu fünfzehn mal mit fremdem Blut voll und verdoppelt jedes Mal dabei ihre Körpermasse.
    a) Berechne, wie schwer ein 30 m langer Blauwal ist!
    b) Berechne, wie schwer ein Elefant ist!
    c) Berechne, wie viel ein „gefräßiger" Mensch mit einer Masse von 70 kg am Tag essen müsste, wenn er verhältnismäßig zu seiner Körpermasse genauso viel essen würde wie eine Zwergspitzmaus!
    d) Berechne, wie viele Brotscheiben (m = 30 g) ein Jugendlicher mit einer Masse von 60 kg in 24 Stunden essen müsste, wenn er die gleichen Essgewohnheiten wie eine Stechmücke hätte!

Sachrechnen

34. Frank schafft im Weitsprung 4,65 m. Er überlegt sich: „Wenn ich die Länge meines Anlaufes vergrößere, dann habe ich mehr Zeit, meine Anlaufgeschwindigkeit zu erhöhen und springe weiter."
    a) Hat Frank mit seiner Aussage recht?
    b) Stimmt die Aussage von Frank, wenn er den Anlauf beliebig groß macht?
    c) Wenn Frank seine Anlauflänge verdoppelt, springt er dann auch doppelt so weit? Entscheide und begründe!

35. Ein Getränkeladen bietet der Firma „Flink & Schnell", wenn sie für mindestens 100 € eine Bestellung aufgibt, 15 % Mengenrabatt und 2 % Skonto bei sofortiger Barzahlung. Die Firma benötigt fünf Kästen à 12 Flaschen Mineralwasser zu je 0,39 €, fünf Kästen à 8 Flaschen Cola zu je 0,79 € und vier Kästen à 12 Flaschen Saft zu je 0,89 €.
    a) Finde heraus, ob die Firma „Flink & Schnell" den Mindestbestellwert erreicht!
    b) Berechne, wie viel Flaschen Mineralwasser noch dazu gekauft werden müssen, um den Mengenrabatt zu erhalten!
    c) Berechne den Preis, den sie dann bei sofortiger Barzahlung zahlen muss!

36. In einem Getränkeladen kosten 6 Flaschen Bananensaft 5,46 €. Berechne, wie viel Euro 7 Flaschen kosten!

37. Frau Sonne verdiente im Februar 1455,70 € brutto. Berechne den Nettolohn! Gib auch die Höhe der einzelnen Abzüge an (Krankenversicherung 12,8 %), wenn sie 188,70 € Lohnsteuer zahlt und kirchensteuerpflichtig ist!

38. Frau Studer leitet in ihrer Freizeit eine Arbeitsgemeinschaft. Sie rechnet für die Leitung von 12 Stunden á 8,50 € Netto ihr Honorar in Höhe von 109,14 € ab. Berechne den berücksichtigten Prozentsatz für die Mehrwertsteuer!

39. Die Firma „Transit" will fünf LKW für je 55 399 € kaufen. Der Verkäufer bietet 13 % Mengenrabatt und bei Zahlung innerhalb von vier Wochen 3 % Skonto.
    a) Berechne, wie viel die Firma „Transit" für die fünf LKW zahlt, wenn sie das Angebot annimmt!
    b) Gib die jeweilige Ersparnis an, die durch den Mengenrabatt und durch das Skonto erzielt wird!

40. Ein Getränkeladen bestellt beim Hersteller 60 Kästen mit je 12 Flaschen Mineralwasser für 1,20 € je Flasche. Berechne den Verkaufspreis für eine Flasche Mineralwasser, wenn 40 % Geschäftskosten, 50 % Gewinn und 7 % Mehrwertsteuer berücksichtigt werden!

41. Die Klasse 9 a und 9 b kaufen jeweils Getränke im Wert von 65,80 € und 53,70 € ein. Hinterher ärgern sie sich, weil sie den Rabatt von 8 % bei einem Einkauf von mindestens 100 € nicht erhalten haben.
    a) Erkläre, warum beide Klassen bei ihrem Einkauf keinen Rabatt erhalten haben!
    b) Berechne den Preis, den beide hätten bezahlen müssen, wenn sie ihre Einkäufe gemeinsam erledigt hätten!

Gemischte Aufgaben

42. Frau Wolter will sich einen neuen Fernseher kaufen. Ihre Bekannte, Frau Tingel, bietet ihr an, diesen in dem Fachgeschäft zu kaufen, in welchem sie 18 % Personalrabatt erhält.
    a) Berechne den Preis, den Frau Wolter bezahlen muss, wenn der Fernseher 512,50 € kostet und sie das Angebot von Frau Tingel annimmt!
    b) Berechne die Ersparnis bei Barzahlung, wenn es 2 % Skonto gibt!

43. Wegen Geschäftsauflösung werden in einem Möbelmarkt komplette Jugendzimmer zu günstigen Preisen angeboten. Berechne den Verkaufspreis eines Zimmers, wenn das Zimmer zu 290 € eingekauft wurde und nur die Geschäftskosten mit 60 % und 16 % Mehrwertsteuer berücksichtigt werden müssen!

44. Ein Fahrradhersteller kalkuliert den Preis für seine gefertigten Fahrräder wie folgt: 42 € für Material, 18 % Geschäftskosten, 23 % Gewinn. Berechne den Abgabepreis an die Fahrradverkäufer!

45. Herr Wolff erhält einen Bruttolohn von 1 367,80 €. Berechne jeweils die entsprechenden Abzüge (Krankenversicherung 13,5 %) und den sich daraus ergebenden Nettolohn, wenn Herr Wolff 152,87 € Lohnsteuer und keine Kirchensteuer zahlen muss!

46. Ein Eishersteller muss sich neue Maschinen im Wert von 3 790 € kaufen. Dazu nimmt er einen Kredit mit einem Zinssatz von 0,60 p.m. und 48 Monaten Laufzeit auf. Die Bearbeitungsgebühr wird ihm erlassen. Berechne die monatliche Tilgungsrate!

47. Sechs Kräne entladen ein Schiff in 5 Stunden. Gib an, welche Zeit 4 Kräne benötigen!

48. Frau Schanz will sich Kleidung über den Katalog im Wert von 239,90 € kaufen. Die Hausbank des Versandhandels finanziert über 24 Monate mit einem Zinssatz von 0,58 % p.m.
Berechne die monatliche Rate, wenn Frau Schanz keine Bearbeitungsgebühr bezahlen muss!

49. Josephin kauft 5 Stück Kuchen für 1,95 €. Berechne, wie viel Euro sie für 9 Stück Kuchen bezahlen müsste!

50. 40 l Benzin kosten 38,40 €. Berechne, wie viel Euro eine Tankfüllung mit 62 l kostet!

51. Herr Meyer will sein Auto zur Reparatur in die Werkstatt bringen. Im Kostenvoranschlag werden 3,5 Arbeitsstunden für insgesamt 124,25 € angegeben. Berechne, wie viel Euro Herr Meyer nun für die Arbeitsstunden bezahlen muss, wenn bei der Reparatur insgesamt 5,5 Stunden anfallen!

52. In einem Supermarkt sind in der Nacht 5 Reinigungskräfte jeweils 6 Stunden mit der Säuberung beschäftigt. Berechne, wie lange die Reinigung des Supermarktes dauert, wenn 2 Arbeitskräfte krank sind!

Sachrechnen

Teste dich selbst

1. Der Rhein hat eine Gesamtlänge von 1360 km. Davon fließen 664 km außerhalb von Deutschland. Berechne den prozentualen Anteil der Länge des Rheins, den er durch Deutschland fließt!

2. In einem Baumarkt wird ein Paket mit 1,8 m² Laminat für 24,90 € angeboten. Familie Tuck möchte ihr 42,5 m² großes Wohnzimmer mit Laminat auslegen. Berechne, wie viel Euro das kosten würde!

3. Im Jahr 2000 gab es 6 Mrd. Menschen auf der Erde. Davon lebten 900 Mio. in Indien, 240 Mio. in den USA, 82 Mio. in Deutschland, 1,3 Mrd. in China, 150 Mio. in Rußland und 200 Mio. in Indonesien. Berechne die jeweiligen prozentualen Anteile an der Weltbevölkerung und zeichne ein Kreisdiagramm!

4. Deutschland hat 82 Mio. Einwohner. Davon leben 68,9 Mio. in Städten. Von den anderen arbeiten 1,5 % in der Landwirtschaft. Berechne, wie viel Einwohner Deutschlands das sind!

5. Julia benötigt zum 5 km entfernten Sportplatz mit ihrem Fahrrad 22 min. Gib an, wie lange sie dafür zu Fuß benötigt!

6. Ein Einsatz einer Feuerwehr für 45 min kostet 390 €. Berechne, wie lange die Feuerwehr im Einsatz war, wenn für einen Einsatz 650 € abgerechnet werden!

7. Herr Schulze überzieht vom 24.3. bis 31.5. desselben Jahres sein Konto um 423,50 €. Berechne die Zinsen, die Herr Schulze zahlen muss, wenn der Zinssatz für seinen Dispositionskredit 13,5 % beträgt!

8. Mit 36,90 € netto ist eine Kaffeemaschine ausgepreist. Berechne den Preis, den der Kunde beim Kauf dieser Kaffeemaschine zahlen muss, und gib an, wie viel Euro der Händler an das Finanzamt abführen muss! Die Mehrwertsteuer beträgt 16 %.

9. In einer Sonderaktion verkauft das Autohaus „Roller & Partner" einen PKW für 19 990 €. Um noch mehr Kunden anzulocken, wirbt er mit 8 % Barzahlungsrabatt. Berechne, wie viel Euro das Auto bar kosten würde!

10. Lucas erhält auf sein gespartes Geld für ein Jahr von der Bank 31,25 € Zinsen. Berechne, wie viel Euro er auf seinem Sparbuch hat, wenn der Zinssatz 2,4 % p.a. beträgt!

11. Im Winterschlussverkauf gibt es Bettwäsche im Angebot. Bei 35 % Rabatt kostet sie nur noch 12,94 €. Bestimme den ursprünglichen Preis!

12. Der Bruttolohn von Herrn Klausen beträgt 1 678,12 €. Berechne den Nettolohn, wenn die Summe der Abzüge 41,2 % beträgt!

13. Das Fuhrunternehmen „Schnell & Sicher" kauft für insgesamt 112 800 € zwei neue LKW. Die Finanzierung wird durch einen Kredit mit einem Zinssatz von 0,69 % p.m. und 60 Monaten Laufzeit abgedeckt. Die Bearbeitungsgebühr für den Kredit beträgt 2 % der Kreditsumme. Berechne die monatliche Rate, die zur Tilgung des Kredits notwendig wird!

7.4 Projekt

Brutto- und Nettolohn

Bei der Berechnung des Nettolohnes eines jeden Arbeitnehmers werden vom Bruttolohn Steuern und Sozialversicherungsbeiträge abgezogen. Die Höhe der Steuern richtet sich nach der Höhe des Bruttolohnes, die Sozialversicherungsbeiträge entsprechen einem bestimmten Prozentsatz vom Bruttolohn, von dem der Arbeitnehmer und der Arbeitgeber je die Hälfte bezahlen.

Dazu zählen die Krankenversicherung, die Pflegeversicherung, die Rentenversicherung und die Arbeitlosenversicherung. Der Beitrag zur Unfallversicherung wird nur vom Arbeitgeber bezahlt und richtet sich in seiner Höhe nach der Gefahrenklasse und der Betriebsgröße.

Die Beiträge zu den einzelnen Sozialversicherungen betrugen 2001:

Krankenversicherung:	zwischen 12 % und 15 %
Pflegeversicherung:	1,7 %
Rentenversicherung:	19,3 %
Arbeitslosenversicherung:	6,5 %
Kirchensteuer:	9 % der Lohnsteuer

Lohnberechnungen sind heute meistens nur sehr schwer zu verstehen.

Versucht an einigen Berufsbeispielen die Berechnung von Löhnen nachzuvollziehen!

Legt dazu in eurer Klasse ausgewählte Berufe fest! Wählt Berufe, die ihr vielleicht selbst einmal erlernen und ausüben möchtet, oder betrachtet nur Zahlenbeispiele!

Erarbeitet dann eine Tabelle, aus der die jeweiligen Abzüge und die Berechnung des Nettolohnes ersichtlich werden!

Geht dabei vom Bruttolohn aus und beachtet, dass er pauschal (als ein Betrag) festgelegt werden kann oder sich aus dem Stundenlohn und der Anzahl der zu arbeitenden Wochenstunden berechnet!

Für die Festlegung der Steuerabgaben informiert euch eventuell beim Fachlehrer für Berufsorientierung oder nutzt andere Informationsquellen (z.B. Bibliothek)!

Berücksichtigt bei einigen Beispielen die unterschiedlichen Prozentsätze der Beiträge für die Krankenversicherung und berechnet die jährliche Ersparnis beim Wechsel zu einem billigeren Krankenversicherungsträger (Krankenkassen)!

Beispiele für Krankenkassen sind:

BEK – Barmer Ersatzkasse,
AOK – Allgemeine Ortskrankenkasse,
DAK – Deutsche Angestelltenkrankenkasse,
IKK – Innungskrankenkasse.

7.5 Zusammenfassung

Dreisatz

Bei proportionalen und antiproportionalen Zuordnungen kann man mithilfe der Quotienten- und Produktgleichung aus drei bekannten Größen eine vierte Größe berechnen kann. Das Verfahren **Dreisatz** bietet uns die gleiche Möglichkeit. Dazu müssen wir folgende Schritte durchführen:

1. Angabe der gegebenen Größen und Bestimmung der Zuordnung
2. Wahl einer zweckmäßigen Einheit (die, welche zweimal in der Aufgabenstellung angegeben wurde) und Schlussfolgerung auf die Einheit, die Grundlage der Zuordnung ist
3. Übertragen dieses Schlusses auf die gesuchte Größe

Mehrwertsteuer

Nettopreis + Mehrwertsteuer = Bruttopreis

Rabatt

ursprünglicher Preis – Rabatt = neuer Preis

Skonto

ursprünglicher Preis – Skonto = neuer Preis

Brutto- und Nettolohn

Bruttolohn – Abzüge = Nettolohn

Kredite und Tilgung

Kapital + Bearbeitungsgebühren + Zinsen = Gesamtrückzahlung
Höhe der Rate = Gesamtrückzahlung : Laufzeit

Kostenkalkulation

Frachtkosten + Einkaufspreis = Bezugspreis
Bezugspreis + Geschäftskosten + Gewinn + Mehrwertsteuer = Verkaufspreis

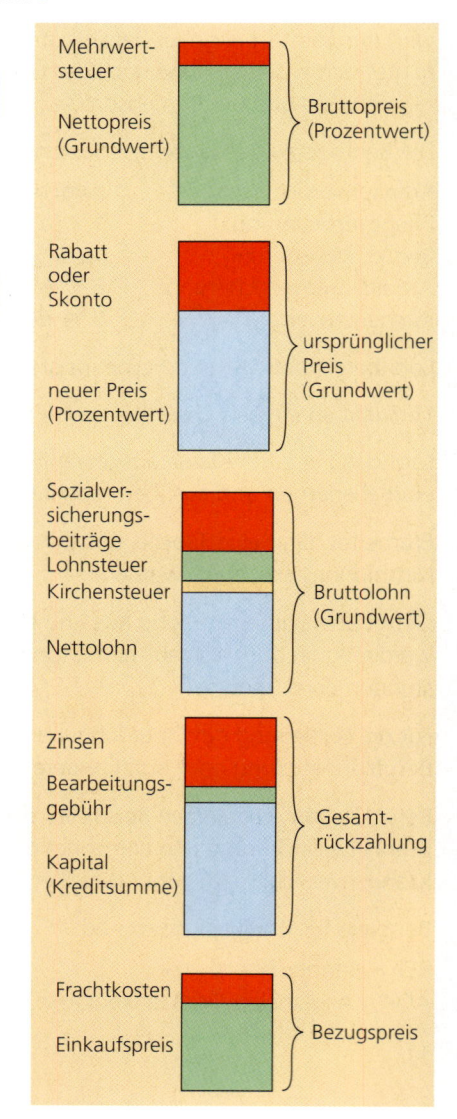

Jahresabschlusstest

1. Bestimme die Lösungsmenge des linearen Gleichungssystems
   a) mit dem Einsetzungsverfahren
      I $-6x + 2y = 30$
      II $5x - 3y = -29$
   b) mit dem Additionsverfahren!
      I $2x - 3y = 6$
      II $4x + 2y = -4$

2. Ein Flugzeug startet in Berlin-Schönefeld. Nach 20 Flugkilometern Steigflug überfliegt das Flugzeug in genau 7 km Höhe das Schloss Sanssouci in Potsdam.
   Wie weit sind das Schloss und der Flughafen Schönefeld voneinander entfernt?

3. Berechne die beiden fehlenden Seiten des Dreiecks ABC mit $\gamma = 90°$, $a = 4$ cm und dem Hypotenusenabschnitt $p = 2{,}6$ cm!

4. Bestimme die Lösungsmenge der quadratischen Gleichung!
   a) $x^2 - 6x + 5 = 0$
   b) $4x^2 + 20x + 25 = 0$

5. Ein Kirchturm wirft einen Schatten von 26 m Länge. Zur gleichen Zeit steht der Pfarrer, der 1,75 m groß ist, vor seiner Kirche. Sein Schatten ist 1,50 m lang.
   Berechne die Höhe des Kirchturmes!

6. Aus einer quadratischen Säule mit einer Grundkantenlänge von 30 cm und einer Höhe von 60 cm soll ein Zylinder von größtmöglichem Volumen ausgeschnitten werden. Berechne das Volumen des Zylinders! Wie viel Prozent Abfall entsteht dabei?

7. Auf wie viel Euro wächst ein Sparguthaben von 2400 € an, das dieses Jahr vom 6. Februar bis zum 30. September zu 2,5 % p.a. verzinst wird?

Lösungen zu „Teste dich selbst!"

Lineare Gleichungssysteme (Seite 35)

1.

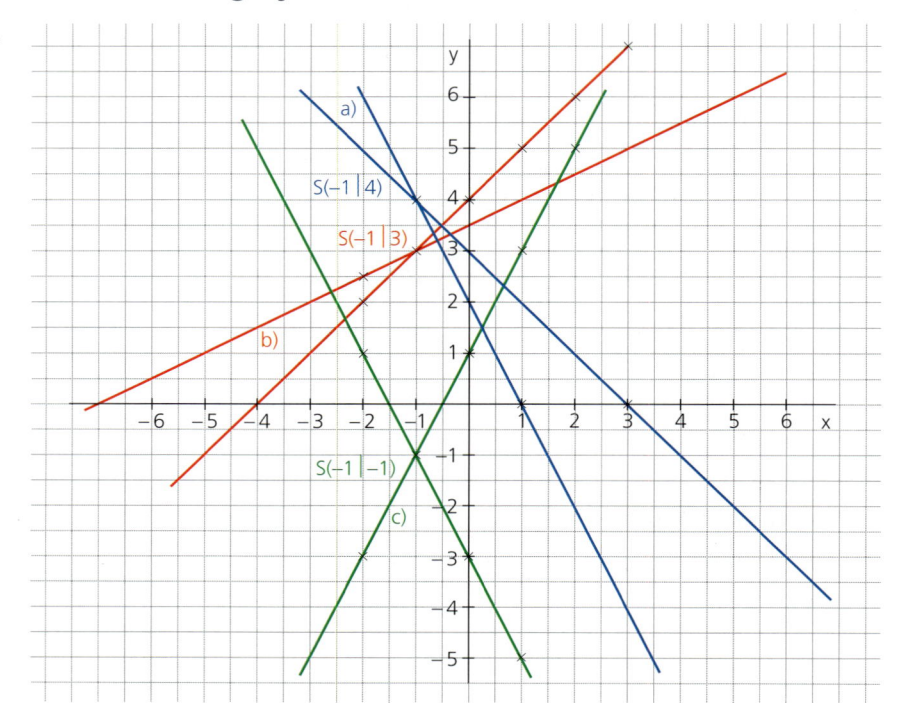

[Koordinatensystem mit Geraden a), b), c) und Schnittpunkten S(−1|4), S(−1|3), S(−1|−1)]

2. a) I −5x + 2y = 48
II   5x + 9y = −4
L = {(−8 | 4)}

b) I −6y + 15 = −3x
II y + 10 = 3x
L = {(5 | 5)}

c) I   5y − 10x = 10
II −5y − 3x = 3
L = {(−1 | 0)}

d) I   x + 3y = 32
II 2x − 4y = −26
L = {(5 | 9)}

e) I   5x − 18y = 58
II 18y − 2x = 2
L = {(20 | $\frac{7}{3}$)}

f) I   2y − 2x = 30
II 6x − 9y = 21
L = {(−22 | −17)}

3. a) I   2y − 6x = −10
II y + x = 2
L = {($\frac{7}{4}$ | $\frac{1}{4}$)}

b) I   6x − 6y = 18
II 2y − 2x = −6
unendlich viele

c) I   −4x − 8y = 20
II x − 5y = −5
L = {(−5 | 0)}

d) I   −6x − 4y = −8
II 2y − 3x = −1
L = {($\frac{5}{6}$ | $\frac{3}{4}$)}

e) I   4x − 8y = 6
II −3 − 4y = 3x
L = {(0 | −$\frac{3}{4}$)}

f) I   −12x − 6y = −6
II −4x + 3 = 3y
L = {(0 | 1)}

4. a) I   x + y = 80
II 25x + 40y = 2225
L = {(65 | 15)}

Einsetzungsverfahren

b) I   2x − 4y = 12
II 4y + 6x = 20
L = {(4 | −1)}

Additionsverfahren

c) I   3x = y
II 2x + 2y = 30
L = {($\frac{15}{4}$ | $\frac{45}{4}$)}

Einsetzungsverfahren

Lösungen zu „Teste dich selbst!"

d) I $3x + 5y = 4$
   II $49 - 7x = 6y$
   L = {(13 | −7)}

   Einsetzungsverfahren

e) I $11x - 3y = 6$
   II $2y - 6x = 4$
   L = {(6 | 20)}

   Additionsverfahren

f) I $5y - 2x = 1$
   II $2x + 6y = -12$
   L = {(−3 | −1)}

   Einsetzungsverfahren

5. I $2x - 8 = 3y$ II $4x - y = 26$ L = {(7 | 2)}
Die Zahlen lauten 7 und 2.

6. I $6x + 5y = 135$ II $x + y = 24$ L = {(15 | 9)}
15 Hütten für 6 Personen und 9 Hütten für 5 Personen müssen reserviert werden.

7. I $x + y = 9$ II $0{,}80x + 0{,}60y = 6{,}20$ L = {(4 | 5)}
4 Packungen Orangensaft und 5 Packungen Apfelsaft hat sie gekauft.

8. I $x + y = 19$ II $x + 2y = 31$ L = {(7 | 12)}
7 Einzelzimmer und 12 Doppelzimmer hat das Hotel.

9. I $x + y = 13$ II $x = y + 3$ L = {(8 | 5)}
Die Schüler erkämpften 8 erste und 5 zweite Plätze.

Reelle Zahlen und Wurzeln (Seite 58)

1. 7 cm; 40 m; 5 cm; 22 mm; ≈ 120,4 m; 0,3 dm; ≈ 13,7 m

2. 3 cm; 0,2 m; 6 cm; 20 mm; 1 m

3. a)

x	x^2	x^3
5	25	125
0,5	0,25	0,125
0,05	0,0025	0,000125
−3	9	−27
200	40000	8000000
$-\frac{1}{4}$	$\frac{1}{16}$	$-\frac{1}{64}$

b)

y	$\sqrt{y}$
256	16
0,0001	0,01
−1,21	n. l.
4900	70
640000	800
0,09	0,3

4. a) zwischen 4 u. 5; 9 u. 10; 0 u. 1; 2 u. 3   b) zwischen 15 u. 16; 9 u. 10; 18 u. 19; 30 u. 31
c) zwischen 2 u. 3; 4 u. 5; 0 u. 1; 7 u. 8   d) zwischen 4 u. 5; 0 u. 1; 1 u. 2; 9 u. 10

5. rational: 25; $\sqrt{25}$; $-\sqrt{25}$; 25^3; $-5{,}\overline{25}$
irrational: $\sqrt{52}$; $-\sqrt{52}$; $\sqrt[3]{25}$; $\sqrt{5} : \sqrt{2}$
existieren nicht: $\sqrt{-52}$; $-25 : 0$; $\sqrt{2-5}$

6. a) $9a$ b) $11ab$ c) $5x\sqrt{3}$ d) $2b$ e) $9a$ f) $2(x+y)$

7. a) 6,11   b) 9,10   c) −4,29   d) 15,27

8. a) 40   b) 4   c) 12   d) 3   e) 5)   f) 1,58   g) 18   h) 1,6

9. a) $5\sqrt{3}$ b) $2\sqrt{b} + 2\sqrt{a}$ c) $55\sqrt{5}$

10. a) $6\sqrt{3}$ b) $14\sqrt{5}$ c) $0{,}5a\sqrt{b}$ d) $7\sqrt{\frac{1}{5}}$ e) $xz\sqrt{y}$ f) $\frac{7}{5}a\sqrt{\frac{1}{b}}$
g) $12x^2y\sqrt{10z}$ h) $5\sqrt[3]{2b}$

11. $A_B = 15$ cm $\cdot$ 27 cm = 405 cm^2; $A_M = (1{,}5$ cm$)^2 = 2{,}25$ cm^2
    180 Mosaiksteine werden für das Bild benötigt.

Satzgruppe des Pythagoras (Seite 80)

1. a) wahr   b) falsch   c) wahr   d) wahr   e) wahr

2. Katheten: y, z   Hypotenuse: x $x^2 = y^2 + z^2$
   Der Flächeninhalt des Quadrats über der Hypotenuse x ist gleich der Summe der Flächeninhalte der Quadrate über den Katheten y und z.

3. $x^2 = y^2 + z^2$
   $x = \sqrt{(3\text{ cm})^2 + (6\text{ cm})^2}$
   $x = 6{,}7$ cm

4. (1) c = 5,4 cm   (2) a = 7,5 cm   (3) c = 3,3 cm   (4) b = 9,4 cm

5. a) Diagonale e
   $e^2 = 2a^2$
   $e = \sqrt{2 \cdot (4\text{ cm})^2}$
   $e = 5{,}7$ cm

   b) Seitenlänge b
   $e^2 = a^2 + b^2$
   $b = \sqrt{e^2 - a^2}$
   $b = \sqrt{(12\text{ cm})^2 - (10\text{ cm})^2}$
   $b = 6{,}6$ cm

   c) Höhe h
   $b^2 = h^2 + a^2$
   $h = \sqrt{b^2 - a^2}$
   $h = \sqrt{(3\text{ cm})^2 - (2\text{ cm})^2}$
   $h = 2{,}2$ cm

6. a) q = 16 cm   b) c = 11,2 cm   c) q = 1,8 cm   d) p = 11,6 cm
   a = 8,9 cm   a = 3,7 cm   c = 6,8 cm   c = 18,6 cm
   b = 17,9 cm   b = 10,6 cm   a = 5,8 cm   a = 14,7 cm
   h = 8 cm   h = 3,5 cm   b = 3,5 cm   b = 11,4 cm

7. a = b $a^2 = (\frac{c}{2})^2 + h_c^2$
   $a = \sqrt{(5{,}5\text{ cm})^2 + (5{,}5\text{ cm})^2}$
   a = 7,8 cm   b = 7,8 cm

8. a) $\overline{AC} = b$
   $c^2 = a^2 + b^2$
   $b = \sqrt{(14\text{ cm})^2 - (6\text{ cm})^2}$
   b = 12,6 cm

   b) $\overline{DB} = p$
   $a^2 = p \cdot c$
   $p = \frac{a^2}{c}$
   p = 2,6 cm

   c) $\overline{AD} = q$
   $c = p + q$
   $q = c - p$
   p = 14 cm − 2,6 cm
   p = 11,4 cm

   d) $\overline{CD} = h$
   $h^2 = p \cdot q$
   $h = \sqrt{p \cdot q}$
   $h = \sqrt{2{,}6\text{ cm} \cdot 11{,}4\text{ cm}}$
   h = 5,4 cm

9. $h^2 = a^2 - (\frac{c}{2})^2$
   $h = \sqrt{(2\text{ m})^2 - (0{,}5\text{ m})^2}$
   h = 1,94 m
   Der Höhenunterschied beträgt 6 cm.

Lösungen zu „Teste dich selbst!"

Quadratische Gleichungen (Seite 108)

1. a) $x_1 = 19$
 $x_2 = -19$
 b) $x_1 = 1,2$
 $x_2 = -1,2$
 c) $L = \{\}$
 d) $x_1 = \frac{7}{5}$
 $x_2 = -\frac{7}{5}$
 e) $x_1 = \sqrt{27} = 5,2$
 $x_2 = -\sqrt{27} = -5,2$
 f) $x_1 = 0,2$
 $x_2 = -0,2$

2. a) $x_1 = 0$; $x_2 = -17$
 b) $x_1 = 0$; $x_2 = 11$
 c) $x_1 = 0$; $x_2 = 3,8$
 d) $x_1 = 0$; $x_2 = \frac{5}{7}$
 b) $x_1 = 0$; $x_2 = -2,7$
 c) $x_1 = 0$; $x_2 = -8,8$

3. a) $(x + 2)^2 - 25 = 0$
 $x_1 = 3$; $x_2 = -7$
 b) $(x - 5)^2 - 9 = 0$
 $x_1 = 2$; $x_2 = 8$
 c) $(x - 4)^2 - 37 = 0$
 $x_1 = 10,1$; $x_2 = -2,1$
 d) $(x + 6)^2 = 0$
 $x_{1,2} = -6$
 e) $(x - 9)^2 - 121 = 0$
 $x_1 = 20$; $x_2 = -2$
 f) $(x - 12)^2 = 0$
 $x_{1,2} = 12$

4. a) $x_1 = 1$; $x_2 = -19$
 b) $x_1 = 30$; $x_2 = -6$
 c) $L = \{\}$
 d) $x_1 = 6,5$; $x_2 = -3,5$
 e) $x_1 = -0,5$; $x_2 = -4,3$
 f) $x_1 = \frac{12}{13}$; $x_2 = -\frac{4}{13}$
 g) $x_1 = -7$; $x_2 = 5$
 h) $L = \{\}$
 i) $x_1 = 17$; $x_2 = 17$

5. a) $x_1 = 5$; $x_2 = 3$
 b) $x_1 = 3$; $x_2 = -7$
 c) $x_1 = 0,95$; $x_2 = -0,95$
 d) $x_1 = 7$; $x_2 = -2$
 e) $x_1 = 5,2$; $x_2 = -1,2$
 f) $x_1 = 2,3$; $x_2 = -2,3$
 g) $L = \{\}$
 h) $x_1 = 7,9$; $x_2 = -1,9$
 i) $x_1 = 14,55$; $x_2 = -2,05$

6. $a + b = 24$; $a \cdot b = 128$; $a = 16$; $b = 8$ Die Summanden sind 16 und 8.

7. $(b + 0,2)^2 + b^2 = c^2$ $a = b + 0,2$ cm; $c = 5,8$ cm
Die Katheten sind 4,2 cm und 4,0 cm lang.

8. $x \cdot (x - 22) = 2379$ Susannes Mutter ist 39 Jahre alt, die Großmutter ist 61.

9. $x \cdot (x - 3,6) = 54,52$ Die Seiten des Rechtecks sind 9,4 cm und 5,8 cm lang.

10. $x \cdot (x + 5,1) = 5,7^2$ Die Hypotenusenabschnitte sind 3,65 und 8,75 cm lang.

11. $a^2 + (a - 8)^2 = 45^2$ Die Seiten des Rechtecks sind etwa 41,2 cm und 33,2 cm lang.

12. $2204a^2 = 270$ Die Seitenlänge einer Platte beträgt 35 cm.

Strahlensätze und Ähnlichkeit (Seite 136)

1. $a = 2,4$ cm; $b = 2,4$ cm; $c = 3$ cm; $d = 6,4$ cm

2. Die Standweite beträgt 1,2 m.

3. Der Kirchturm hat eine Höhe von 39 m.

4. a) $\triangle ABC \sim \triangle DEF$ nach SSS
 da $\frac{a}{e} = \frac{b}{d} = \frac{c}{f} = \frac{2}{3}$
 b) $\triangle ABC \sim \triangle DEF$ nach WW (Hauptähnlichkeitssatz)
 $\alpha = \beta_1$ und $\beta = \alpha_1$
 c) $\triangle ABC \not\sim \triangle DEF$ da $\frac{b}{f} = 2$ und $\frac{c}{e} = 2,2$

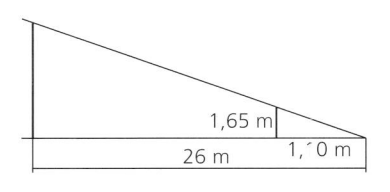

d) $\triangle ABC \sim \triangle DEF$ nach WW (Hauptähnlichkeitssatz) $\alpha = \beta_1$ und $\gamma = \gamma_1$
   e) $\triangle ABC \not\sim \triangle DEF$ da $\frac{f}{a} = 4$ und $\frac{e}{c} = 4{,}1$

5. d = 4,6 cm; e = 7,6 cm; f = 7,8 cm

6. b) Diagonalenlänge e = f = 6,9 cm

7. a) u' = 19 cm; A' = 16 cm²   b) u' = 288 mm; A' = 5184 mm² = 51,84 cm²
   c) u' = 30,8 cm; A' = 50 cm²

8. $k^2 = 16$; k = 4

9. a) 95 000 cm = 950 m = 0,95 km   b) 42 cm

10. a) 12 cm = 0,12 m   b) 16 cm = 0,16 m   c) 30 cm = 0,3 m

Flächen- und Körperberechnung (Seite 156)

1. a) 207,24 mm;   15,072 cm;   38,308 dm
      210,00 mm;   15 cm;   38 dm
   b) 131,88 cm;   28,888 mm;   77,558 m
      130 cm;   29 mm;   78 m

2. d ≈ 23,7 cm

3. a) 615,44 mm²;   45,342 cm²;   55,39 dm²
      620 mm²;   45 cm²;   55 dm²
   b) 1017,36 cm²; 9,616 dm²;   40,69 m²
      1000 cm²;   9,6 dm²;   41 m²

4. r = 15,4 mm;   u = 96,5 mm

5. a) Die Länge des Zaunes beträgt ca. 9,4 m.
   b) Für eine Fläche von ca. 7,1 m² werden 249 Pflanzen gebraucht.

6. a) A = 13,6 cm²   b) A = 34,9 cm²   c) A = 310 cm²

7. a) b = 75 cm; A = 1270 cm²   b) b = 2,4 cm; A = 3 cm²

8. a) G = 38,5 cm²;   M = 112 cm²;   O = 189 cm²
   b) G = 133 cm²;   M = 1920 cm²; O = 2180 cm²

9. Die Glassäule hat ein Volumen von 790 000 cm³ und eine Masse von 1,98 t.

Sachrechnen (Seite 190)

1. 696 km ≅ 51,18 %

2. 24 Pakete für einen Gesamtpreis von 597,60 € würden benötigt.

Lösungen zu „Teste dich selbst!"

3. Indien – 15 %;   USA – 4 %;
   Deutschland – 1,4 %;   China – 21,7 %;
   Russland – 2,5 %;   Indonesien – 3,3 %

4. 13,1 Mio. Einwohner; 1,5 % ≙ 197 000 Einwohner

5. Man kann davon ausgehen, dass Julia etwa 1 h benötigt.

6. Die Feuerwehr war 75 min im Einsatz.

7. Herr Schulze muss 10,64 € Zinsen bezahlen.

8. Der Kunde bezahlt 42, 80 € für die Kaffeemaschine.
   Der Händler muss 5,90 € an das Finanzamt abführen.

9. Das Auto kostet bei Barzahlung 18 391 €.

10. Lucas hat 1 302 € für ein Jahr auf seinem Sparbuch.

11. Der ursprüngliche Preis der Bettwäsche betrug 19,91 €.

12. Der Nettolohn beträgt 986,73 €.

13. Die Gesamtrückzahlung beträgt 161 755 €. Die monatliche Rate beträgt 2695,92 €.

Jahresabschlusstest (Seite 193)

1. a) L = {(–4 | 3)}   b) L = {(0 | –2)}

2. Das Schloss und der Flughafen sind ca. 19 km (18,735 km) voneinander entfernt.

3. h = 3,1 cm; q = 3,6 cm; c = 6,2 cm; b = 4,7 cm

4. a) L = {5; 1}   b) L = {–2,5}

5. Der Kirchturm ist ca. 30 m hoch.

6. V_Z = 42 390 cm³   21,5 % Abfall entstehen.

7. Das Sparguthaben wächst auf 2439 €.

Auf den folgenden sechzehn Seiten werden Inhalte angeboten, die zur Vertiefung oder Erweiterung der im Buch dargestellten Sachverhalte dienen können.

Thema 1: Gleichungssysteme mit drei Gleichungen und drei Variablen
Der GAUSSsche Algorithmus 202
Aufgaben 203

Thema 2: Intervallschachtelungen zur näherungsweisen Bestimmung reeller Zahlen
Das Intervallhalbierungsverfahren 204
Das HERON-Verfahren 205
Aufgaben 205

Thema 3: Rechnen mit Wurzeln
Das Rationalmachen des Nenners 206
Das Berechnen von Mehrfachwurzeln 206
Aufgaben 206

Thema 4: Satzgruppe des PYTHAGORAS
Die Umkehrung des Satzes von PYTHAGORAS 208
Aufgaben 209

Thema 5: Strahlensätze und ihre Anwendung
1. Strahlensatz 210
2. Strahlensatz 210
Die Vervielfachung einer Strecke mit dem Faktor $k = \frac{z}{n}$ 210
Aufgaben 211

Thema 6: Die Kreiszahl π
Zur Geschichte der Kreiszahl π 212
Die Methode des ARCHIMEDES 213

Thema 7: Geometrische Körper
Prismen 214
Zylinder 215
Prismen und Zylinder 216

Erweiterungen

Thema 1

Gleichungssysteme mit drei linearen Gleichungen und drei Variablen

Der GAUSSsche Algorithmus

Beispiel:
Gegeben ist das lineare Gleichungssystem:
(I) $2x + 3y - z = 1$
(II) $x + 3y + z = 2$
(III) $-2x - 2y + 4z = 4$

Für die Umformungen nutzen wir im Wesentlichen das Additionsverfahren. Dabei wird *schrittweise* vorgegangen:

1. Schritt:
Man *eliminiert* ab der 2. Gleichung die 1. Variable (hier x) – in unserem Beispiel durch Multiplikation von Gleichung (II) mit (–2) und Addition zu Gleichung (I) (ergibt (II')) sowie durch Addition von (I) zu (III) (ergibt (III')); die 1. Gleichung wird unverändert notiert.

(I) $2x + 3y - z = 1$
(II) $x + 3y + z = 2$ | ·(–2)
(III) $-2x - 2y + 4z = 4$

1. Schritt

(I) $2x + 3y - z = 1$
(II') $ - 3y - 3z = -3$
(III') $ y + 3z = 5$ | ·3

2. Schritt

2. Schritt:
Man schreibt die 1. und 2. Gleichung (also (I) und (II')) unverändert auf und formt die 3. Gleichung mithilfe der zweiten so um, dass die 2. Variable (hier y) nicht mehr vorkommt – in unserem Beispiel durch Multiplikation von Gleichung (III') mit 3 und Addition von (II') (ergibt (III")).

(I) $2x + 3y - z = 1$
(II") $ - 3y - 3z = -3$
(III") $ 6z = 12$

(III") hat die Lösung z = 2 und damit ergibt sich durch schrittweises Rückwärtseinsetzen y = –1 und x = 3. L = {(3 | –1 | 2)} Die Form nennt man *Dreiecksform* des gegebenen linearen Gleichungssystems. Eine weitere Umformung wird in der Regel nicht durchgeführt.

Das am Gleichungssystem praktizierte Vorgehen heißt **GAUSSscher Algorithmus.** Es besteht aus einer Reihe von *Einzelumformungen*, die sich auch für den allgemeinen Fall als *Äquivalenzumformungen* bestätigen lassen:

Äquivalenzumformungen eines linearen Gleichungssystems
Beim Übergang von einem linearen Gleichungssystem zu einem neuen bewirken folgende Operationen Äquivalenzumformungen:
- Vertauschen von zwei Gleichungen,
- Multiplizieren einer Gleichung mit einer von 0 verschiedenen Zahl,
- Addieren einer anderen Gleichung oder eines Vielfachen einer anderen Gleichung zu einer Gleichung.
  Dabei ist wesentlich, dass man die „andere Gleichung" in das neue System übernimmt.

Aufgaben

1. Entscheide, welche Variable ohne weitere Umformung als erste eliminiert werden kann! Löse dann das Gleichungssystem!

a) $\quad x + y + z = -5$
$\quad\;\; -x + 2y + 2z = -4$
$\quad\;\; x - 3y - 2z = 1$

b) $\quad x + y - 4z = 2$
$\quad\;\; 4x - y + 2z = 15$
$\quad\;\; -x - y + z = -3$

c) $\quad 3x + y + z = -1$
$\quad\;\; -x + 5y + z = -1$
$\quad\;\; 2x - y - z = -9$

2. Ermittle mithilfe des GAUSSschen Algorithmus die Lösungsmenge der Gleichungssysteme!

d) $\quad x + y + 2z = 2$
$\quad\;\; -x - 3y - z = -2$
$\quad\;\; 2x + y - 2z = 1$

e) $\quad 2x + 2y + 3z = 3$
$\quad\;\; x - 4y + 2z = 7$
$\quad\;\; y - 3z = -4$

f) $\quad 4x - y + z = 0$
$\quad\;\; -x + 3y + 9z = -1$
$\quad\;\; 2x - 5y - 5z = -8$

g) $\quad x + y + z = 7$
$\quad\;\; 4x - y + 2z = 5$
$\quad\;\; x - 5y + 3z = -3$

h) $\quad -5x + y - 2z = -2$
$\quad\;\; x - 4y + 2z = -4$
$\quad\;\; 3x + y + 6z = -6$

i) $\quad -x + 4y + 2z = 5$
$\quad\;\; x - 5y - 6z = -12$
$\quad\;\; 2x - 8z = -8$

3. Gib die Lösungen – falls vorhanden – der folgenden Gleichungssysteme an!

a) $\quad -x + y + z = 7$
$\quad\;\; x - y + z = 13$
$\quad\;\; x + y - z = 17$

b) $\quad -x + y - z = -13$
$\quad\;\; x + y + z = 17$
$\quad\;\; -x + y + z = 7$

c) $\quad x + y - z = 17$
$\quad\;\; x - y + z = 13$
$\quad\;\; -x + y - z = 7$

d) $\quad x + y = 100 - z$
$\quad\;\; 2y - 200 = -2(x + z)$
$\quad\;\; 150 - 1{,}5z = \frac{3x + 3y}{2}$

e) $\quad x + y = 28$
$\quad\;\; x + z = 30$
$\quad\;\; y + z = 32$

f) $\quad x + y + z = 4$
$\quad\;\; 2x + y + 3z = 3$
$\quad\;\; 3x + 2y + 4z = 10$

g) $\quad x - y + z = 4$
$\quad\;\; 2x + y + 3z = 3$
$\quad\;\; 3x - 3y + 4z = 10$

h) $\quad 4y + 8z = 4x + 12$
$\quad\;\; -x - 3 = -y - 2z$
$\quad\;\; 2x - 2y = 4z - 6$

i) $\quad x + y + z = 9$
$\quad\;\; 3x - y + 2z = 11$
$\quad\;\; 2x + 3y - 4z = -3$

j) $\quad x + y - z = 1$
$\quad\;\; 2x + 3y - 3z = 0$
$\quad\;\; 3x - 2y + z = 6$

k) $\quad x - 2y + z = 0$
$\quad\;\; 2x + y - z = 1$
$\quad\;\; -x - y + 2z = 3$

l) $\quad x + y - z = 1$
$\quad\;\; 2x + 3y - 3z = 0$
$\quad\;\; 3x + 4y - 4z = 1$

4. Zeige rechnerisch, dass das Gleichungssystem keine Lösung besitzt!

a) $\quad 2x + y + 3z = 0$
$\quad\;\; -x - 3y + z = -5$
$\quad\;\; 2x + 4y = 12$

b) $\quad -x + y + z = 4$
$\quad\;\; x - 2y + z = 2$
$\quad\;\; 3y - 6z = 6$

c) $\quad 3x + 11y - 7z = 6$
$\quad\;\; 2x - y + 2z = 8$
$\quad\;\; -2x - 4y - 2z = -6$

5. Untersuche das Gleichungssystem auf Lösbarkeit. Gib die Lösungsmenge an!

a) $\quad 2y + z = 4$
$\quad\;\; x + 3z = 10$
$\quad\;\; -x - y + z = -9$

b) $\quad x - y + 2z = -2$
$\quad\;\; 3x - y = -5 - 5z$
$\quad\;\; 2x + 3z = -3$

c) $\quad 2x - z = -3y + 4$
$\quad\;\; y - z = -3x + 5$
$\quad\;\; 5x - 2y = 2 - 2z$

6. Gegeben ist ein Dreieck, für das gilt:
Die Summe der Maßzahlen je zweier Seiten ist 18,5 cm; 14,0 cm und 21,7 cm.
Ermittle die Länge der Dreiecksseiten!

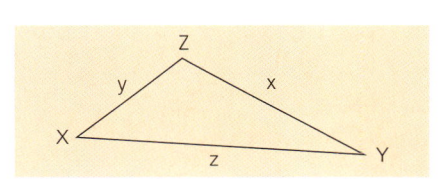

Thema 2

Intervallschachtelungen zur näherungsweisen Bestimmung reeller Zahlen

Das Intervallhalbierungsverfahren

Beispiele:

Bestimme mit der Halbierungsmethode $\sqrt{9}$.
Hier wissen wir das Ergebnis 3 auch ohne Intervallschachtelung, und gerade darin liegt der Sinn eines Tests.
Wir starten mit dem Intervall [1; 6] und zerlegen es in die halben Intervalle [1; 3,5] und [3,5; 6]. Wir lassen die zweite Hälfte weg, weil bereits $3,5^2 = 12,25$, also zu groß ist. Aber wir behalten [1; 3,5], weil $1^2 \leq 9 \leq 3,5^2$, d.h. $\sqrt{9} \in [1; 3,5]$.
Mit [1; 3,5] wird genauso verfahren usw.

$I_0 = [1; 6]$
$I_1 = [1; 3,5]$
$I_2 = [2,25; 3,5]$
$I_3 = [2,875; 3,5]$
$I_4 = [2,875; 3,1875]$
$I_5 = [2,875; 3,03125]$
$I_6 = [2,95312; 3,03125]$
$I_7 = [2,99218; 3,03125]$
$I_8 = [2,99218; 3,01171]$
$I_9 = [2,99218; 3,00195]$
$I_{10} = [2,99707; 3,00195]$

Das Halbierungsverfahren liefert eine unendliche Folge von Intervallen. Zwar haben wir einen Computer nur bis zum Intervall I_{10} auf maximal 6 Ziffern rechnen lassen, aber prinzipiell könnte das Verfahren immer weiter laufen.

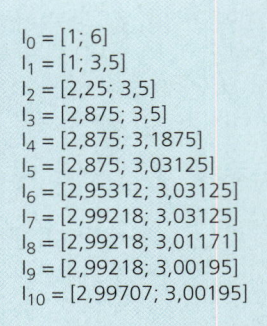

Das Intervallhalbierungsverfahren liefert eine Intervallschachtelung, die genau eine Zahl definiert. Unterschiedliche Intervallschachtelungen können für dieselbe Zahl genutzt werden.

Bestimme mit der Halbierungsmethode $\sqrt{2}$.

$I_0 = [1; 2]$
$I_1 = [\frac{2}{2}; \frac{3}{2}]$
$I_2 = [\frac{5}{4}; \frac{6}{4}]$
$I_3 = [\frac{11}{8}; \frac{12}{8}]$
$I_4 = [\frac{22}{16}; \frac{23}{16}]$
...
$I_{20} = [\frac{1482910}{1048576}; \frac{1482911}{1048576}]$

Als Startintervall I_0 sei [1; 2] gewählt. Denn es muss $\sqrt{2} \in [1; 2]$ gelten, weil $1^2 = 1 < 2$ und $2^2 = 4 > 2$ ist. Die Mitte 1,5 teilt I_0 in zwei Hälften. Als Intervall I_1 wird [1; 1,5] genommen, denn $1,5^2 (= 2,25)$ ist größer als 2.

$I_0 = [1; 2]$
$I_1 = [1; 1,5]$
$I_2 = [1,25; 1,50]$
$I_3 = [1,375; 1,500]$
$I_4 = [1,3750; 1,4375]$
...
$I_{20} = [1,414213; 1,414214]$

Auf diese Weise ergibt sich eine Intervallschachtelung für $\sqrt{2}$, deren erste Intervalle abgedruckt sind, links in Bruchform, rechts in Dezimalschreibweise. Das Halbierungsverfahren ist universell einsetzbar.

Ohne die vielseitige Einsetzbarkeit zu verlieren, kann man das Verfahren dem Dezimalsystem dadurch anpassen, dass jedes Intervall in zehn gleiche Teile zerlegt wird. Allerdings muss man dann häufiger prüfen, welches der Teilintervalle die gesuchte Zahl enthält. Dann aber liefert jeder Schritt eine Dezimalstelle mehr, wie die ersten Intervalle für $\sqrt{3}$ zeigen.

$I_0 = [1; 4]$
$I_1 = [1,6; 1,9]$
$I_2 = [1,72; 1,75]$
$I_3 = [1,732; 1,735]$
$I_4 = [1,7320; 1,7323]$
$I_5 = [1,73203; 1,73206]$
$I_6 = [1,732048; 1,732051]$

Das HERON-Verfahren

Im ersten Jahrhundert unserer Zeitrechnung lebte in Alexandria (Ägypten) der Mathematiker HERON. Von ihm stammt ein Verfahren zum Auffinden von Näherungsbrüchen für Wurzeln.

„Beim Wurzelziehen soll eine vorgelegte Zahl z in zwei gleiche Faktoren x zerlegt werden: $x \cdot x = z$. Ist statt x nur ein Näherungsbruch b ($b^2 > z$) bekannt, dann bestimme den zweiten Faktor a so, dass $a \cdot b = z$ erfüllt ist. Das Intervall [a; b] braucht nicht überprüft zu werden, denn weil b zu groß war muss a zu klein ausfallen. Im übrigen benutze die Mitte des Intervalls für bessere Näherungen."

Wir zeigen das Verfahren am Beispiel zur Bestimmung von Näherungsbrüchen für $\sqrt{7}$.

Wir starten z. B. mit $b_0 = 3$. Diese Zahl ist zu groß. Für den zugehörigen Faktor a_0 ergibt sich $\frac{7}{3}$, damit $a_0 \cdot b_0 = 7$ erfüllt ist. Unser Startintervall ist also $[\frac{7}{3}; 3]$.

	Intervalle in Dezimalschreibweise	Allgemein für $\sqrt{z}$:
Start: Das Startintervall I_0 ist festgelegt.	$I_0 = [2{,}3; 3{,}0]$	$I_0 = [a_0; b_0]$ mit $a_0 \cdot b_0 = z$
1. Schritt: Das arithmetische Mittel von a_0 und b_0 ist b_1: $b_1 = \frac{3 + \frac{7}{3}}{2} = \frac{16}{6} = \frac{8}{3}$ Damit $a_1 \cdot b_1 = z$, muss sein: $a_1 = \frac{7}{b_1} = 7 \cdot \frac{3}{8} = \frac{21}{8}$.	$I_1 = [2{,}62; 2{,}66]$	$b_1 = \frac{b_0 + a_0}{2}$ $a_1 = \frac{z}{b_1} = \frac{a_0 \cdot b_0}{b_1}$ $I_1 = [a_1; b_1]$
2. Schritt $b_2 = \frac{127}{48}$ und $a_2 = \frac{336}{127}$.	$I_2 = [2{,}6457; 2{,}6458]$	**n. Schritt** $I_n = [a_n; b_n]$
3. Schritt $b_3 = \frac{32257}{12192}$ $a_3 = \frac{85344}{32257}$	$I_3 = [2{,}64575131; 2{,}64575131]$	**(n + 1). Schritt** $b_{n+1} = \frac{b_n + a_n}{2}$ $a_{n+1} = \frac{z}{b_{n+1}} = \frac{a_n \cdot b_n \cdot 2}{b_n + a_n}$ $I_{n+1} = [a_{n+1}; b_{n+1}]$

Es ist erstaunlich, wie viel Ziffern bereits beim 3. Intervall übereinstimmen. Unser Beispiel ist kein Zufall, denn während beim Intervallhalbierungsverfahren jedes Intervall genau halb so lang wie sein Vorgänger ist ($b_{n+1} - a_{n+1} = \frac{b_n + a_n}{2}$), ist es beim HERON-Verfahren kürzer.

Aufgaben

1. Bestimme mit dem Intervallhalbierungsverfahren die ersten drei Näherungsbrüche für $\sqrt{2}$, $\sqrt{5}$, $\sqrt{27}$ sowie $\sqrt{625}$ und gib die Dezimaldarstellungen dazu an!
2. Bestimme mit dem Heron-Verfahren die ersten drei Näherungsbrüche für $\sqrt{2}$, $\sqrt{5}$, $\sqrt{27}$ und $\sqrt{625}$! Gib die Dezimaldarstellungen dazu an! Vergleiche mit Aufgabe 1!

Thema 3

Rechnen mit Wurzeln

Wie in $\mathbb{Q}$ so kannst du in $\mathbb{R}$	Beispiele:
a) Summen ausmultiplizieren,	$(3 + \sqrt{2}) \cdot (4 - \sqrt{2}) = 12 - 3\sqrt{2} + 4\sqrt{2} - 2$ $= 10 + \sqrt{2}$
b) gemeinsame Faktoren aus Summen ausklammern,	$15\sqrt{2} + 6\sqrt{8} - 6 = 3\sqrt{2}(5 + 2\sqrt{4} - \sqrt{2})$ $= 3\sqrt{2}(9 - \sqrt{2})$
c) Summen faktorisieren,	$76 + 12\sqrt{8} = 4 + 12\sqrt{8} + 72 = (2 + 3\sqrt{8})^2$
d) die binomischen Formeln nutzen,	$\dfrac{8}{7 - 3\sqrt{5}} = \dfrac{8(7 + 3\sqrt{5})}{(7 - 3\sqrt{5}) \cdot (7 + 3\sqrt{5})} = \dfrac{8(7 + 3\sqrt{5})}{49 - 45}$ $= 2(7 + 3\sqrt{5})$
e) Gleichungen lösen.	$\sqrt{7} \cdot a - \sqrt{6} = 0 \Leftrightarrow \sqrt{7} \cdot a = \sqrt{6} \Leftrightarrow a = \dfrac{\sqrt{6}}{\sqrt{7}} = \sqrt{\dfrac{6}{7}}$

Rationalmachen des Nenners

In der Mathematik ist es üblich, Terme so umzuformen, dass keine Wurzel im Nenner steht. Dies geschieht durch Erweitern. Für Wurzeln gilt:

$$\frac{1}{\sqrt{a}} = \frac{\sqrt{a}}{\sqrt{a} \cdot \sqrt{a}} = \frac{\sqrt{a}}{(\sqrt{a})^2} = \frac{\sqrt{a}}{a} \qquad \text{(für } a > 0; a \in \mathbb{R}\text{)}$$

Beispiele:

$$\frac{8}{\sqrt{2}} = \frac{8 \cdot \sqrt{2}}{\sqrt{2} \cdot \sqrt{2}} = \frac{8 \cdot \sqrt{2}}{2} = 4\sqrt{2} \qquad \frac{5}{\sqrt{5}} = \frac{5 \cdot \sqrt{5}}{\sqrt{5} \cdot \sqrt{5}} = \frac{5 \cdot \sqrt{5}}{5} = \sqrt{5}$$

$$\frac{16}{\sqrt{12}} = \frac{16}{\sqrt{4 \cdot 3}} = \frac{16 \cdot \sqrt{3}}{\sqrt{4} \cdot \sqrt{3} \cdot \sqrt{3}} = \frac{16 \cdot \sqrt{3}}{2 \cdot 3} = \frac{8}{3}\sqrt{3}$$

Berechnen von „Mehrfachwurzeln"

Treten in Termen so genannte Mehrfachwurzeln auf, so lassen sich diese vereinfachen, indem die Wurzeln von innen nach außen bestimmt werden.

Beispiele:

$$\sqrt{\sqrt{\sqrt{256}}} = \sqrt{\sqrt{16}} = \sqrt{4} = 2 \qquad \sqrt{\frac{\sqrt{a^2}}{\sqrt{a^2}}} = \sqrt{\frac{|a|}{a}} = \sqrt{\frac{a}{a}} = \sqrt{1} = 1, \text{ denn } a > 0 \text{ muss gelten.}$$

Aufgaben

1. Fasse zusammen!

a) $7\sqrt{10} + 6\sqrt{10} - 4\sqrt{10}$ b) $\sqrt{13} + 2\sqrt{13} - 5\sqrt{13}$ c) $11\sqrt{a} - 6\sqrt{a}$

d) $2a\sqrt{ab} - a\sqrt{ab}$ e) $7\sqrt{xy} + 5\sqrt{x^2y} - 4\sqrt{xy} - \sqrt{x^2y}$ f) $3x\sqrt{4} + 5x\sqrt{9}$

g) $\sqrt[3]{a} - 2\sqrt{ab} + 5\sqrt[3]{a} - \sqrt{ab}$ h) $\sqrt{2}a + \sqrt{3}a - 3\sqrt{a}$ i) $\dfrac{1}{4}\sqrt{x} - 0{,}2\sqrt{x}$

Thema 3

2. Fasse zu einer Wurzel zusammen! Berechne die Wurzeln ohne Hilfsmittel! Gelingt dir das nicht, prüfe, ob du den Radikanden weiter vereinfachen kannst!

a) $\sqrt{10} \cdot \sqrt{10}$ b) $\sqrt[3]{5} \cdot \sqrt[3]{25}$ c) $\sqrt{2} \cdot \sqrt{2}$ d) $\sqrt[4]{2} \cdot \sqrt[4]{8}$ e) $\sqrt{3{,}2} \cdot \sqrt{0{,}2}$

f) $\dfrac{\sqrt{90}}{\sqrt{10}}$ g) $\dfrac{\sqrt{84}}{\sqrt{21}}$ h) $\dfrac{\sqrt[3]{2}}{\sqrt[3]{54}}$ i) $\dfrac{\sqrt[4]{32}}{\sqrt[4]{2}}$ j) $\dfrac{\sqrt{0{,}75}}{\sqrt{3}}$

k) $\sqrt[3]{2} \cdot \sqrt[3]{4} \cdot \sqrt[3]{8}$ l) $\sqrt[3]{100} \cdot \sqrt[3]{100} \cdot \sqrt[3]{100}$ m) $\sqrt{72} : \sqrt{2}$ n) $\sqrt{18} \cdot \sqrt{\dfrac{1}{2}}$

3. Beseitige die Klammern und fasse zusammen!

a) $4\sqrt{3}(7 - \sqrt{3})$
b) $(2\sqrt{3} + 3\sqrt{2} - 5\sqrt{4}) \cdot \sqrt{6}$
c) $\sqrt{5} \cdot (\sqrt{3} - \sqrt{5}) \cdot (-\sqrt{3})$
d) $(3 - \sqrt{5} + \sqrt{8}) \cdot (\sqrt{3} - \sqrt{2})$
e) $(\sqrt{8} + \sqrt{5} - \sqrt{3}) \cdot (3\sqrt{5} + 5\sqrt{3} - 2\sqrt{15})$
f) $((\sqrt{2} - \sqrt{3}) \cdot 1 + \sqrt{3}) \cdot (\sqrt{3} + \sqrt{2})$

4. Klammere aus!

a) $\sqrt{12} - \sqrt{20}$ b) $\sqrt{18} + \sqrt{50}$ c) $3\sqrt{6} - \sqrt{24}$

d) $\sqrt{28a^3} + \sqrt{7a^5}$ e) $5x\sqrt{z} - y^2\sqrt{z}$ f) $d\sqrt{z \cdot d} - \sqrt{z^3 \cdot d}$

5. Klammere möglichst weitgehend aus!

a) $3\sqrt{5} + 2\sqrt{5} - 6\sqrt{5} - \sqrt{5}$
b) $4\sqrt{r} - 7\sqrt{r} + 2\sqrt{r} - 3\sqrt{r}$
c) $\sqrt{xy} + \sqrt{yz} - \sqrt{3y}$
d) $a\sqrt{x} + b\sqrt{x} - c\sqrt{x}$
e) $\sqrt{a}\sqrt{a+b} - \sqrt{b}\sqrt{a+b}$
f) $\sqrt{3}\sqrt{8} + \sqrt{3}\sqrt{18} - \sqrt{2}\sqrt{3}$
g) $8\sqrt{a} + 2\sqrt{b} - \sqrt{a} + 5\sqrt{b}$
h) $x\sqrt{8} - y\sqrt{3} + x\sqrt{2} + y\sqrt{27}$
i) $\dfrac{5}{4}\sqrt{s} + \dfrac{5}{8}\sqrt{t} + \dfrac{5}{3}\sqrt{s} - \sqrt{t}$
j) $ab\sqrt{c} + ac\sqrt{c^3} - ac$
k) $\sqrt{25a^3} - \sqrt{144a^3} + \sqrt{49a^3}$
l) $\dfrac{1}{2}\sqrt{3} + \dfrac{2}{3}\sqrt{3} - \dfrac{5}{4}\sqrt{3}$

6. Forme so um, dass der Nenner rational wird!

a) $\dfrac{5}{\sqrt{7}}$ b) $\dfrac{14}{\sqrt{7}}$ c) $\dfrac{b}{\sqrt{c}}$ d) $\dfrac{1}{1+\sqrt{2}}$ e) $\dfrac{1}{1-\sqrt{2}}$ f) $\dfrac{60}{3+\sqrt{3}}$ g) $\dfrac{3-\sqrt{3}}{3+\sqrt{3}}$ h) $\dfrac{1}{\sqrt{5}-\sqrt{4}}$

7. Forme die Terme so um, dass keine Wurzeln im Nenner auftreten!

a) $\dfrac{36}{\sqrt{7}+\sqrt{5}}$ b) $\dfrac{127}{\sqrt{28}-\sqrt{12}}$ c) $\dfrac{40}{\sqrt{18}-3}$ d) $\dfrac{255}{12+\sqrt{3}}$ e) $\dfrac{\sqrt{144}}{5-\sqrt{13}}$

f) $\dfrac{\sqrt{3}-4}{\sqrt{6}}$ g) $\dfrac{35+\sqrt{35}}{\sqrt{35}}$ h) $\dfrac{\sqrt{8}+\sqrt{5}}{\sqrt{10}}$ i) $\dfrac{\sqrt{20}-\sqrt{30}}{\sqrt{10}}$ j) $\dfrac{30\sqrt{7}+45}{3\sqrt{5}}$

k) $\dfrac{\sqrt{8}+\sqrt{5}}{\sqrt{5}-\sqrt{8}}$ l) $\dfrac{\sqrt{20}-\sqrt{30}}{\sqrt{20}+\sqrt{30}}$ m) $\dfrac{3\sqrt{7}-6}{2\sqrt{7}-5}$ n) $\dfrac{\sqrt{8}+3}{\sqrt{3}+8}$ o) $\dfrac{2\sqrt{12}+3\sqrt{20}}{2\sqrt{20}-3\sqrt{12}}$

8. Löse folgende Gleichungen!

a) $\sqrt{2} \cdot x + \sqrt{18} = 4\sqrt{2}$ b) $\sqrt{2} \cdot y - 3 = \sqrt{2} - 5$ c) $\sqrt{3} \cdot z + 5 = z + \sqrt{12}$ d) $u^2 = \sqrt{8}$

9. Berechne mit dem Taschenrechner so genau wie es die Näherungsradikanden erlauben!

a) $\sqrt{\sqrt{2{,}56}}$ b) $\sqrt{\sqrt{62{,}5}}$ c) $\sqrt{\sqrt{\sqrt{167{,}9716}}}$ d) $\sqrt{\sqrt{\dfrac{81}{25{,}6}}}$ e) $\sqrt{\sqrt{\dfrac{65{,}61}{256}}}$ f) $\sqrt{\sqrt{25{,}63}}$

10. Vereinfache!

a) $\sqrt{\sqrt{x^2}}$ b) $\sqrt{\sqrt{y^4}}$ c) $\sqrt{\sqrt{u^2}}$ d) $\sqrt{\sqrt{v^4}}$ e) $\sqrt{\dfrac{\sqrt{(-a)^2}}{-\sqrt{a}^2}}$ f) $\sqrt{\dfrac{\sqrt{n}^2}{\sqrt{(-n)^2}}}$

Thema 4

Satzgruppe des Pythagoras

Umkehrung des Satzes des PYTHAGORAS

Im alten Ägypten mussten nach den alljährlichen Nilüberschwemmungen auch die rechten Winkel der Grundstücke wieder neu abgesteckt werden. Man benutzte dazu ein in sich geschlossenes Knotenseil mit 12 Knoten. Der Abstand zwischen je zwei Knoten ist gleich. Spannt man nun das Seil zu einem Dreieck mit den Seitenverhältnissen 3 : 4 : 5, so ist dieses Dreieck rechtwinklig. Schon im Altertum wusste man, dass man auch Knotenseile mit 24, 30 oder 40 Knoten nehmen kann, wenn man die Seitenverhältnisse 6 : 8 : 10, 13 : 12 : 5 oder 15 : 8 : 17 benutzt. Für welche Seitenverhältnisse erhält man rechtwinklige Dreiecke?

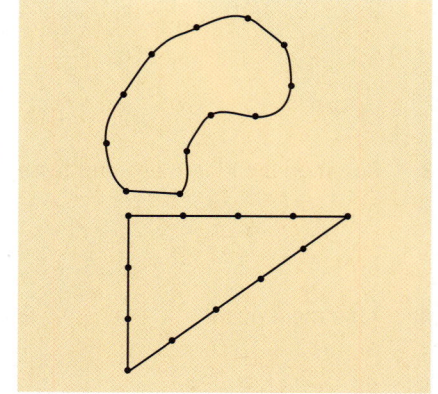

Umkehrung des Satzes des PYTHAGORAS: Wenn der Flächeninhalt des Quadrats über der längsten Seite eines Dreiecks gleich der Summe der Flächeninhalte der Quadrate über den kürzeren Seiten ist, dann ist das Dreieck rechtwinklig.

Beweis

1) Wir betrachten ein stumpfwinkliges Dreieck ABC mit der längsten Seite AB (vgl. Abb.). Der Punkt C wird nun auf der Lotgeraden zu AB durch C verschoben, bis das rote rechtwinklige Dreieck ABC' entsteht (Thaleskreis!). Die Seitenlängen von △ABC sind wie üblich mit a, b, c bezeichnet, die von △ABC' mit a', b' und ebenfalls c, denn beide Dreiecke stimmen in dieser Seite überein. Weil △CBC' bei C einen stumpfen Winkel besitzt, gilt $a < a'$ und entsprechend $b < b'$. Es gilt auch $c^2 = a'^2 + b'^2$, also ist für jedes stumpfwinklige Dreieck $c^2 > a^2 + b^2$.

2) Wir betrachten nun ein spitzwinkliges Dreieck ABC und bezeichnen es so, dass die Grundseite AB heißt (vgl. Abb.). Der Punkt C wird entsprechend nach C' verschoben, sodass das rote rechtwinklige Dreieck ABC' entsteht. Es gilt entsprechend für jedes spitzwinklige Dreieck $c^2 < a^2 + b^2$.

Zusammenfassung:
Für ein beliebiges Dreieck ABC mit den Seitenlängen a, b und c ($a < c$, $b < c$) gilt: Ist das Dreieck stumpfwinklig, so gilt $c^2 > a^2 + b^2$, ist es spitzwinklig, so gilt $c^2 < a^2 + b^2$.

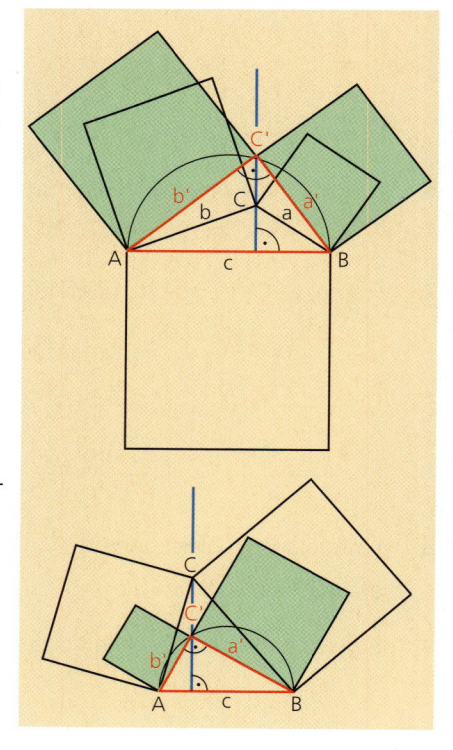

Die Gleichung $c^2 = a^2 + b^2$ kann nur gelten, wenn das Dreieck weder stumpfwinklig noch spitzwinklig, wenn es also rechtwinklig ist. In diesem Fall kann stets von den Kathetenlängen a und b sowie von der Hypotenusenlänge c gesprochen werden. Der Satz des PYTHAGORAS ist umkehrbar.

Aufgaben

1. Ein Tischler möchte ein rechtwinkliges Holzdreieck herstellen. Die beiden Katheten sollen 50 cm lang werden und der Tischler hat auch zwei 50 cm lange Leisten. Wie lang muss die Hypotenusenleiste sein?

2. Gegeben sind Dreiecke mit folgenden Seitenlängen:
   a) 15 m, 37 m, 39 m   b) 24 cm, 25 cm, 49 cm   c) 41 dm, 32 dm, 53 dm
   Welche dieser Dreiecke sind rechtwinklig?
   Ändere eine Seite der nichtrechtwinkligen Dreiecke so, dass es rechtwinklige Dreiecke werden!

3. Konstruiere ein 22 cm² großes Quadrat mithilfe des Satzes des PYTHAGORAS!

4. Die (nicht maßstäblichen) Zeichnungen zeigen, wie Zahlen der Form $x = \sqrt{a}$ mithilfe des Satzes von Pythagoras konstruiert werden können. Gib jeweils an, welche Zahl konstruiert wurde!

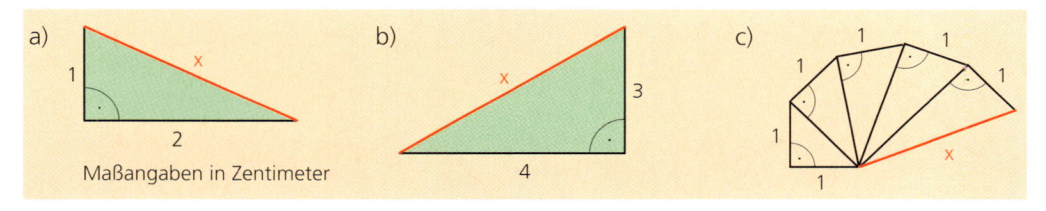

5. Konstruiere wie in Aufgabe 4 folgende Zahlen! Miss und überprüfe rechnerisch!
   a) $\sqrt{5}$ b) $\sqrt{13}$ c) $\sqrt{2}$ d) $\sqrt{3}$ e) $\sqrt{29}$

6. Am Ufer eines Sees liegen die Punkte A und B. Um die Länge des Sees an dieser Stelle zu ermitteln, steckt man auf einer Senkrechten zu AB im Punkt A einen Punkt C ab und misst seine Entfernungen zu A und zu B. Wie lang ist der See zwischen A und B, wenn $\overline{AC}$ = 252 m und $\overline{BC}$ = 447 m betragen?

7. Dieses Schild sagt aus, dass auf den nächsten 400 Metern der Straße eine Steigung von 15 % zu erwarten ist.
   Wie viel Meter höher wird man sein, wenn man die 400 m gefahren ist?

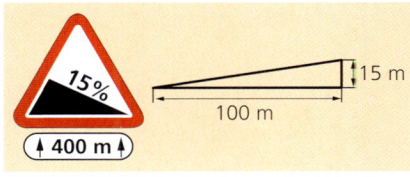

8. Berechne die Inhalte der eingefärbten Schnittflächen in den abgebildeten Pyramiden!

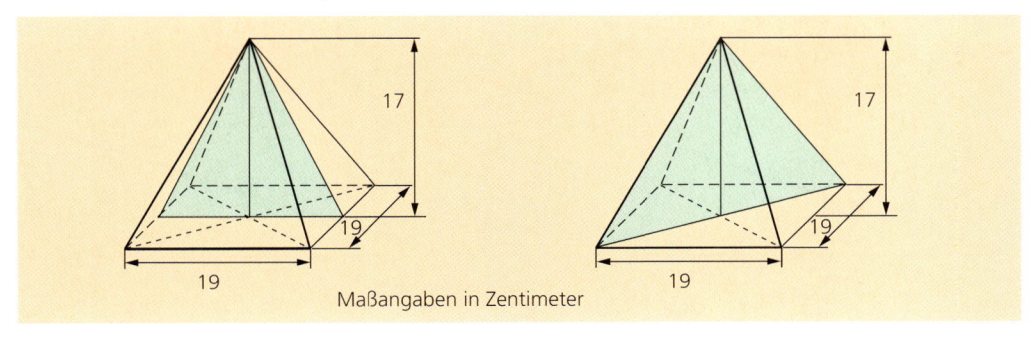

Thema 5

Strahlensätze und ihre Anwendung

1. Strahlensatz

Werden zwei Strahlen mit einem gemeinsamen Anfangspunkt von Parallelen geschnitten, so gilt: Die Strecken auf dem einen Strahl verhalten sich zueinander wie die entsprechenden Strecken auf dem anderen Strahl.

$\overline{ZA} : \overline{ZB} = \overline{ZC} : \overline{ZD}$

$\overline{ZA} : \overline{AB} = \overline{ZC} : \overline{CD}$

$\overline{ZB} : \overline{AB} = \overline{ZD} : \overline{CD}$

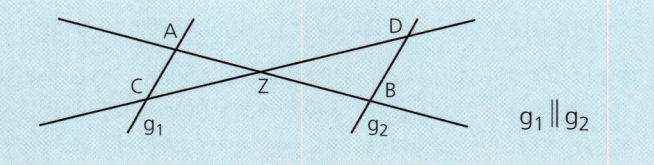

$g_1 \parallel g_2$

2. Strahlensatz

Werden zwei Strahlen mit einem gemeinsamen Anfangspunkt von Parallelen geschnitten, so gilt: Die Strecken auf den Parallelen verhalten sich zueinander wie die zugehörigen Scheitelstrecken auf ein und denselben Strahl.

$\overline{AC} : \overline{BD} = \overline{ZA} : \overline{ZB}$

$\overline{AC} : \overline{BD} = \overline{ZC} : \overline{ZD}$

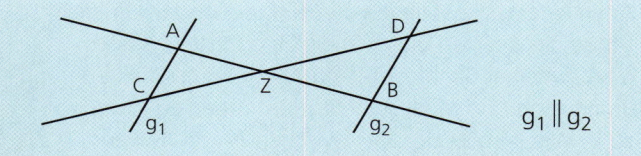

$g_1 \parallel g_2$

Vervielfachen einer Strecke $\overline{AB}$ mit dem Faktor $k = \frac{z}{n}$

1. Man zeichnet die Strecke $\overline{AB}$.
2. Auf einem Strahl von A aus wird n-mal eine beliebige Strecke mit dem Zirkel abgetragen.
3. Man verbindet den letzten Endpunkt der abgetragenen Strecken mit dem Punkt B.
4. Nun trägt man von A aus auf dem Strahl z-mal dieselbe Strecke mit dem Zirkel ab.
5. Eine Parallelverschiebung durch den n-ten Endpunkt ergibt den gesuchten Punkt B' auf $\overline{AB}$ bzw. auf der Verlängerung von $\overline{AB}$.

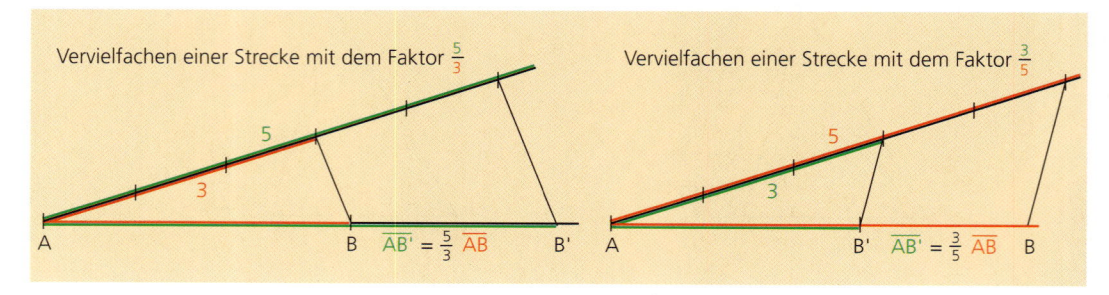

Vervielfachen einer Strecke mit dem Faktor $\frac{5}{3}$

$\overline{AB'} = \frac{5}{3} \overline{AB}$

Vervielfachen einer Strecke mit dem Faktor $\frac{3}{5}$

$\overline{AB'} = \frac{3}{5} \overline{AB}$

Aufgaben

1. Die Höhe einer Pyramide kann man bei Sonnenschein leicht durch Messung der Schattenlänge a eines Stabes der Länge c bestimmen.
   a) Erläutere das Verfahren!
   Wie muss der Stab aufgestellt werden?
   Wirft der Stab wirklich einen Schatten?
   b) Berechne die Höhe h für a = 3,0 m, b = 100 m, c = 2,0 m, e = 240 m!

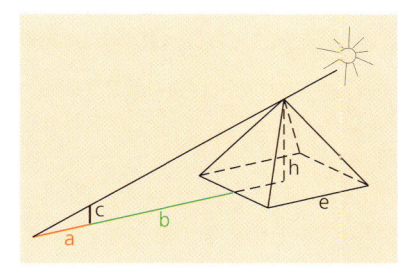

2. Zum Schätzen von Entfernungen oder Abständen kann man die Daumenbreite verwenden. Dabei wird durch Anpeilen über den Daumen mit nur einem offenen Auge geschätzt, wann der Daumen mit seiner Breite ein Objekt gerade abdeckt.
   a) Berechne die Entfernung eines Eisenbahnwaggons (Länge: 16 m), der gerade durch eine Daumenbreite überdeckt wird (Armlänge: 60 cm)! Verwende für die Daumenbreite 2,54 cm!
   b) Welcher Abstand liegt zwischen zwei Berggipfeln, die sich in einer Entfernung von 35 km vom Beobachter befinden, wenn dazwischen gerade eine Daumenbreite passt (Körpermaße wie in a)?

3. Beweise: Die Verbindungsstrecke zweier Seitenmittelpunkte eines Dreiecks ist parallel zur dritten Dreiecksseite und halb so lang wie diese.

4. Die Geraden g, h und i sind parallel. Berechne die Längen der grün markierten Strecken!

5. Beweise, dass sich die Seitenhalbierenden in einem Dreieck im Verhältnis 2 : 1 schneiden!

6. Beweise, dass die Dreiecke ABS und CDS, die aus den Diagonalen des Trapezes ABCD gebildet werden, zueinander ähnlich sind!

7. Unsere gängigen Papiergrößen werden in DIN-Formaten angegeben. DIN A0 ist ein Rechteck mit der Fläche von 1 m^2.
   Die DIN-Norm ist so festgelegt, dass durch fortgesetzte Halbierung der jeweils längeren Seite das neue kleinere Format entsteht. Die Formate sind zueinander ähnlich. Deshalb gilt für jedes Format:
   $a : b = b : \frac{a}{2}$, also $b^2 = \frac{a^2}{2}$, d. h. $a = b \cdot \sqrt{2}$
   Für DIN A0 gilt $a_0 = b_0 \cdot \sqrt{2}$. Daraus folgt: $b_0^2 = \frac{1 m^2}{\sqrt{2}}$
   Somit ergibt sich für $b_0 \approx 0,841$ m und für $a_0 \approx 1,189$ m. Bestimme die Abmessungen der weiteren Formate DIN A1; DIN A2; DIN A3; DIN A4; DIN A5 und DIN A6!

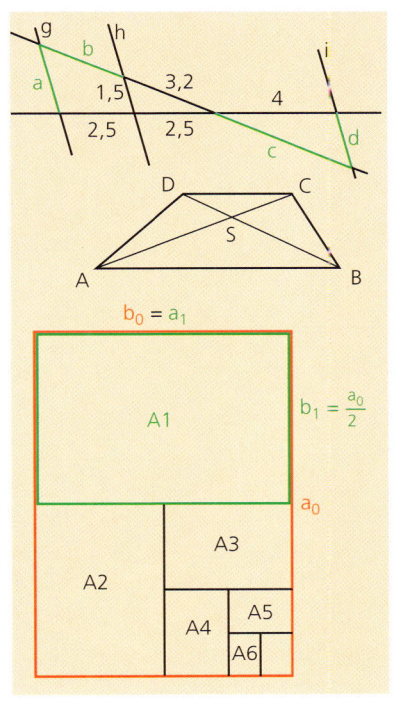

8. Mithilfe eines Pantografen oder Storchenschnabels können Zeichnungen vergrößert oder verkleinert werden. Informiere dich z. B. im Internet über Aufbau und Wirkungsweise dieses Geräts und baue es mit geeigneten Mitteln (Holzleisten, Teilen aus Metallbaukästen) nach!

Thema 6

Die Kreiszahl π

Zur Geschichte der Kreiszahl

Die Geschichte der Berechnung der Kreiszahl π lässt sich bis in das alte Ägypten zurückverfolgen. Im Problem 50 des ägyptischen Papyrus Rhind wird um 1650 v. Chr. als Wert $\left(\frac{16}{9}\right)^2 \approx 3{,}1605$ angegeben. Im Alten Testament (1 Könige 7, 23 und 2 Chronik 4, 2) befindet sich eine Stelle über die Beschreibung des „Meeres", d.h. eines runden Bronzebeckens im großen Tempels Salomons, der um 950 v. Chr. erbaut wurde, in der die Kreiszahl mit dem Wert 3 angegeben wird.

Von den Pythagoreern wurde im 5. Jahrhundert v. Chr. die noch heute gebräuchliche Näherung $\frac{22}{7} \approx 3{,}1428$ für die Kreiszahl benutzt.

Eine Möglichkeit, das Verhältnis zwischen Durchmesser d und Umfang u zu ermitteln, ergibt sich mithilfe des EUKLIDischen Algorithmus. Nimm dazu z.B. eine zylinderförmige Dose und umwickle sie mit einem Papierstreifen genau einmal. Der Streifen soll so breit sein wie der Durchmesser d der Dose, er wird dann so lang wie der Dosenumfang u. Du erhältst ein Rechteck mit den Seitenlängen u und d, aus dem du das Verhältnis u : d näherungsweise ermitteln kannst.

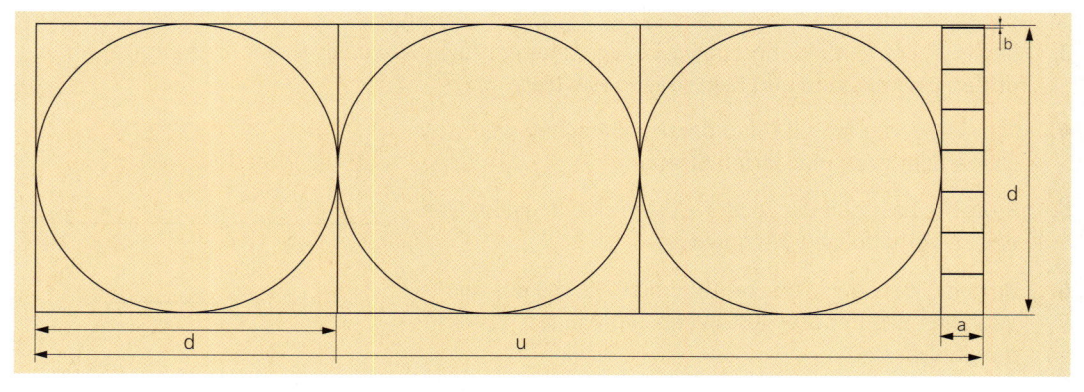

Der Durchmesser passt dreimal in den Umfang und die kürzere Seite a der Restfläche siebenmal in die breitere Rechtecksseite.

$u = 3d + a$ $\qquad u \approx 3d + \frac{1}{7}d \approx \frac{22}{7}d \qquad \frac{u}{d} \approx \frac{22}{7}$

Eine andere Möglichkeit ist es, die Kreisfläche durch Quadrate auszufüllen.

> *Beispiel: Zeichne einen Viertelkreis mit dem Radius 1 dm und fülle ihn mit Quadraten der Seitenlänge 1 cm.*
> a) Wie viele Quadrate passen vollständig in den Viertelkreis?
> b) Wie viele Quadrate schließen ihn gerade vollständig ein?
>
> Innen benötigt man 69 und von außen genügen 86 solcher Quadrate. Bezogen auf den Flächeninhalt A des Gesamtkreises können wir abschätzen:
>
> $276 \text{ cm}^2 < A < 344 \text{ cm}^2$ d.h. $\frac{276 \text{ cm}^2}{100 \text{ cm}^2} < \frac{A}{r^2} = \pi < \frac{344 \text{ cm}^2}{100 \text{ cm}^2}$
>
> Als Mittelwert ergibt sich die Näherung π ≈ 3,10.

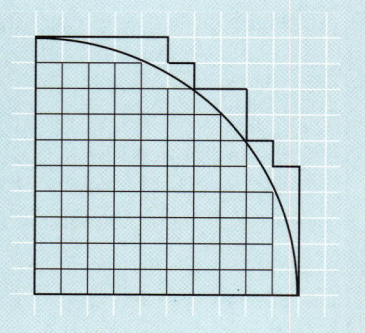

Die Methode des ARCHIMEDES

ARCHIMEDES ist so vorgegangen, dass er den Umfang des halben Einheitskreises (r = 1) durch die Sehnenlängen eines eingeschriebenen halben regelmäßigen 6-, 12-, 24-, 48- und schließlich 96-Ecks von unten und durch die entsprechenden Tangentenstücke der zugehörigen umschriebenen Vielecke von oben her als immer bessere Näherungen bestimmte.

Beim Sechseck ist die Sehnenlänge s_6 genau so lang wie der Radius, also $s_6 = 1$. Hieraus lässt sich die Sehnenlänge s_{12} berechnen, daraus s_{24} usw.
Der Umfang des Sechsecks u_6 ist $6 = 6 \cdot s_6$. Die Näherung für π, die sich aus dem halben Sechsecksumfang ergibt, ist also 3.

Wir wollen die Betrachtungen beim Übergang vom Sechseck zum 12-Eck anstellen. Die notwendige Rechnung ist stets die gleiche.

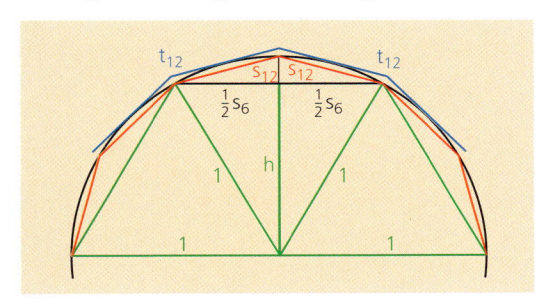

Aus s_6 wird s_{12} berechnet:

PYTHAGORAS: $h^2 = 1^2 - \left(\frac{1}{2}s_6\right)^2$

also $h = \sqrt{1 - \frac{s_6^2}{4}} = \sqrt{\frac{3}{4}} = \frac{1}{2}\sqrt{3}$

$s_{12}^2 = \left(\frac{1}{2}s_6\right)^2 + (1 - h)^2$

$s_{12} = \sqrt{\frac{1}{4} + \left(1 - \frac{1}{2}\sqrt{3}\right)^2}$

$s_{12} = \sqrt{\frac{1}{4} + 1 - \sqrt{3} + \frac{3}{4}} = \sqrt{2 - \sqrt{3}}$

$s_{12} \approx 0{,}517638$

Für die halben Umfänge der Vielecke ergibt sich also: $3 \cdot s_6 = $ **3**; $6 \cdot s_{12} = $ **3,1058**; usw.

Wir betrachten jetzt für Abschätzungen nach oben das kleinste regelmäßige Sechseck, das den Kreis umschließt. Es heißt Tangentensechseck, da seine Seiten Tangentenstrecken an den Kreis sind. Die Seitenlänge wird mit t_6 bezeichnet. Nach dem 2. Strahlensatz gilt: $t_6 : s_6 = 1 : h$.
Für das Tangentensechseck bzw. -zwölfeck ergeben sich die Seitenlängen:

$t_6 = \frac{2 \cdot 1}{\sqrt{4 - 1}} = \frac{2}{\sqrt{3}} \approx 1{,}15470$ und $t_{12} = \frac{2 \cdot \sqrt{2 - \sqrt{3}}}{\sqrt{4 - (2 - \sqrt{3})}} = \frac{2 \cdot \sqrt{2 - \sqrt{3}}}{\sqrt{2 + \sqrt{3}}} \approx 0{,}5358983$.

Für die halben Umfänge der umbeschriebenen Vielecke gilt: $3 \cdot t_6 \approx$ **3,4641**; $6 \cdot t_{12} \approx$ **3,2153898** usw.
Unsere Kreiszahl wird also von außen und innen eingegrenzt.

1882 hat FERDINAND VON LINDEMANN bewiesen, dass es unmöglich ist, nur mithilfe von Zirkel und Lineal ein Quadrat zu konstruieren, das exakt den Flächeninhalt π hat wie der Einheitskreis.

Es gibt aber einige interessante Näherungskonstruktionen für eine Strecke der Länge π.

Konstruktion von SPECHT 1836:

Dann gilt nach der Konstruktion:

$\overline{AF} = \overline{BD} = \sqrt{1{,}1^2 + 0{,}5^2} = \frac{\sqrt{146}}{10}$

Nach dem 1. Strahlensatz gilt:

$\overline{AG} : \overline{AF} = \overline{AE} : \overline{AB}$

$\overline{AG} = \frac{\overline{AE} \cdot \overline{AF}}{\overline{AB}} = \frac{1{,}3 \cdot \frac{\sqrt{146}}{10}}{0{,}5} = 3{,}1415919$

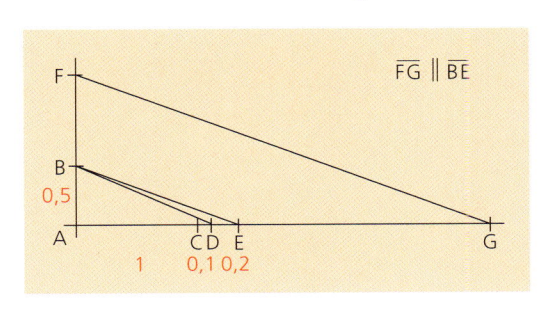

Thema 7

Geometrische Körper

Prismen

1. Welche der folgenden Körper sind Prismen? Beschreibe jeweils ihre Lage und gib die Anzahl ihrer Seitenflächen an!

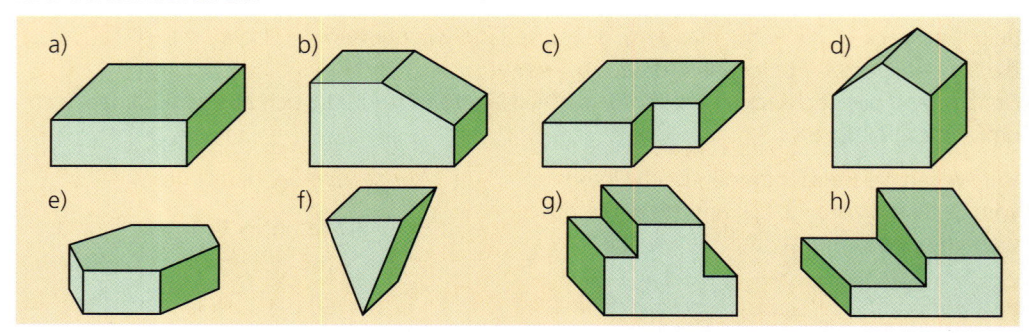

2. Welche der abgebildeten Netze gehören zu einem Prisma?

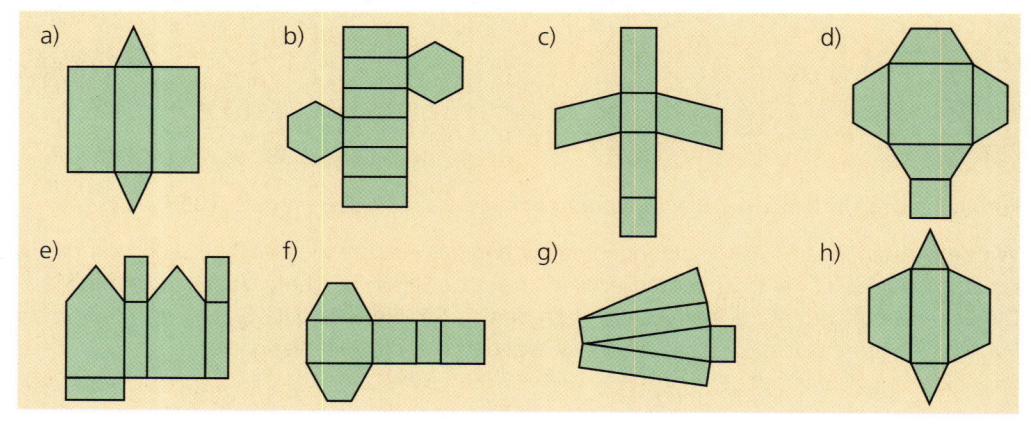

3. Jedes Prisma (griech.: das Zersägte) lässt sich aus einem Quader heraussägen.
   a) Ein Quader wurde in der dargestellten Weise durch gerade Schnitte in Teile zerlegt. Entscheide, ob die entstandenen Teilkörper Prismen sind! Gib bei diesen Teilkörpern jeweils eine mögliche Grundfläche an!

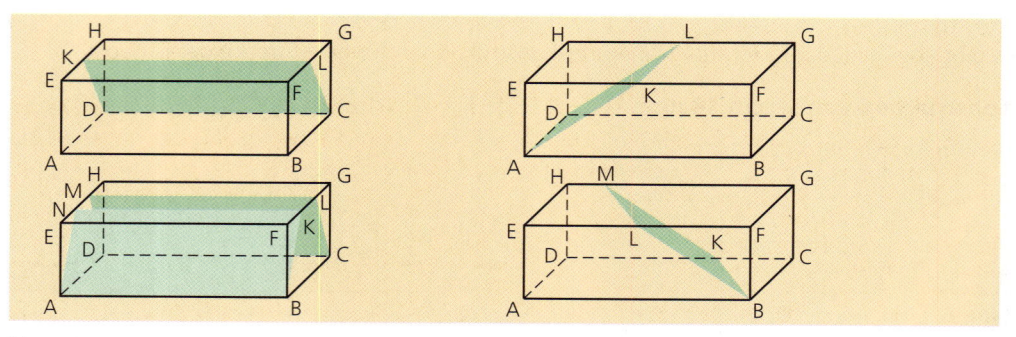

   b) Wie muss ein Quader zersägt werden, um als Restkörper immer ein Prisma zu erhalten?

Zylinder

4. Durch Biegen eines DIN-A4-Blattes (Länge: 21 cm; Breite: 30 cm) kann auf zweierlei Weise eine zylinderförmige Röhre gebastelt werden. Gib die Volumina der beiden entstehenden Röhren an und vergleiche sie! Überlappungen bleiben unbeachtet.

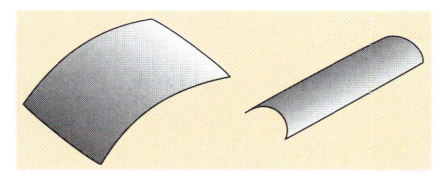

5. Eine Straßenwalze ist 2,10 m breit und hat einen Radius von 55 cm. Welche Straßenfläche überfährt die Walze bei einer Umdrehung?

6. Aus einem Metallwürfel mit der Kantenlänge 12,5 mm wird der größte mögliche Kreiszylinder herausgedreht. Berechne den Abfall und gib diesen in Prozent an!

7. Aus einem 50 cm langen Rundstab von 1 cm Durchmesser wird ohne Materialverlust ein Draht von 0,6 mm Durchmesser gezogen. Berechne dessen Länge l!

8. Ein 5,5 m langer Baumstamm hat einen Durchmesser von 60 cm. Wie schwer ist er? (Dichte des Holzes = 0,7 $\frac{g}{cm^3}$)

9. Ein zylinderförmiges Messgefäß mit einem lichten Durchmesser von 11,3 cm und einer Höhe von 12 cm soll geeicht werden. Dafür ist je 100 cm³ ein Teilstrich vorgesehen.

   a) Wie weit voneinander entfernt sind je zwei Teilstriche anzubringen?
   b) Wie breit ist der obere Rand?

10. Berechne den Blechbedarf für die Herstellung von Konservendosen mit den folgenden Maßen (Zuschlag für Verschnitt: 15 %)!
   a) d = 20 cm, V = 1,0 l b) r = 15 cm, V = 0,5 l c) r = 18 mm, V = 50 ml

11. Eine Plakatsäule hat den Durchmesser 1,20 m und die Höhe 3,40 m. Ihr Sockel, der nicht beklebt werden soll, ist 40 cm hoch. Berechne die Größe der Werbefläche!

12. Zeichne das Netz einer Konservendose mit dem Durchmesser 7,0 cm sowie der Höhe 5,5 cm und stelle daraus ein Papiermodell her!

13. Zeichne je ein Schrägbild mit (30°; $\frac{1}{3}$) und (90°; $\frac{1}{2}$) von der Dose aus Aufgabe 12!

14. Berechne das Volumen und den Oberflächeninhalt (Materialbedarf) einer Konservendose mit dem Durchmesser 9,0 cm und der Höhe 7,0 cm!

15. Eine Regentonne, die die Form eines Zylinders hat, besitzt einen inneren Durchmesser von 80 cm und ist 90 cm hoch. Wie viel Liter fasst sie? Wie hoch steht das Wasser, wenn 120 Liter in der Tonne sind?

16. Eine Rolle Kupferdraht (Dichte = 8,8 $\frac{g}{cm^3}$) wiegt 13,2 kg. Wie lang ist der 3 mm dicke Draht?

17. Ein Stahlseil (Dichte = 7,85 $\frac{g}{cm^3}$) ist 150 m lang und wiegt 1,850 kg. Wie dick ist das Seil?

18. Wie viel wiegt der 8,40 m lange Stamm einer Fichte (Dichte = 0,45 $\frac{g}{cm^3}$), deren durchschnittlicher Umfang 1,60 m beträgt?

Thema 7

Prismen und Zylinder

19. Ein Prisma hat ein regelmäßiges Sechseck mit der Kantenlänge 4 cm als Grundfläche und ist 10 cm hoch.
   a) Skizziere dieses Prisma im Schrägbild!
   b) Berechne den Flächeninhalt der Grundfläche und das Volumen des Prismas!

20. Berechne Oberflächeninhalt und Volumen der dargestellten Körper!

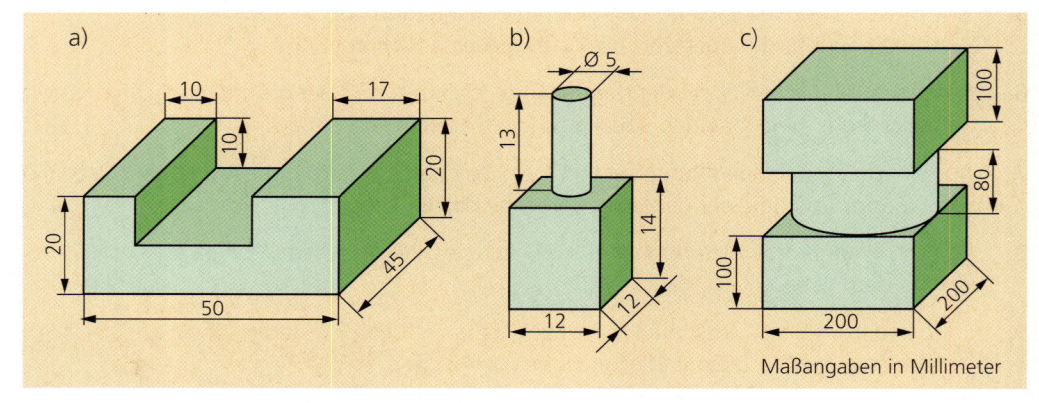

Maßangaben in Millimeter

21. Die nebenstehende Abbildung zeigt das Schrägbild eines geraden Prismas mit trapezförmiger Grundfläche.
   a) Berechne den Oberflächeninhalt des Prismas!
   b) Berechne das Volumen des Prismas!

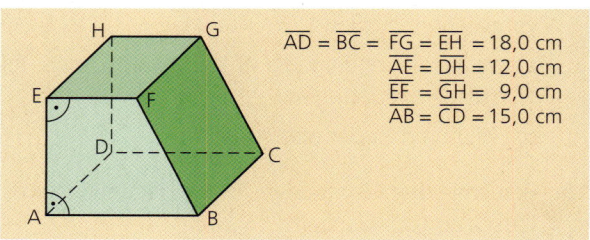

$\overline{AD} = \overline{BC} = \overline{FG} = \overline{EH} = 18{,}0$ cm
$\overline{AE} = \overline{DH} = 12{,}0$ cm
$\overline{EF} = \overline{GH} = 9{,}0$ cm
$\overline{AB} = \overline{CD} = 15{,}0$ cm

22. Durch welche „elementaren" Körper können die folgenden Werkstücke zu einem Quader *ergänzt* werden?

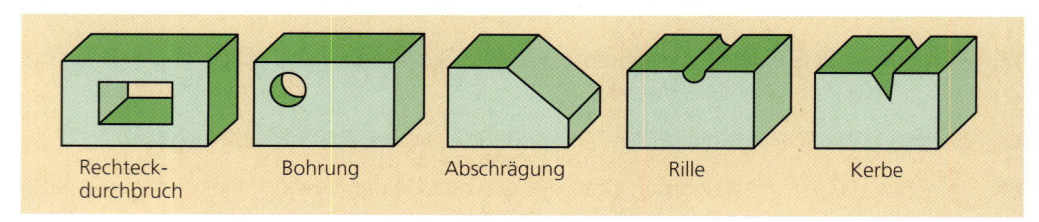

Rechteckdurchbruch — Bohrung — Abschrägung — Rille — Kerbe

23. Vergleiche die Volumina der beiden abgebildeten Körper! Schätze vorher!

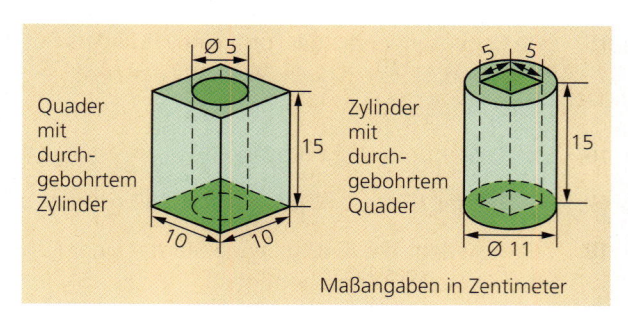

Quader mit durchgebohrtem Zylinder

Zylinder mit durchgebohrtem Quader

Maßangaben in Zentimeter

Register

A

Abbildungsvorschrift 127
absolutes Glied 11, 86
Achse des Kreiszylinders 151
Addition von Wurzeln 50
Additionsverfahren 21, 22, 38
ähnlich 123
Ähnlichkeit von Dreiecken 123, 140
Ähnlichkeitsfaktor 123, 127
Ähnlichkeitssätze für Dreiecke 123, 139
allgemeine Form der quadratischen Gleichung 90
Anstieg 11
antiproportional 168
antiproportionale Zuordnung 161
äquivalent 9
Äquivalenzumformung 9
Arbeitslosenversicherung 173
Assoziativgesetz 41
Aussage 9

B

Bearbeitungsgebühr 174
Berechnung
 – von Grundwerten 164
 – von Kapital 166
 – von Prozentsätzen 163
 – von Prozentwerten 163
 – von Zinssätzen 166
Beweis des 1. Strahlensatzes 115
Beweis des 2. Strahlensatzes 116
Bildstreckenlänge 128
binomische Formeln 85
Bruttolohn 160, 173
 – Berechnung des 191
Bruttopreis 171

D

Diskriminante 97, 110
Distributivgesetz 41
Division von Wurzeln 51
Drachen 143
Dreieck 63, 113
 – Kongruenzsätze 113
 – rechtwinkliges 113
 – spitzwinkliges 113
 – stumpfwinkliges 113

Dreisatz 167
 – bei antiproportionaler Zuordnung 167
 – bei proportionaler Zuordnung 167
Durchmesser 144

E

Einsetzungsverfahren 23, 38
entgegengesetzt 168
erster Strahlensatz 115, 139
 – Beweis 115
 – Umkehrung 116

F

fallend 11
Fläche 162
Flächenform 63
flächengleich 140
Flächeninhalt
 – eines Kreises 146, 147
 – eines Kreissektors 147
 – von Dreiecken 143
 – von Vierecken 143
Försterdreieck 112
Frachtkosten 175
Funktion
 – lineare 10
Funktionsgleichung 11, 13
 – $y = mx$ 11
 – $y = mx + n$ 11

G

Gleichung
 – Lösen von 9
 – quadratische 86
 – reinquadratische 87
 – Umformungsregeln 9
Gleichungslehre 9
goldener Schnitt 138
grafische Darstellung von Prozentangaben 164
grafisches Lösen eines linearen Gleichungssystems 18
Grundbegriffe der Gleichungslehre 9
Grundgleichung der Prozentrechnung 163
Grundmenge 9
Grundwert 163

H

Halbkreis 145
Hauptähnlichkeitssatz 123, 139
Heronverfahren 59
Höhe des Kreiszylinders 151
Höhensatz 73, 82
Hyperbelast 161
Hypotenuse 64

I

irrationale Zahlen 46, 47
 – Näherungswerte 48

K

Kathete 64
Kathetensatz 71
Kommutativgesetz 41
Kongruenz 125
Kongruenzsätze für Dreiecke 113
Kostenkalkulation 175
Krankenversicherung 173
Kredite 174
Kreis 144, 158
 – Flächeninhalt 146, 158
 – Umfang 144, 158
Kreisbogen 145, 158
Kreisdiagramm 165
Kreissektor 147
 – Flächeninhalt 158
Kreiszahl 144
Kreiszylinder 158
 – Achse des 151
 – Höhe des 151
 – Mantelflächeninhalt 158
 – Oberfläche 152
 – Oberflächeninhalt 158
 – senkrechter 151
 – Volumen 151, 158
Kubikwurzeln 43
Kubikzahlen 42, 43

L

Länge 162
Länge eines Kreisbogens 146
lineare Funktion 10, 11
lineare Gleichung 12, 85
lineare Gleichung mit zwei Variablen 12, 37
lineare Gleichungen $ax + by = c$ 12

217

lineares Gleichungssystem 16, 17, 25, 37
– Anzahl der Lösungen 25
– grafisches Lösen 18
– rechnerisches Lösen 20
lineares Glied 86
Lohnsteuer 173
Lösen der Gleichung 9
Lösen von quadratischen Gleichungen 96
Lösung 9
Lösungsformel für quadratische Gleichungen 95, 110
Lösungsmenge 9

M

Masse 162
Maßstab 112, 128, 140
Maßstäbliche Vergrößerung 128
Maßstäbliche Verkleinerung 128
Mehrwertsteuer 171
Mengenrabatt 172
Mittelpunkt 144
Mittelpunktswinkel 146
Multiplikation von Wurzeln 51
Multiplizieren von Summen 85

N

Näherungswerte von irrationalen Zahlen 48
Nettolohn 173, 191
Nettopreis 171
nichtperiodischer Dezimalbruch 47
Normalform der quadratischen Gleichung 90, 91, 110

O

Oberfläche von Kreiszylindern 152
Oberflächeninhalt
– von senkrechten Prismen 143
Originalstreckenlänge 128

P

Parallelogramm 63, 143
partielles Wurzelziehen 52, 60
Passante 144
Personalrabatt 172
Pflegeversicherung 173
Pi (π) 145

PISA, Leonardo von 43
Produktgleichung 161
proportional 113, 168
proportionale Zuordnung 113, 161
Prozentrechnung 163
– Grundgleichung der 163
Prozentsatz 163
Prozentwert 163
Prozentzahl 163

Q

Quadrat 42, 63, 71, 143
quadratische Ergänzung 91, 93, 110
quadratische Gleichung 86, 89
– allgemeine Form 90
– Lösen von 96
– Lösungsformel 95
– Normalform 90
– ohne absolutes Glied 89
quadratisches Glied 86
Quadratwurzeln 42
Quadratwurzelziehen 42
Quadratzahlen 42
Quotientengleichung 161, 167

R

Rabatt 172
Radius 144
rationale Zahlen 41
Raute 143
Rechengesetz 41
Rechnen mit rationalen Zahlen 41
Rechnen mit Wurzeln 50, 60
rechnerisches Lösen eines linearen Gleichungssystems 20
Rechteck 63, 71, 143
reelle Zahlen 46, 48
reinquadratische Gleichung 87
Rentenversicherung 173

S

Satz des Pythagoras 82
Satz von Vieta 97
Säulendiagramm 165
Sehne 144
Sekante 144
senkrechter Kreiszylinder 151
– Oberflächeninhalt 152
– Volumen 151

Skonto 172
Sozialversicherungsbeitrag 173
steigend 11
Strahlensatz 114
Streckenverhältniss 115, 123
Streckungsfaktor 127
Streckungszentrum 127
Streifendiagramm 164
Subtraktion von Wurzeln 50

T

Tangente 144
Teilen einer Strecke
. – im Verhältnis p : q 114
– in n gleiche Teile 114
Tilgung 174
Trapez 143
Treuerabatt 172

U

Umfang des Kreises 144
Umformungsregeln für Gleichungen 9
Umkehrung des ersten Strahlensatzes 116
Umkehrung des Satzes des Pythagoras 67
Umrechnungszahlen 162

V

Viereck 63
Vollwinkel 146
Volumen 162
– von Kreiszylindern 151
– von senkrechten Prismen 143

Z

Zeit 162
Zentrische Streckung 127, 140
Zentriwinkel 146
Zinsen für ein Jahr 165
Zinsen für weniger als ein Jahr 166
Zinsrechnung 165
Zuordnung
– antiproportionale 161
– proportionale 161
Zweiter Strahlensatz 116, 139
– Beweis 116
Zylinder 151